特色水果
化肥农药减施增效技术模式

◎ 全国农业技术推广服务中心　编

中国农业科学技术出版社

图书在版编目（CIP）数据

特色水果化肥农药减施增效技术模式 / 全国农业技术推广服务中心编. –– 北京：中国农业科学技术出版社，2022.1

ISBN 978-7-5116-5678-0

Ⅰ.①特…　Ⅱ.①全…　Ⅲ.①果树-施肥②果树-农药施用　Ⅳ.①S660.6②S436.6

中国版本图书馆CIP数据核字（2021）第 272703 号

责任编辑　于建慧
责任校对　李向荣
责任印制　姜义伟　王思文

出　　版	中国农业科学技术出版社
	北京市中关村南大街 12 号　邮编：100081
电　　话	（010）82109708（编辑室）
	（010）82109702（发行部）
	（010）82109709（读者服务部）
传　　真	（010）82109708
网　　址	http：//www.castp.cn
经　　销	各地新华书店
印　　刷	北京中科印刷有限公司
开　　本	170mm×240mm　1/16
印　　张	16.75
字　　数	273 千字
版　　次	2022 年 1 月第 1 版　2022 年 1 月第 1 次印刷
定　　价	68.00 元

《特色水果化肥农药减施增效技术模式》
编委会

前言

我国幅员辽阔，气候多样，水果种植区域广泛、种植种类丰富，既有苹果、柑橘、梨等大宗水果，也有很多如猕猴桃、草莓、枇杷等特色水果。作为世界果品生产和消费第一大国，我国已将水果产业列为很多地区促进农村经济发展的支柱产业，在推进结构调整、增加农民收入、助力乡村振兴等方面发挥着重要作用。近年来，得益于较高的经济效益，部分果农为获取更高产量和更大收益，在水果特别是特色水果生产上大量甚至过量施用化肥和农药，导致果品质量下降、生产成本攀升，由此带来的环境污染问题也日趋严重。

党的十九大报告明确指出，必须树立和践行绿水青山就是金山银山的理念，坚持节约资源和保护环境的基本国策，像对待生命一样对待生态环境……形成绿色发展方式和生活方式。各地在认真践行"两山"理论的过程中，聚焦特色水果在生产上存在的化肥农药施用量过大、施用方法不当、利用率不高等问题，积极研发、集成、示范特色水果化肥农药减施增效技术模式，以加速提升化肥农药利用效率，加快促进化肥农药减量增效，有力、有效促进了地方特色水果产业的绿色高质量发展。

特色水果种植种类多、分布范围广。本书以特色水果化肥农药减施增效为主线，以猕猴桃、草莓、枇杷、蓝莓、樱桃、石榴、杨梅等特色水果为对象，系统梳理了适合不同地区的特色水果化肥农药减施增效技术体系，总结形成了一批可操作、易推广、能复制的集成技术模式。编撰此书，力求总结经验成效，推广技术模式，以期为各地特色水果种植者提供技术借鉴。

本书编写过程中，得到有关单位和个人的大力支持，在此表示衷心的感谢。同时，由于资料繁杂，时间仓促，水平有限，书中难免有错漏和不足之处，敬请广大读者批评指正。

编　者

2021 年 10 月

目 录

猕猴桃化肥农药施用现状及减施增效技术模式

草莓化肥农药施用现状及减施增效技术模式

枇杷化肥农药施用现状及减施增效技术模式

蓝莓化肥农药施用现状及减施增效技术模式

樱桃化肥农药施用现状及减施增效技术模式

石榴化肥农药施用现状及减施增效技术模式

杨梅化肥农药施用现状及减施增效技术模式

其他特色水果化肥农药施用现状及减施增效技术模式

猕猴桃化肥农药施用现状及减施增效技术模式

安徽省猕猴桃化肥农药减施增效技术模式

一、猕猴桃肥料施用现状

猕猴桃作为安徽省的特色水果，在促进大别山区、皖南山区农民就业、增收和乡村振兴等方面发挥着重要作用。猕猴桃生长期长、生长量大，当地果农为了获得更高的产量，常常过量施用化肥，且有机肥投入不足，造成猕猴桃品质的下降，优质果率低，易发生冻害和加重病虫害发生，引发农业面源污染。

（一）化肥施用量偏大

目前，猕猴桃生产上普遍采取增施化肥以获得高产、稳产。安徽省猕猴桃主产区六安市金寨县、安庆市太湖县化肥年施用量为尿素 26.7～40 kg/ 亩[①]、过磷酸钙 20～30 kg/ 亩、氯化钾 20～30 kg/ 亩，或三元复合肥（15-15-15）60～80 kg/ 亩。在猕猴桃生产中，化肥尤其是氮肥的过量施用，不仅造成猕猴桃园土壤质量和猕猴桃品质的逐年下降，还容易加重病害发生，引起水体污染和富营养化等农业面源污染问题。

（二）化肥利用率降低

在猕猴桃生产中，氮肥当季利用率 30% 左右，而部分生产水平较先进国家的猕猴桃氮肥利用率相对较高，可达 40%～50%，甚至更高。导致安徽省猕猴桃化肥利用率低的主要原因是土壤有机质含量低、透气性差、施肥方法不当等。

（三）有机肥施入量不足

有机肥养分含量低、用量大，加之人工成本不断上升，很多主产区果农反映，有机肥买得起，人工用不起。

注：1 亩 ≈ 667 m^2。全书同。

二、猕猴桃农药施用现状

做好病虫害防治是促进猕猴桃生产的关键技术措施。目前，防治猕猴桃病虫害的措施有化学防治、物理防治、生物防治和农业防治等，其中，化学防治高效便捷、省时省力，仍是安徽省当前的主要防治手段。猕猴桃溃疡病，是毁灭性病害，也是影响产业发展的瓶颈问题。软腐病是猕猴桃贮藏期重要病害之一。由于猕猴桃种植幼树期长，管理要求高，投入大，挂果期长，果农为确保收入，常过度依赖用药，生产过程中存在农药用量较大，用药不科学等现象，不仅带来了农业面源污染问题，也制约了猕猴桃产业的健康发展。

（一）农药施用量较大

果农在防治猕猴桃溃疡病、软腐病、花腐病等主要病害过程中，往往轻预防、重治疗，常在病害大发生时才开始用药，导致防效差。同时，果农知识和技术水平参差不齐，对各种病虫害的发病条件、传播途径等了解不多，经常是跟着别人用药，根据农药经销商的建议用药，盲目性大，用药量较大，年用药次数一般 7～9 次，造成土壤污染、水体污染和大气污染，严重威胁生态环境安全。

（二）施用技术及药械落后

果农在长期种植猕猴桃过程中虽然总结出一些施药经验和办法，但施药方式不够科学合理。同时，个体果农主要采用一家一户的分散式防治，且多选用小型手动喷雾器等传统药械，因药械设备简陋、使用可靠性差等，常导致喷施过程中出现滴漏、飘失等情况，有效利用率约 50%。

三、猕猴桃化肥农药减施增效技术模式

（一）总体思路

在肥料施用上，坚持有机肥和化肥合理搭配；在病虫害防治上，根据猕猴桃病虫害发生的特点，做好预测预报，坚持"预防为主，综合防治"原则，采取农业防治、生物防治、物理防治和化学防治相结合的综合措施，实施科学防治，提高防治效果。

（二）核心技术

本模式的核心内容主要包括"优良品种＋'有机肥为主，配施化肥'＋绿色防控"。

1. 品种选择

选择优质、丰产、抗病性较强的品种，如徐香、皖金等，要选择品种纯正、无危险性病害、生长健壮的嫁接苗。其他红肉猕猴桃品种提倡避雨栽培。

2. 有机肥为主，配施化肥

（1）幼树施肥　采用穴施法或条沟法，每亩施商品有机肥 1 000～1 500 kg。萌芽前 7～15 d，采用穴施法，每亩施纯氮 6 kg、磷（以 P_2O_5 计，下同）3 kg、钾（以 K_2O 计，下同）6 kg；6 月中下旬，采用穴施法，每亩施纯氮 6 kg、磷 4 kg、钾 8 kg；幼树生长期每隔 7～10 d，喷施 1 次 0.3% 尿素 +0.1% 磷酸二氢钾叶面肥。

（2）成年树施肥　果实采收后至落叶前，采用条沟法、放射沟法，每亩施有机肥 2 000～3 000 kg；萌芽前 7～15 d，采用穴施法，每亩施纯氮 6 kg，磷 3 kg，钾 6 kg；果实成熟前 35～40 d，采用穴施法，每亩施钾 10 kg；成年树生长期至果实成熟前 30 d，每隔 7～10 d，喷施 0.3% 尿素 +0.1% 磷酸二氢钾；果实成熟期，每隔 7～10 d，喷施 0.3% 磷酸二氢钾。

3. 病虫害绿色防控

（1）农业防治　及时清理病僵果、病虫枝条、病叶等病组织，刮除老蔓老翘裂皮，减少初侵染源；加强栽培管理，改善树体通风透光条件，提高树体自身抗病能力。

（2）物理防治　采用挂黄板、蓝板、频振式杀虫灯、糖醋液、树干缠草及人工捕捉等方法诱杀害虫。

（3）生物防治　保护瓢虫、草蛉、捕食螨等害虫天敌；应用有益微生物及其代谢产物防治病虫害；利用昆虫性激素诱杀或干扰成虫交配。

（4）化学防治　选用高效低毒、低残留、对天敌杀伤力小的化学农药，不同种类的农药交替使用。药剂使用应符合《绿色食品　农药使用准则》（NY/T 393—2020）的规定。具体防治方法参照表 1 执行。

4. 小型机械应用

猕猴桃园可采用小型旋耕机来除草和改良土壤，用施肥机施有机肥，用弥雾机喷施农药。

表1　猕猴桃不同物候期主要病虫害药剂防治

时间	物候期	病虫害防治
2月至3月中旬	萌芽前	在成虫发生期利用金龟子、柑橘大灰象甲的假死性，于清晨或傍晚震动枝干，成虫即落地，集中捕杀，并及时剪除被钻心虫为害的嫩梢。全园喷施3～5 °Bé 石硫合剂
4月底至5月中旬	花期	为预防细菌性花腐病、溃疡病的发生，可于初现花蕾时喷施1次0.1～0.2 °Bé 石硫合剂或1∶1∶100 波尔多液等。溃疡病防控，还要加强植物检疫工作，对早期局部发病果树进行铲除
6—8月	幼果膨大期	注意对黑尾大叶蝉、二星叶蝉等刺吸式口器害虫的防控，可喷施1.5%除虫菊素水乳剂600～1 000倍液，蚜虫可喷1.5%苦参碱可溶液剂3 000～4 000倍液，红蜘蛛可喷施0.5%藜芦碱可溶液剂600～700倍液；在猕猴桃园附近挂诱蛾灯或频振式杀虫灯，可诱杀趋光性强的蛾类、金龟子类等害虫
9—11月	采果后	注意溃疡病的防控，可用20%噻菌铜悬浮剂400倍液，或84%王铜水分散粒剂800～1 600倍液，对叶面、枝干等部位进行喷雾
12月至翌年1月	休眠期	结合冬季修剪，剪除病虫枝，刮去树干老翘皮，并清除田间枯枝、落叶、烂果，铲除杂草，一同带出果园集中深埋或烧毁（有溃疡病的果园需烧毁）。全园喷施3～5 °Bé 石硫合剂

（三）应用效果

1. 减肥减药效果

与常规生产模式相比，可减少化肥用量约30%，化肥利用率可提高约20%，减少化学农药防治次数2～3次，减少化学农药用量约20%。

2. 成本效益分析

亩生产成本6 000～7 000元，盛果期亩产量1 000～1 500 kg，亩收入10 000～15 000元，亩纯收入4 000～8 000元，适合发展的规模约50亩。

3. 促进品质提升

本模式下生产的猕猴桃，在其他栽培技术措施一致的情况下，较常规模式果实可溶性固形物提高约1%，优质果率提高约10%。

（四）适宜区域

安徽省猕猴桃主产区。

（贾兵）

福建省建宁县猕猴桃化肥农药减施增效技术模式

一、猕猴桃生产中化肥施用现状

福建省建宁县从 1979 年开始野生猕猴桃的驯化及引种栽培，是猕猴桃的传统产区，也是全国最早的十大猕猴桃基地县之一，种植面积达 1 万多亩，在促进当地农民增收和扩大就业等方面发挥着重要作用。由于猕猴桃生长期长、生物量大，当地果农为了获得更高的产量，常常过量施用化肥，不仅增加种植成本，造成品质下降，甚至引发环境污染，影响了当地猕猴桃产业的可持续高质量发展。

（一）化肥施用量偏大

目前，生产上普遍采取增施化肥的方法以获得高产和高收益。建宁县猕猴桃种植户一般化肥施用量为尿素 375～450 kg/hm^2、钙镁磷肥 750～900 kg/hm^2、硫酸钾 225～270 kg/hm^2、高浓度复合肥（15-15-15）1 125～1 500 kg/hm^2，折合为 N 341.3～432 kg/hm^2、P$_2$O$_5$ 258.8～333 kg/hm^2、K$_2$O 393.8～495 kg/hm^2。在猕猴桃生产中，化肥的过量施用不仅造成果园土壤质量和果实品质下降，盈余肥料流失还会引起水体污染等。

（二）化肥利用率较低

在猕猴桃生产中，化肥当季利用率普遍较低，其中，氮肥不足 30%，磷肥不足 20%，钾肥不足 40%。导致化肥利用率低的原因主要有：一是种植猕猴桃的立地条件多为山坡地，加上生长季节雨日多、雨量大而导致果园养分流失；二是施肥方式不当，有的果农为节省人工成本而减少了施肥次数、未做到少量多次施肥，而有的果农施肥沟开挖较浅、较短，减少了与土壤的接触面积，从而加剧了养分的流失；三是土壤因素引起，例如土壤板结与酸化、保水保肥能力差等。

（三）化肥施用成本较高

据调查，建宁县 2018—2019 年猕猴桃果产地收购价平均为 6 元 /kg、产量平均以 22 500 kg/hm² 计，即每公顷的毛收入为 135 000 元。调查显示，猕猴桃的平均生产成本（含建园成本、农资及人工成本等）达 75 000 元 /hm²，其中，肥料成本约 7 500 元 /hm²，占总成本的 10% 以上，果农利润空间较小。

二、猕猴桃种植中农药施用现状

猕猴桃的长期种植导致病虫害日趋严重，病害主要有褐斑病、黑斑病、炭疽病、花腐病、根腐病、灰霉病、黄腐病等，虫害主要有金龟子、椿象、桑盾蚧、红蜘蛛、蚜虫、小绿叶蝉、斜纹夜蛾、吸果夜蛾、根结线虫等，造成果实品质和产量下降，给果农带来较大损失。长期以来，对猕猴桃病害和地上害虫防治主要是喷洒农药，对地下害虫防治主要是灌根，缺少其他有效的防治方法，加上害虫抗药性的不断增强，用药剂量呈增高趋势，影响了当地猕猴桃产业的绿色健康发展。

（一）农药施用量大

当地果农长期施用化学农药，极易造成害虫产生抗药性，导致防治效果下降，继而导致用药剂量逐渐增加，形成"病虫害重—用农药多"的恶性循环。同时，过量农药在土壤中残留能造成土壤污染，进入水体后扩散造成水体污染，或通过飘失和挥发造成大气污染，威胁生态环境安全。

（二）农药依赖度高

目前，防治猕猴桃病害主要依赖戊唑醇、多菌灵、苯醚甲环唑、嘧菌酯、代森锌、扑海因等杀菌剂；防治虫害主要依赖阿维菌素、毒死蜱、啶虫脒、高效氯氟氰菊酯、溴氰菊酯等杀虫剂，即病虫害防治措施单化现象严重，由于选择性差，部分农药在杀灭害虫的同时也杀灭了大量果园有益生物，导致果园生物多样性遭到破坏，自我调节能力降低，病虫害防治效果差。

（三）施用技术方法不够科学合理

作为猕猴桃传统种植区，建宁县果农在长期种植的过程中虽然总结出一些施药经验和办法，但施药方式不够科学合理，如农药的混合搭配不够科学、施药时未加入展着剂、雾滴不够细、只喷叶面而不喷叶背等，这些都不同程度地影响了防效，降低了农药的利用率。

三、猕猴桃化肥农药减施增效技术模式

（一）核心技术

本技术模式的核心内容主要包括"优良品种＋测土配方施肥＋生草栽培＋绿色防控"。

1. 优良品种

品种选择在适推地区表现较好的米良、金艳、红阳等品种，特点是高产优质、抗逆性强。

2. 测土配方施肥

根据猕猴桃生长发育需肥规律、不同生长季节和果园实际土壤养分状况进行配方施肥，以促进养分的平衡吸收。如芽前肥施用高氮配方，其氮：磷：钾养分含量分别约为20%：8%：12%；而壮果肥施用高钾配方，其氮：磷：钾养分含量分别约为15%：6%：20%；根据树体大小和挂果量等每次施用量1～1.5 kg/株，施用量较传统施用方法大幅减少。同时，采用有机肥部分替代化肥，通过增施有机肥，一方面，改良土壤结构；另一方面，促进树体养分长效平衡吸收，提高化肥吸收利用率，进而提高果实品质。施用时期为采果后半个月内，施用量为5～7.5 kg/株，有机肥比重占全年施肥量的50%～60%。

3. 生草栽培

通过果园生草栽培来取代传统清耕控草栽培和化学灭草裸土栽培，改善园土结构、培肥地力、保护益害生物平衡，实现以园养园、肥药减施和确保持续优质高效，而且能大幅度增强果园固土净水能力，保护生态。具体做法是：冬前或冬季在行间与梯壁人工播种黑麦草、白三叶、日本菁、印度豇豆、平托花生、紫云英、苜蓿、宽叶雀稗等，春夏季节当草长至对树体生长或农事操作构成影响时利用高效割草机械进行切割，就地回园覆盖。

4. 绿色防控

生物防治可通过黄板诱粘蚜虫、小绿叶蝉等，通过性诱剂诱杀斜纹夜蛾，通过杀虫灯诱杀金龟子、椿象、桑盾蚧、蚜虫、小绿叶蝉、斜纹夜蛾、吸果夜蛾等，利用捕食螨防治红蜘蛛。同时，化学防治选用高效、低毒、低残留的安全农药，推广有机硅等展着剂和科学合理的用药技术方法，以提高防治效果，减少农药使用量。

（二）生产管理

1. 花期管理

一是施好花前肥，于开花前1个月施用，每株施用配方肥或复合肥1～1.5 kg/株，树势强、花芽壮的适当少施，反之，适当多施；二是喷药预防以花腐病为主的病害；三是进行人工辅助授粉，特别是花期遇低温阴雨天气，授粉树或授粉花枝较少的果园，更需进行人工辅助授粉；四是果园清沟排水，防止春季雨水多造成积水，同时修整台面、梯壁与作业道路等。

2. 果期管理

一是施好保果肥和壮果肥，保果肥于开花后10～15 d施用，壮果肥于采收前15～20 d施用，每次根据挂果量及树势情况施用配方肥或复合肥1～1.5 kg/株；二是控制好挂果量，对挂果多的要疏果，疏果一般在花后1个月内进行，一般留中间果，疏去边果和畸形果，每4～5片叶留1个果或每15～20 cm留1个果，株产50 kg，应留果500～600个；三是进行病虫害综合防治，优先采用农业防治、物理防治和生物防治，当病虫害达到喷药阈值时进行化学防治；四是果实套袋，套袋前对果面喷施广谱性杀菌剂，可全园套袋或选择性套袋（套易受日灼的果实）；五是进行夏季修剪，5月中旬至7月上旬进行除萌、摘心、疏剪及绑缚，及时抹去主干上的萌芽，安排枝蔓空间；六是割草回园覆盖；七是当果实充分膨大、可溶性固形物含量达6.5%以上时即可采收，宜分品种、分批次采收。

3. 采后管理

一是施好采后肥，于果实采收后1个月内施用，施有机肥5～7.5 kg/株，拌施钙镁磷1～1.5 kg/株；二是综合防治病虫害，防护异常早期落叶；三是进行行间及梯壁种草并加强管理；四是冬季修剪及清园，冬季修剪应在落叶后至早春萌芽前1个月前进行，以疏剪为主，适量短截，多留主蔓和结果母枝，应剪去过密大枝、细弱枝、交叉枝和病虫枝，修剪后及时清园，将剪下的枝蔓和落叶清理干净后，全园喷洒3～5 °Bé 石硫合剂1次。

（三）应用效果

1. 减肥减药效果

本模式与周边常规生产模式相比，减少化肥用量30%左右，化肥利用率提高8%；减少化学农药防治次数2次，减少化学农药用量30%左右，农药利用率提高20%左右。病虫为害率控制在10%以下。

2. 成本效益分析

亩生产成本 5 000 元，亩产量 1 500 kg，亩收入 9 000 元，亩纯收入 4 000 元。

3. 促进品质提升

本模式下生产的猕猴桃果实，成熟后平均可溶性固形物含量达 15% 以上，比常规模式高 1.5%。

（四）适宜区域

闽西北及高海拔山区。

（吴景栋）

山东省淄博市猕猴桃化肥农药减施增效技术模式

一、猕猴桃化肥施用现状

山东省淄博市 20 世纪 80 年代开始引进种植猕猴桃，发展面积达 30 000 余亩，猕猴桃产业在促进当地农民增收和扩大就业方面发挥着重要作用。猕猴桃是多年生果树，生长期长、生物量大，当地有的果农为了获得更高的产量，过量施用化肥，不仅增加种植成本，还引发环境污染，部分园区过多使用化肥甚至引起土壤环境和品质的"双下降"。

（一）化肥施用量大

目前，生产上普遍采取增施化肥以获得高产、高收益。淄博市多数猕猴桃园化肥年平均施用量为尿素 40～50 kg/亩、钙镁磷肥 10～20 kg/亩、氯化钾 50～60 kg/亩、磷酸二铵 50～60 kg/亩，或高浓度复合肥（15-15-15）150 kg/亩。在猕猴桃生产中，化肥尤其是氮肥的过量施用不仅造成猕猴桃果园土壤质量和果实品质的下降，盈余肥料流失引起的水体污染和富营养化也对生态环境构成巨大威胁。

（二）化肥利用率低

在猕猴桃生产中，化肥当季利用率较低，利用率不足30%，而部分猕猴桃生产水平较先进国家的猕猴桃化肥利用率相对较高，其中，新西兰化肥利用率为70%、意大利为60%、以色列为70%。分析导致当地猕猴桃化肥利用率低的原因，主要包括：一是缺少针对猕猴桃产业发展及科研方面的研究机构和专家，各项管理数据缺乏权威性的地方标准，只能参考其他地区；二是缺少统一施肥标准，测土精准配方施肥滞后；三是科普宣传生产技术推广力度较小，基层猕猴桃种植方面的技术人员太少；四是农资经销商成为化肥施用的推广者，大部分没有理论知识和实践经验，还是推广旧的模糊施肥技术；五是缺少示范园区，发挥不到示范作用；六是猕猴桃种植户年龄大部分在50～75岁，还是停留在多使用化肥增产的老观念上。

（三）化肥施用成本高

据调查，淄博市2018—2019年共计生产猕猴桃6 000万kg，平均价格8元/kg，亩产量约2 000 kg，亩效益约1.6万元，化肥投入每亩在600元左右，人工、水费、有机肥等投入4 000元左右，每亩纯收益比较可观。有的果农为了争取更高的收益，随意加大化肥投入，每亩化肥成本增加到1 000元，严重影响了果品品质，降低了土壤有机质含量。

二、猕猴桃农药施用现状

在猕猴桃生产中，病虫草害是导致减产和品质下降的重要原因。目前，防治猕猴桃病虫草害的措施有化学防治、物理防治、生物防治和农业防治等，其中，化学防治因高效便捷、省时省力，仍是山东省当前的主要防治手段。山东省猕猴桃原来病虫害发生率很低，随着面积不断扩大，近3年以来病虫害有不断攀升趋势。在某些猕猴桃产区存在不懂得甄别各类病虫害造成不对症施药现象常有发生，给果品质量和环境带来了隐患和污染，制约了猕猴桃产业的健康发展。

（一）农药施用量大

近年来，当地猕猴桃对化学农药的单一使用、大剂量和大面积不断施用，极易造成害虫产生抗药性，导致防治效果下降甚至失效，继而导致用药剂量逐渐增加，形成"虫害重—用药多"的恶性循环。同时，过量农药在土壤中残留能造成土壤污染，进入水体后扩散造成水体污染，或通过飘失和挥发造成大气污染，严重威胁生态环境安全。

（二）农药依赖度高

山东省猕猴桃病害主要以溃疡病、菌核病为主，常用铜制剂、春雷霉素、中生菌素、戊唑醇等防治。猕猴桃虫害以介壳虫、金龟子、斑衣蜡蝉为主，使用氯氰菊酯类、阿维菌素、甲维盐等防治。病虫害依赖化学农药防治效果明显，但部分农药在杀灭害虫的同时杀灭田间有益生物，导致生物多样性遭到破坏，自我调节能力降低，害虫控制难度加大。

（三）施用技术及药械落后

山东省作为后发猕猴桃产区，通过淄博市博山区为代表的主产区对猕猴桃病虫害管理总结出一些施药经验和办法，但施药方式还不够科学合理。同时，当地还是以小农户发展为主，主要采用一家一户的分散式防治手段，且多选用小型手动或电动喷雾器等传统药械，因药械设备简陋、使用可靠性差等，导致药液在喷施过程中常出现滴漏、飘失等情况，利用率降低。

（四）病虫害绿色防控不足

猕猴桃在山东属新型的后发朝阳产业，需要更多的科技人才来实施植保技术。目前，主要依靠市场经济中的农资商来指导防控技术，缺少规范科学的数据支撑。

三、猕猴桃化肥农药减施增效技术模式

（一）核心技术

本模式的核心内容主要包括"优良品种＋配方平衡施肥＋病虫害综合防控＋全程机械化"。

1.优良品种

山东地区主栽的猕猴桃品种属于中华系绿肉，经30多年不断改良，正式命名为博山"碧玉"，该品种因其品质优良、高产稳产、高抗寒、高抗病虫害等综合优势，成为山东地区特色优势品种。近年来，已引进多个其他品种进行试验，但由于山东地区冬季寒冷，均不适应当地气象条件，生长不良。

2.平衡施肥

猕猴桃属肉质根，具有喜肥怕烧、喜氧怕窒的特点，因此，增施有机肥、采用水肥一体化技术、测土配方平衡施肥、行间生草是减肥增效的关键。目前，淄

博市大部分猕猴桃园普遍安装了水肥一体化系统，有效减少了水肥的施用量，节省人工成本，有机肥和无机肥资金投入比例达 7：3。

（1）有机肥施用计划　一般每年采果后每亩施用有机肥量 3 t、生物菌肥 0.5 t，提高土壤有益菌及有机质含量，补充氮磷钾等中微量元素，达到果实的产量营养需求量。也可用品牌质量好的水溶肥，例如水溶性氨基酸类、腐殖酸类、有机质类、生物菌类液体水溶肥。应根据产品说明书，交替补充使用各种类型肥料。通过每年增施生物菌有机肥和园内生草等各个环节，土壤有机质含量和氮磷钾等中微量元素会逐年提高，每年的化肥用量也会随之减少使用。

（2）化肥施用计划　①追肥：生长期 3 次，萌芽期每亩施用 20 kg 高氮低磷低钾复合肥和钙镁铁硫锌微量元素 10 kg，膨果期每亩 30 kg 低氮高磷中钾复合肥，采果前每亩施用 30 kg 中氮中磷高钾复合肥。②水溶肥：推广水肥一体化，从 3 月下旬开始，萌芽期开花前各 1 次、膨果期 3 次、采摘前 1～2 次、采后 1～2 次大量元素水溶肥，每亩每次施用 3～5 kg。此外，还应在膨果期追施钙、镁、铁、硫、锌等中微量元素 2 次，每次每亩用量 2 kg。整体来看，施用水溶肥比施用普通化肥节省 50% 以上。

（3）灌溉计划　灌溉原则是少量多次，自 4—11 月共有 8 个月需水期，除去 7—8 月雨水丰沛期，正常无雨天气平均 7 d 左右灌溉 1 次，约需浇水 15 次。

（4）培肥地力　在幼树期距离植株 30～50 cm 行间可套种花生、蔬菜、豆类等。在结果期，行间人工种植浅根性草本，可有效保持水分。同时，探索林下经济模式，利用横架遮阴、水肥一体化，生产食用菌，出菇后的废料直接还田，有效改良土壤，提高土壤有机质含量，改善果园小气候。

3. 绿色防控

贯彻"预防为主，综合防治"的绿色发展理念，采取农业防治、物理防治、生物防治和生态调控等符合农业绿色发展的技术措施控制猕猴桃树病虫为害。

（1）加强果园管理　及时剪除病虫枝、叶、果。通过合理的春夏季管理、冬季修剪、园内生草、水肥一体化、"V"形架、树垄覆盖、增施有机肥、配方平衡施肥、合理负载等栽培管理措施，达到增强树势、通风透光，提高树体抗逆能力，营造不利于病虫害发生蔓延的园内小气候。

（2）物理措施　果园安装杀虫灯，在主要害虫高发期诱杀金龟子、斑衣蜡蝉、小新甲、白粉虱、卷叶蛾等鞘翅目、鳞翅目害虫。及时发现椿象和斑衣蜡蝉成虫卵块并抹除。配制糖醋液诱杀果蝇。

（3）生物防治　以保护和利用天敌为原则，采取助育和人工饲放天敌控制害虫，利用昆虫性外激素诱杀或干扰成虫交配。害虫发生时，选择植物源农药。

（4）化学防控　综合考虑药剂作用特性、气象条件及蜜蜂安全性等各因素，优先使用生物农药，对症选择杀菌剂、杀虫剂、杀螨剂，科学组配。在区域内统防统治，春季萌芽前 5～10 d 用 4～5 °Bé 石硫合剂统一喷施树体、沟渠等，做到全园喷施。

针对猕猴桃溃疡病，以铜制剂涂抹、喷施为主；菌核病常用戊唑醇、甲基硫菌灵；黄叶病叶面喷施螯合铁补充铁元素；杀虫剂有灭幼脲、菊酯类农药；杀螨剂用扫螨净、阿维菌素等。部分果园每年利用次果、烂果制成酵素，翌年施用后不仅对病虫害起到很好的防治效果，还可以补充树体营养，增强抵抗力，显著提高果实品质。

（5）严控上市安全期　为防止药残为害果品安全，必须严格根据用药安全期施用。最后一次用药距采收期间隔应在 20 d 以上。采收期必须经过药残检测，不能超标。

4.全程机械化

10 亩以上园区可以推广智慧农业，园区实行水肥一体化、土壤安装温湿度探头，设计有关水肥数据，进行智能遥控实施。喷施农药和叶面肥，用小型弥雾机等机械化喷雾设备，提高喷雾和防病虫害效果。使用授粉机进行人工辅助授粉，每亩 15 min，1 人 1 d 可以授粉 100 亩，节省 200 个人工。还可使用如开沟施肥机、翻耕机、割草机、绑蔓机等小型设备。通过全程机械化管理，可以有效节省人工和增加产量，提升果实品质。

（二）生产管理

1.建园前准备

选择交通便利、光照充足、靠近水源、雨量适中、湿度稍大地带，土壤疏松、通气良好、有机质含量高、pH 值 5.5～7.5、含盐量在 0.1% 以下的沙质壤土、壤土以及富含腐殖质的疏松土类的丘陵、山地建园地为佳。每亩用有机肥 10～20 t，旋耕 40 cm，进行土壤改良，增加有机质含量。株行距 2 m×3 m，每亩 110 株。管理过程中掌握好"土壤是基础，植保是保障，水肥是关键，合理负载是根本"的原则。

2.病虫防治

"综合防治，预防为主"，严格做好农业管理措施，尽量降低病虫害的发生，降低喷施农药的次数。肥料使用，坚持增施生物有机肥，逐步降低化肥用量，做到"产量不降低，品质有提高"的目标。

3.采摘收获

坚决禁止早采，适时晚采，采收宜在无风的晴天进行，雨天、雨后以及露水未干的早晨都不宜采收。采摘后随时进入市场销售或进入冷库、气调库储藏，实现品牌溢价。

（三）应用效果

1.减肥减药效果

本模式与常规生产模式相比，减少化肥用量50%左右，减少化学农药防治次数3次，减少化学农药用量60%。害虫为害率控制在3%以下。

2.成本效益分析

盛果期亩生产成本4 000元，亩产量2 500 kg，亩收入2万元，亩纯收入1.6万元。

3.促进品质提升

本模式下生产的猕猴桃，平均干物质含量在18%以上，比常规模式高2%。

（四）适宜区域

山东省猕猴桃产区。

（魏滨）

河南省西峡县猕猴桃化肥农药减施增效技术模式

一、猕猴桃化肥施用现状

猕猴桃是河南省西峡县新发展起来的重要经济作物，已成为西峡三农经济重要的三大支柱产业之一，在促进当地果区农民增加收入和扩大就业方面发挥着重要作用。猕猴桃生长周期长、生物量大，当地果农为了获得更高的产量，常常过量施用化肥，不仅增加种植成本，还引发环境污染，甚至造成猕猴桃产量和品质的"双降"现象。

（一）化肥施用量大

近几年来，由于市场偏向收购大果，引导生产上普遍采取增施化肥以获得高产、大个和高收益。西峡县多数产区盛果期大树化肥施用量为大量元素氮磷钾160～240 kg/亩、过磷酸钙200～300 kg/亩，还有部分基地施用尿素50 kg/亩或碳酸氢铵150 kg/亩。在猕猴桃生产中，化肥尤其是氮肥的过量施用造成果田土壤质量和猕猴桃品质的逐渐下降，不当施肥引起的土壤板结，猕猴桃根腐病及其他病害发生致使不能稳产、优产，盈余肥料流失引起的水体污染和富营养化等还对生态环境构成巨大威胁。

（二）化肥利用率低

猕猴桃生产中化肥当季利用率较低，吸收率不足30%，而部分猕猴桃生产水平较先进国家的猕猴桃氮肥利用率相对较高，其中，美国为40%、巴西为60%、阿根廷为70%。分析导致本地猕猴桃化肥利用率低的原因，主要包括：一是施用肥料质量参差不齐，一些果农为降低成本，购买小厂家生产的低价肥料，无法有效利用肥料；二是施肥时间不合理，一些果农没有根据肥料的特点和猕猴桃需肥特点适时施肥，肥料根据制作工艺不同，分为速效肥、缓释肥、控释肥，农民只按照常规的猕猴桃需肥时间施用，造成肥料大量流失或不能适时发挥肥效；三是施肥方法不当，肥料根据不同的特性，可以淋施、撒施、沟施、浅施等，但实际生产过程中，一些果农为省工省事，只简单地撒施在地面，未及时浇水，降低了肥效，有些肥料施用过于集中或施在作物根系根际过远或过近的区域，不能被根系有效吸收。以上措施造成肥料固化、挥发、下渗、地表流失等多方面浪费。

（三）化肥施用成本高

不合理施肥造成的肥料利用率低、吸收率低，调查显示，每亩猕猴桃的生产成本为4 000元左右，其中，化学肥料成本达1 500多元，占总成本的35%以上，加上多次施肥带来的劳动力成本，更推高了成本，而且施肥量呈逐年增加趋势。

二、猕猴桃农药施用现状

在猕猴桃生产中，病虫为害和不合理大量使用农药化肥是导致减产、降质、不耐贮藏和货架期短的重要原因。目前，防治猕猴桃病虫害的措施有化学防治、物理防治、生物防治和农业防治等，其中，化学防治因高效便捷、省时省力，仍是猕猴桃主产区当前的主要防治手段。猕猴桃生产过程中农药滥用、乱用现象十分普遍且长期存在，不仅带来了严峻的环境问题，还制约了猕猴桃产业的健康发展。

（一）农药施用量大

当地果农对化学农药的长期单一、大剂量和大面积滥用、乱用，极易造成害虫产生不可逆转的抗药性，导致防治效果下降甚至失效，继而导致用药剂量逐渐增加，形成"病虫害—用药—虫害重—多用药"的恶性循环。同时，过量农药在土壤中残留造成土壤污染，进入水体扩散造成水体污染，或通过飘失和挥发造成大气污染，严重威胁生态环境安全。

（二）农药依赖度高

河南省猕猴桃产区目前防治蛴螬、蝼蛄、地老虎等地下害虫主要依赖辛硫磷、毒死蜱、杀单·毒死蜱、丁硫克百威等化学农药，防治叶斑病、溃疡病、花腐病等多采用铜制剂和广谱性杀菌剂，综合防治和长期预防意识不强，加上部分果农文化程度不高，乱用药或单一药品长期施用等现象严重，由于选择性差，部分农药在杀灭害虫的同时杀灭大量果田有益生物，导致果田生物多样性遭到破坏，自我调节能力降低，各种病虫害反复发生和发展，例如斑叶蜡蝉、介壳虫、东方小薪甲、根腐病、褐斑病等病虫害。

（三）施用技术及药械落后

河南省西峡县及周边地区，农民在长期种植猕猴桃过程中虽然总结出一些施药经验和办法，但施药方式不够科学合理。同时，当地个体果农主要采用一家一户的分散式防治手段进行病虫草害防治，且多选用小型手动喷雾器等传统药械，电动喷雾器、机械喷雾器等较为先进的打药器械占比例不高。因药械设备简陋、使用可靠性差等，导致药液在喷施过程中常出现滴漏、飘失等情况，同时，效率低、效果差，需要花费大量的人力，不仅利用率降低，还存在很大的安全风险。

三、猕猴桃化肥农药减施增效技术模式

（一）核心技术

本模式的核心内容主要包括"健康土壤＋优良品种＋配方平衡施肥＋绿色防控＋提升机械化率"。

1. 健康土壤

健康土壤是生产优质高档猕猴桃最必要的基础条件，要求土壤疏松、深厚、有机质含量高、透气性好、营养丰富平衡，呈中性或弱酸性，有害杂菌少，排灌条件良好。

2. 优良品种

品种选择在适推地区表现较好的金桃、金艳、徐香等优良品种，特点是抗病抗逆性强，丰产稳产，市场价格稳定，收益较高。

3. 配方平衡施肥

推广施用无机、有机复混的猕猴桃专用配方肥，根据品种特性和各生长期需肥特点，有针对性地选择合适配比的肥料种类，盛果期基地全年施肥 5 次，采果后的 10—11 月，底肥每亩施用"优质有机肥 3 000 kg＋适量生物菌肥＋平衡性复合肥 80 kg＋中微量元素肥 120 kg"；3 月萌芽前每亩追施水溶性高氮复合肥（30-10-10）10～15 kg；4 月中下旬开花前每亩施用水溶性平衡复合肥（18-18-18）10 kg；5 月中下旬坐果后果实进入快速膨大期，每亩施用水溶性低氮高磷高钾复合肥（12-24-14）10 kg；7 月下旬至 8 月中旬（壮果肥）每亩施用水溶性低氮中磷高钾肥（8-12-30）10 kg。幼树根据土壤基础肥力和树体大小，全年采用少量多次的办法，施用平衡性水溶肥 3～4 次，每次 5 kg/ 亩左右。

4. 绿色防控

根据西峡县猕猴桃病虫害发生的规律，通过果园生草、物理防控等措施，营造良好的生态环境，在完善生物链基础上，采用性诱剂、杀虫灯、粘虫板等，在害虫产卵高峰期释放赤眼蜂和布设诱捕器等措施进行防控。对猕猴桃基地常见的褐斑病、灰霉病、炭疽病等常规性病害和为害较大的溃疡病、根腐病等病害，采用"以防为主，防治结合"的办法，在 3—4 月、7—8 月、9—10 月 3 个发病季节，提前做好各项防控工作。

5.提升机械化水平

猕猴桃基地生产管理的机械化主要包括整地、开沟、起垄、施肥、割草、打药、枝条粉碎回田、运输等。

（二）生产管理

按照标准化生产要求重点做好以下几点。一是科学选址；二是土壤改良；三是品种选定；四是水利架材等硬件设施配套；五是认真抓好每个生产管理环节，重点做好良种壮苗、病虫害防治、合理负载、土肥水管理等主要方面，实现"1年建园，2年见果，3年初果，4年丰产"的生产要求。

（三）应用效果

1.减肥减药效果

本模式与周边常规生产模式相比，减少化肥用量30%～40%，化肥利用率可提高50%；每年可减少化学农药防治次数2～3次，减少化学农药用量30%以上，农药利用率提高40%以上，害虫为害率控制在20%以下。

2.成本效益分析

猕猴桃不同品种存在较大差异的前提下，按平均每亩生产成本4 000元，亩产量2 000 kg计算，亩收入6 000～15 000元，扣除地租、农资、人工等费用，亩纯收入3 000～9 000元。鉴于猕猴桃基地管理投资大，周期长，管理费用高，建议适度规模承包到户。同时，由于猕猴桃具有较强的区域性分布，最好选择在适生区发展，例如南阳市、信阳市、驻马店市等豫西南区域。

3.促进品质提升

本模式下生产的猕猴桃，平均可溶性固形物在18%～21%，干物质含量在15%以上，比常规模式高1%～2%。

（四）适宜区域

河南西峡及周边县（市、区）。年平均气温不低于13.6 ℃，冬无持续低温（-10 ℃以下），夏无持续炎热天气（>34 ℃），土壤和水质中性或弱酸性，年均日照时数1 900 h以上。

（范娜娜）

湖北省宜昌市猕猴桃农药减施增效技术模式

一、猕猴桃农药施用现状

猕猴桃是湖北省宜昌市重要的特色经济作物，在促进农民增加收入和欠发达地区脱贫致富方面发挥着重要作用。生产中，猕猴桃溃疡病、根腐病、褐斑病、软腐病、透翅蛾等病虫害已经严重影响猕猴桃的产量与品质，也给果农带来严重的损失。目前，在当地猕猴桃的种植过程中，对常见病虫害的防治主要是喷施农药，并且由于病虫害的日益严重，果农在防治过程中的用药剂量也逐年提高，造成产品的农药残留风险，严重影响宜昌猕猴桃产业的高质量发展。

（一）常见病害及防治方法

1.猕猴桃溃疡病

（1）症状　主要为害树干、枝条、花及叶片，引起枝干溃疡，枝梢萎蔫，花蕾不能开放或者不能完全开放，叶片产生具黄色晕圈的暗褐色不规则病斑。受害严重的，整株树死亡。

（2）防治方法　萌芽前全园喷施 3～5 °Bé 石硫合剂 1 次，萌芽后或秋季采果后采用农用硫酸链霉素、春雷霉素、施纳宁、梧宁霉素、噻霉酮等交替防治，每隔 7～10 d 喷 1 次，连续喷 2～3 次。

2.猕猴桃根腐病

（1）症状　发病部位主要在地下根部，造成根系和根颈部腐烂，严重时导致整株死亡。病斑最初为水渍状，逐步变成褐色，并在患病位置产生淡黄色的菌核。

（2）防治方法　挖出病株的根系，将病根截掉进行晾晒后，用多菌灵或代森锰锌进行灌根处理。

3.猕猴桃褐斑病

（1）症状　主要为害叶片，是猕猴桃生长期严重的叶部病害之一，导致叶片大量枯死或提早脱落。初期形成近圆形暗绿色水渍状病斑，逐渐扩展至褐色的圆形病斑，边缘有褪绿晕圈。多雨高湿情况下，病斑迅速扩展成边缘深褐色、中央浅灰色、具明显轮纹的病斑，病鉴交界明显。叶背一般会有大量灰黑色霉层。

（2）防治方法　甲基硫菌灵、代森锰锌、嘧菌酯、苯醚甲环唑等交替使用，每隔 7～10 d 喷 1 次，连续喷 2～3 次。

4. 猕猴桃软腐病

（1）症状　主要发生在猕猴桃果实收获后的后熟期，多从果蒂或果侧开始发病，果肉出现褐色的轻微凹陷，剥开凹陷部位的表皮，病部中心乳白色，周围呈黄绿色，外围浓绿色呈环状，果肉软腐，失去食用价值。

（2）防治方法　萌芽前全园喷施 3～5 °Bé 石硫合剂 1 次，谢花期至幼果膨大期，异菌脲、甲基硫菌灵、退菌特、世高等药剂交替使用，每隔 10 d 喷 1 次，连续喷药 3～4 次，采前 1 周再喷 1 次。

（二）常见虫害及防治方法

1. 介壳虫类

（1）发生规律　介壳虫主要以成虫、若虫附着在树干、枝蔓、树叶、果实上，以刺吸式口器吸食养分，为害严重时在枝蔓表面形成凹凸不平的介壳层，轻者削弱树势，重者全株死亡。

（2）防治方法　萌芽前全园喷施 3～5 °Bé 石硫合剂 1 次，生长期用毒死蜱、融蚧、速扑杀等交替使用。

2. 葡萄透翅蛾

（1）发生规律　葡萄透翅蛾在猕猴桃顶梢腋芽和嫩枝产卵，幼虫孵化后蛀入茎内取食，并向下为害形成长行孔道，造成蛀孔以上的枝条枯死，蛀孔处常堆有虫粪，受害茎上有瘤状膨大。

（2）防治方法　用磷化铝片或棉球蘸药液塞进蛀虫孔内；在幼虫期交替使用 Bt、氯氰菊酯、杀灭菊酯等药剂。

3. 吸果夜蛾

（1）发生规律　成虫用虹吸式口器刺破果面吮吸果汁，1 周后，刺孔处果皮变黄，凹陷并留出胶液，随后刺孔周围软腐并扩大为椭圆形水渍状的斑块，直至果实腐烂。

（2）防治方法　在幼虫期交替使用 Bt、氯氰菊酯、杀灭菊酯等药剂；成虫期用糖醋液诱杀或挂频振式杀虫灯诱杀。

二、猕猴桃农药减施增效技术模式

（一）核心技术

本模式的核心内容主要包括"优良品种 + 配方平衡施肥 + 绿色防控"。

1. 优良品种

根据海拔等环境条件选择合适的品种。海拔 800～1 200 m 选择金魁、翠玉、米良 1 号、翠香等抗性强的品种，海拔 600～800 m 选择金桃、金艳等抗性中等的品种，海拔 600 m 以下选择的品种不受限制。

2. 配方平衡施肥

基肥占全年总肥料的 60%～70%，原料为充分腐熟的农家肥或生物有机肥，辅以一定量的配方肥（15-15-15），施用时间为采果后、落叶之前，成年果树亩施有机肥 1 500～2 000 kg、配方肥 50 kg。萌芽肥占全年总肥料的 5%～10%，施用配方肥（25-10-5），成年果树亩施配方肥 20～30 kg。壮果肥占全年总肥料的 20%～30%，施用配方肥（15-5-20），成年果树亩施配方肥 20～30 kg。同时，在春梢生长期至果实成熟前 25～30 d 1 次或结合病虫害防治时配合施用叶面肥。

3. 绿色防控

通过健康栽培方式，采果后早施基肥、科学修剪、合理载负，增强树体的抗病性。通过悬挂频振式杀虫灯诱杀金龟子、吸果夜蛾、透翅蛾、卷叶蛾等成虫。通过悬挂黄板诱杀蚜虫、叶蝉等。通过果实套袋减少介壳虫、吸果夜蛾等对果实的为害，同时，减少农药残留。通过在行间种植三叶草、红苕等控制园内恶性杂草，减少除草剂的使用。

（二）生产管理

1. 萌芽前

全园喷施 3～5 °Bé 石硫合剂 1 次，提前 10 d 左右施萌芽肥。

2. 萌芽后至开花前

喷施 1～2 次杀菌剂，展叶期 1 次，露瓣期 1 次，可选用氢氧化铜、氧化亚铜、加瑞农、苯菌灵、喹啉铜、噻菌铜、噻霉酮等，同时，开展抹芽、摘心、疏枝、绑枝等工作。

3. 谢花后至果实膨大期

花后立即喷施 1 次杀菌剂，可选用嘧菌酯、苯醚甲环唑、肟菌酯、喹啉铜、噻菌铜、噻霉酮等药剂，同时，开展疏果、雄株修剪、夏季修剪、套袋、追施壮果肥等工作。

4. 果实采收后

依树势、树龄、产量等尽早施基肥。

5. 休眠期

落叶后进行冬季修剪，全园喷施 3～5 °Bé 石硫合剂 1 次，并完成树干涂白。

（三）应用效果

1. 减药效果

本模式与周边常规生产模式相比，减少化学农药防治次数 1～2 次，减少化学农药用量 20% 左右，农药利用率提高 10% 左右。

2. 成本效益分析

平均来看，亩生产成本 2 500 元，亩产量 2 000 kg，亩收入 15 000 元，亩纯收入 12 500 元。

3. 促进品质提升

本模式下生产的猕猴桃，平均可溶性固形物在 15% 以上，比常规模式高 1%。

（四）适宜区域

宜昌市及周边产区。

（卢梦玲）

湖南省猕猴桃化肥农药减施增效技术模式

一、湖南省猕猴桃化肥施用现状

猕猴桃是湖南省的重要经济作物之一，2019 年，湖南省种植面积为 30.1 万亩，在促进当地农民增加收入和扩大就业方面发挥着重要作用。猕猴桃在1年的生长发育中需要吸收消耗大量的营养物质，如果不能合理补充土壤养分，则无法实现丰产。当地果农为了获得更高的产量常常过量施用化肥，不仅增加种植成本，还引发环境污染，造成猕猴桃产量和品质的"双降"。

（一）化肥用量大，有机肥施用量小

目前，生产上普遍采取增施化肥来获取高产。湖南省多数猕猴桃种植区化肥施用量为氮肥（氮磷钾复合肥）120～350 kg/亩，有机肥220～500 kg/亩。在猕猴桃的生产中，主要施用氮磷钾复合肥且以氮肥和磷肥为主，而有机肥或生物有机肥施用量小，近年来，许多湘西地区"米良一号"猕猴桃果园有机肥用量几乎为0。化肥尤其是氮肥的过量施用不仅造成猕猴桃果园土壤质量和猕猴桃果实品质的逐渐下降，盈余肥料流失引起的水体污染和富营养化等还对生态环境构成巨大威胁，而农家有机肥或生物有机肥养分含量全，既有大量元素，又有中量元素和微量元素，且肥效持续时间长，施用后既改良土壤理化性状，又增加土壤有机养分，提高土壤保水保肥能力，可促进果树根系良好生长发育。但是，在湖南省每年给猕猴桃果园施用农家有机肥的种植户比例较低。

（二）化肥施用单一，养分配比不合理

在猕猴桃生产中，化肥的施用比较单一，主要为氮磷钾复合肥，且没有针对性，随意性较大。不是根据果园自身所需去施肥，而是盲目跟风，有的将单一化肥作为主要肥料品种，有的不分季节常年使用氮、磷、钾大量元素，严重影响了化肥施用效果，也直接影响了果树抗冻、抗旱和抗病虫能力及产量品质的提高。

（三）化肥施用成本高

湖南省现栽种品种有米良一号、红阳、金艳、东红、翠玉等，其中，种植面积较广的3个品种是米良一号、红阳与金艳，分别占全省总种植比例55.8%、26.1%和6.4%。2019年，米良一号的平均产量为2 000 kg/亩，收购价格为2.7元/kg，红阳的平均产量为400 kg/亩，收购价格为24元/kg，金艳的平均产量为1 300 kg/亩，收购价格为6元/kg。调查显示，每亩猕猴桃的平均生产成本为6 400元，其中，肥料成本达1 800元，占总成本的28%以上。

二、猕猴桃农药施用现状

病虫害是导致猕猴桃减产的重要原因。由于种植面积不断增大，病虫害也日

趋严重，造成猕猴桃品质和产量下降，给生产者带来严重损失。目前，在猕猴桃病虫害防治过程中，对常见病害和地上害虫防治主要是喷洒农药，对地下害虫防治除化学除虫剂外仍缺少其他有效的方法。由于病害的日益严重和害虫抗药性的不断增强，用药剂量逐年提高，农药残留也愈来愈严重，造成猕猴桃品质的下降，严重影响了当地猕猴桃产业的绿色高质量发展。

（一）农药施用量较大

当地果农对化学农药防治病虫害依赖性强，单一、大剂量和大面积施用农药，造成土壤残留污染，进入水体后扩散造成水体污染，或通过飘失和挥发造成大气污染，从而影响猕猴桃良好的生态环境安全。例如对于抗病性较低的红阳猕猴桃，1年喷施药剂可达6次以上，亩用药成本达2 000元，以铜制剂、吡唑嘧菌酯及春雷霉素等药剂为主。

（二）农药使用重治轻防

大部分果农重药剂治疗，轻早期预防与管理。希望通过加大用药量，增加用药次数的手段能彻底达到防虫治病的效果，忽视通过栽培管理、配方施肥、合理负载等农业技术措施，提高树体自身抗性等方法降低病虫害的为害。

（三）施用技术及药械落后

施药方式不够科学合理。当地个体果农主要采用一家一户的分散式防治手段进行病虫害防治，且多选用小型电动喷雾器等传统药械，因药械设备简陋、使用可靠性差等，导致药液在喷施过程中常出现滴漏、飘失等情况，药剂利用率与药效低。

三、猕猴桃化肥农药减施增效技术模式

（一）核心技术

本模式的核心内容主要包括"优良品种+平衡施肥+绿色防控+标准化生产"。

1.优良品种

品种选择在适推地区适应性好、抗性较强的翠玉、东红、金艳等品种，特点是外观、风味、品质佳，产量高，耐贮运。

2.平衡施肥

重施有机肥与生物菌肥，追施有机长效复合肥，其中，包含NPK≥30%

（N 11%，P 8%，K 11%），有机质≥20%，氨基酸 10%，腐殖酸 10%，钙、镁、硫中量元素，硼、锰、锌、铜、钼、铁、硒等微量元素和稀土元素，因树适时追肥。

3. 绿色防控

实行绿色防控技术，坚持"预防为主，综合防治"的方针，采用农业防治、物理防治、生物防治、生态调控以及科学、合理、安全的农药使用技术，来控制猕猴桃病虫害，确保猕猴桃生产安全、质量安全和农业生态环境安全。例如，利用害虫的趋光、趋波等特性，每年 3—11 月在果园内悬挂频振式杀虫灯或太阳能杀虫灯，重点诱杀金龟子、卷叶蛾、透翅蛾等成虫。降低田间落卵量，压低虫口基数，减少农药的使用量和次数，降低果品农药残留。

施用生物农药。生物农药主要包括植物源农药、动物源农药和微生物源农药等 3 大类。由于这些活性物质是自然界中存在的物质，容易被日光、植物或土壤微生物分解，很少在农产品和环境中蓄积。例如使用有机矿物油防治介壳虫；使用太抗（0.5% 几丁聚糖）生物农药诱导植株产生抗性，防治炭疽病、褐斑病等病害；使用农用链霉素、春雷霉素防治溃疡病等。

4. 标准化生产

建立猕猴桃丰产优质标准化生产示范基地，实施应用猕猴桃标准化生产综合配套技术，即规范建园、平衡施肥、科学修剪、人工授粉、合理负载、果实套袋、果园生草覆盖、节水灌溉、病虫害绿色综合防治、生态栽培等关键生产技术，提高猕猴桃果品品质及安全水平。

（二）生产管理

1. 树冠管理

冬季进行常规整形修剪。3—4 月进行枝条上架、绑蔓；花期（7～10 d）至幼果期疏花、绑蔓；幼果快速膨大期，猕猴桃套袋（4 月底至 5 月初，坐果 20 d 左右）、疏果（老弱病残或上一年挂果多树势弱得多疏果）、抹芽；果实快速膨大期（套袋后至 5 月底），进行夏季修剪；采果后树势恢复期，清洁园区，修枝整形。

2. 平衡施肥

3 月进行叶面肥料补充。花期补钙、补硼，其中，谢花 2/3 时叶面补充钙肥、硼肥 1 次，中旬再补钙肥和硼肥 1 次。在幼果膨大期以及果实膨大期追肥。采完果 7～10 d 施月子肥。11 月施冬肥（有机肥为主）改土，施肥标准为当季产果量等于有机肥施用量。

3. 病虫综合绿色防治

一是冬季使用石硫合剂清园，刮治腐烂病；二是 3 月悬挂红、蓝色粘虫板诱杀红黄蜘蛛、蚜虫等，使用阿维甲壳素等灌根预防根结线虫；三是在花期（7～10 d）至幼果期，花前花后用代森锰锌、甲基硫菌灵或异菌脲保护以防治花腐病，用异菌脲防治灰霉病，幼果迅速膨大期（谢花后套袋前），套袋前使用嘧菌酯叶喷预防果腐病，使用嘧菌酯类预防治疗炭疽病、褐斑病、叶斑病、黑斑病、蚜虫、红黄蜘蛛、金龟子、介壳虫以吡虫啉防治；四是 7 月至 8 月上旬（东红金艳类晚熟品种为 9—10 月），果实膨大、增糖、干物质积累期，以代生猛锌、甲基硫菌灵预防疮病、褐斑病、果腐病等，以硫酸铜钙、波尔多液、氢氧化铜等铜制剂预防溃疡病。

4. 采收

在果实成熟期（8 月下旬至 11 月上旬），依品种分期分批采收，鲜果售卖或者进入冷库贮藏。

（三）应用效果

1. 减肥减药效果

本模式与周边常规生产模式相比，减少化肥用量 19% 以上，产量提高 8% 以上，减少化学农药防治次数 2 次以上，减少化学农药用量 20% 以上。

2. 成本效益分析

平均亩生产成本 5 400 元左右，平均亩产量 1 000 kg，亩收入 18 000 元左右，亩纯收入 12 600 元，经济效益显著。

3. 促进品质提升

本模式下生产猕猴桃，提高了单果质量，果实商品果率增加 16%，果实可溶性固形物含量提高 2%，风味、口感及香气增加。

（四）适宜区域

湖南省猕猴桃产区。

（丁伟平）

四川省都江堰市猕猴桃农药减施增效技术模式

一、猕猴桃农药施用现状

四川省都江堰市是我国最早人工栽培猕猴桃地区之一，先后被评为国家农产品质量安全县、国家农产品质量追溯体系首批试点县、国家级出口猕猴桃质量安全示范区、全国重大农业技术（猕猴桃）协同推广试点县。长期以来，都江堰市将猕猴桃产业作为农民增收的重要载体和乡村振兴的支柱产业进行重点培育，都江堰猕猴桃成为当地最具区域特色和市场竞争能力的地理标志保护产品和农业主导优势产业，2019年，全市种植面积为10.3万亩。目前，都江堰产区猕猴桃的病虫害有10余种，其中，为害较为严重的主要有溃疡病、褐斑病、灰霉病、桑白蚧、苹小卷叶蛾等。

（一）常见病害及防治方法

1. 溃疡病

（1）症状　主要为害主干、枝蔓、叶片和花蕾。主干和枝蔓发病初期病斑呈水渍状，潮湿时溃疡处产生乳白色或血红色菌脓，后病斑逐渐扩大，在寄主伤流期与伤流液混合后形成大量乳白色脓液或红褐色脓水流出，病部组织逐渐变软、隆起，皮层与木质部分离，韧皮部变褐溃烂，木质部呈红褐色，后期组织松软腐烂，皮层纵向龟裂，阻碍植株水分和养分的运输，造成枝条、幼芽、花蕾、叶片干枯，严重时可环绕枝干导致地上部树体死亡，直至毁园。

（2）发生规律　猕猴桃溃疡病是具有毁灭性的细菌性病害，病原菌为丁香假单胞菌猕猴桃致病变种。病原菌主要借风雨、昆虫、病残体、污染土壤、农事活动（嫁接、修剪、授粉等）进行近距离传播，通过苗木、接穗、花粉等进行远距离传播，主要从伤口、皮孔等侵入。每年11月至翌年1月主干、枝蔓开始发病，2—3月为主干、枝蔓发病盛期。4—5月病害主要侵染新梢、叶片、花蕾，枝干、枝蔓溃疡处组织腐烂失水后逐渐干缩，出现大量枯萎现象。6—10月病害停止扩展，但未脱落叶片的病斑症状至8月仍可见，病菌可存活在组织内。适宜条件下，潜育期为3～5 d，从病部溢出的菌脓不断传播，扩展蔓延。一般是从枝干传染到新梢、叶片，再从叶片传染到枝干，周而复始，形成恶性循环。

（3）防治方法　冬剪至萌芽前、萌芽至幼果期、采果后、落叶后4个阶段是猕猴桃溃疡病化学防控用药的关键时期，在此期间进行全园喷药防控，应对主干、枝蔓、叶片等均匀施药。冬剪后和萌芽前（休眠期）各用药1次，药剂主要为5 °Bé石硫合剂或矿物油石硫合剂150倍液，或有机硅1 500倍液。萌芽后至幼果期（2月下旬至5月，病害盛发期）视病情间隔7～15 d用药1次，主要针对主干、枝蔓、新梢、花蕾等。采果后和落叶后各施1次，可结合杀虫剂施用。药剂主要有1.5%噻霉酮水乳剂600～800倍液，或0.15%四霉素水剂800倍液，或4%春雷霉素600～1 000倍液，或36%喹啉·戊唑醇1 500～2 000倍液，或8%春雷·噻霉酮水分散粒剂1 500倍液，或3%中生菌素水剂800倍液等。

2. 褐斑病

（1）症状　主要为害叶片，初期病斑呈圆形、褐色，边缘有退绿晕圈，病斑典型症状为中央灰白、边缘褐色，具有明显的轮纹，呈靶点状。在高温多雨高湿条件下，病斑由褐变黑，迅速扩展，单个病斑直径2～3 cm，叶背形成大量灰黑色霉层。后期常多个病斑愈合，叶片变黄，提早脱落，故又称为早期落叶病。

（2）发生规律　该病为真菌性病害，病原菌为多主棒孢菌。病原菌主要在落叶上越冬，翌年形成分生孢子通过气流传播，从气孔或直接侵入，田间病斑上不断形成分生孢子进行再侵染。该病害属多循环病害，整个生长季节病害流行线呈"S"形，始发期在6月底至7月初，盛发期在7月中旬至8月下旬，8月中旬左右病斑扩展至整个叶片，叶片衰老，枯死脱落。提早落叶的果园秋梢叶片还可被为害，产生新一轮侵染高峰，直到10月底病害的发展才逐渐趋于缓慢。

（3）防治方法　冬季或萌芽前，全园喷施3～5 °Bé石硫合剂减少褐斑病的越冬菌源。每年6月底至7月初，根据气温和湿度的变化，进行药剂防控，一般轮流使用药剂3次左右，采果后继续使用1～2次。药剂主要有42.4%唑醚·氟酰胺乳剂2 000～3 000倍液，或25%嘧菌酯悬浮剂1 500倍液，或17%唑醚·氟环唑悬乳剂1 500倍液，或30%吡唑醚菌酯·戊唑醇悬浮剂1 500～2 000倍液，或42.8%氟吡菌酰胺·肟菌酯悬浮剂2 500倍液，或35%氟吡菌酰胺·戊唑醇悬浮剂 1 500 倍液，或 75% 肟菌酯·戊唑醇水分散粒剂 4 000～6 000 倍液，或 40% 苯甲·肟菌酯悬浮剂 3 000～4 000 倍液等药剂。

3. 灰霉病

（1）症状　主要为害叶片、花和果实，造成叶枯、花腐、果腐等。叶片发病多从叶缘和叶尖开始，沿叶脉呈"V"形扩散，形成浅褐色坏死病斑，略具轮纹状，边缘规则；高湿条件下，发病部位或叶背常常产生灰色霉层，干燥时呈褐色干腐状，最后致叶片干枯掉落。花受侵染后，初呈水渍状，后逐渐变褐腐烂，表面形成大量灰色霉层（即病菌的分生孢子梗和分生孢子）。落花时，染病花瓣落到叶片上则在相应部位形成褐色坏死斑。若花瓣或花的其他残体附在幼果上，将导致幼果感染，形成圆形或不规则形褐色病斑，遇潮湿天气，果实快速腐烂导致落果。田间感染的果实或携带病菌的果实，在冻库内会很快发病，多在果蒂处形成褐色软腐，并产生灰白色霉状物，果实腐烂变质失去食用价值。在潮湿的环境里，果柄和侧生结果枝也有可能感染。有时在腐烂部位形成黑色不规则的菌核。

（2）发生规律　该病是一种真菌性病害，病原菌为狭义灰葡萄孢。灰霉病菌主要以菌丝体、分生孢子在病残体上，或以菌核在病残体、土壤中越冬，病菌一般能存活 4～5 个月，越冬的分生孢子、菌丝、菌核成为翌年的初侵染源，病菌靠气流、水溅或园地管理传播。相继侵染叶片、花蕾、花朵、幼果。病菌生长最适宜温度为 18～22 ℃，故冷凉湿润有利于病害流行，一般初春和晚秋病害发生较重，有些夏季凉爽潮湿的山区整个生长期都可侵染，果园低洼积水郁闭也有利于发病。

（3）防治方法　冬季修建清园后，结合其他病虫害防治时全园喷施 5 °Bé 石硫合剂，初春萌芽前再喷施 1 次。生长期的施药时期在盛花末期和幼果期，可选用 50% 异菌脲可湿性粉剂 1 000～1 500 倍液，或 40% 嘧霉胺悬浮剂 1 000～1 500 倍液，或 75% 抑霉唑硫酸盐可溶粒剂 1 000～2 500 倍液，或 50% 腐霉利可湿性粉剂 1 000～2 000 倍液，或 38% 唑醚·啶酰胺水分散剂 1 000～2 000 倍液，或 42.4% 唑醚·氟酰胺悬浮剂 2 000～3 000 倍液等。每隔 7～10 d 喷施 1 次，一般 2～3 次。

（二）常见虫害及防治方法

1. 桑白蚧

（1）发生规律　半翅目盾蚧科，雌成虫或若虫群集固定在枝干、叶片及果实上为害，其中，枝蔓受害最重，严重时整株盖满介壳，被害枝发育受阻，树势衰弱，枝条甚至全株死亡。以受精雌成虫在树枝上越冬，每年发生 3 代，第 1 代及第 3 代为害最重。第 1、2、3 代产卵时间分别为 4 月上旬、6 月底或 7 月初、9 月上旬，卵产业雌虫体后堆积于介壳下，越冬代雌虫平均产卵 120 余粒，第 1 代雌虫产卵量较低，平均每雌虫 40 多粒。第 1 代卵历期 10～15 d，第 2 代与第 3 代为 7～10 d。若虫孵化后数小时离开母体分散活动 1 d 左右，固定在树枝上吸汁为害，再经 5～7 d 开始分泌蜡质覆盖身体。第 1、2 与 3 代初孵若虫发生盛期分别在 4 月底至 5 月初、7 月中旬和 9 月中旬。

（2）防治方法　冬季或早春猕猴桃树萌芽前喷 3～5 °Bé 石硫合剂或 30% 矿物油·石硫合剂杀灭越冬虫体。初孵若虫发生盛期用 25% 噻嗪酮可湿性粉剂 1 500 倍液，或 22.4% 螺虫乙酯悬浮剂 4 500 倍液，或 18% 吡虫·噻嗪酮悬浮剂 1 000～1 500 倍液，或 20% 螺虫·呋虫胺悬浮剂 2 000～3 000 倍液等喷雾防治。

2. 苹小卷叶蛾

（1）发生规律　鳞翅目卷蛾科，幼虫俗称舔皮虫，为害叶片和果实，幼虫吐丝缀连叶片，潜居为害，将叶片吃成网状或缺刻。当幼虫为害果实时，常将叶片缀贴在果实上，啃食果皮及果肉，导致果面出现大小不规则的小坑洼。1 年发生 4 代，以低龄幼虫在果树的剪锯口、翘皮下、粗皮裂缝等处结茧越冬。翌年春季花芽萌动后开始出蛰，出蛰幼虫为害幼芽、嫩叶和花蕾，展叶后缀叶为害。幼虫老熟后在卷叶内或缀叶间化蛹。7～8 月，除为害叶片外，还为害果实，潜伏于叶与果，或果与果相接的地方，啃食叶肉和果面。成虫夜晚活动，有趋光性，对果汁、果醋趋性强。成虫喜在叶片背面产卵，每头雌蛾产卵 1～3 块，卵期 6～11 d，幼虫期 18～26 d，蛹期 7～8 d。

（2）防治方法　重点抓好第 1 代和第 2 代初孵幼虫发生盛期的施药防治，选用 25% 灭幼脲 3 号胶悬剂 1 000～1 500 倍液，或 1% 苦皮藤素水剂 800～1 000 倍液，或 10^8 PIB/ml 斜纹夜蛾多角体病毒悬浮剂 800～1 000 倍液，或 1% 印楝素水分散粒剂 800～1 000 倍液，或 5% 甲氨基阿维菌素苯甲酸盐悬浮剂 2 500～3 000 倍液。

二、猕猴桃农药减施增效技术模式

（一）核心技术

10 余年来，都江堰市与四川省农业科学院、四川农业大学等深入开展市院（校）科技合作，不断探索与总结，集成创新了"以优良品种为基础，避雨设施栽培为核心，绿色高效药剂为补充"的猕猴桃农药减施增效技术体系，实现溃疡病、褐斑病等重大病害综合防效 90% 以上，减施农药施用量 30% 以上。

1. 优良品种

在全市海拔 800 m 以上区域大力推广应用徐香、翠玉、瑞玉等美味系抗性猕猴桃品种，面积超过 200 亩以上的规模化园区大力推广优质品种与中华品种复合混种栽培模式，极大地降低了易感品种溃疡病发病率。

2. 避雨设施栽培

研究设计并推广了连栋钢架拱棚、夯链复膜屋脊棚和简易钢架拱棚等 4 种适宜不同立地条件的避雨设施棚架类型。盖棚时间以 10 月底至 11 月上中旬（秋施基肥后）为宜，11 月底前必须完成盖膜。采取钢架拱棚方式的，建造时需考虑加设卷膜开窗系统，5—7 月及时开天窗降温。

3. 绿色高效药剂防治

关键在于做好冬剪至萌芽前、萌芽至幼果期、采果后、落叶后 4 个时期喷药防控。药剂可选择 55% 二氯异氰尿酸钠可湿性粉剂 500 倍液，或 2% 春雷霉素水剂 400 倍液，或 0.3% 四霉素水剂 800 倍液，或 1.5% 噻霉酮水乳剂 1 000 倍液。适时提早修剪，冬剪后用杀菌剂对修剪工具进行严格消毒，并用伤口保涂抹剪口，促进愈合；冬剪后及时清除病株残体，用 3～5 °Bé 石硫合剂，或 0.3% 矿物油 250 倍液，或 30% 矿物油石硫微乳剂 150 倍液进行全园清园，用国光松尔膜进行主干刷白防护；发现病株后，采用分级诊治方法进行及时处理，仅单个侧蔓或主蔓出现发病症状的轻症植株，回剪至发病部位以下 20 cm 左右健康处，轻微的早期症状可以用小刀在发病部位纵向划刻，并在伤口涂抹杀菌剂；主蔓或主干上出现多处病状的重症植株，在嫁接口以上 20 cm 左右锯除，特别严重的可与地面持平进行锯除，伤口涂抹杀菌剂，并在嫁接口以上培养 3～4 个原品种蔓上架，留 1 个实生芽养根。

（二）生产管理

1. 土肥水管理

（1）秋冬季施足底肥控草保湿　采果后 1 个月内，全园撒施生物有机肥 10～20 kg/ 株、均衡型颗粒复合肥 0.5～1 kg/ 株和中微量元素肥 0.05～0.1 kg/ 株，内浅外深进行翻耕，7 d 内加生根剂浇透水 1 次，并用松针、秸秆等进行树盘覆盖，厚度 10～15 cm，行间人工播种白三叶草、毛叶苕子、紫云英等。

（2）生长季节少量多次肥水供应　建议园区配套安装喷灌或滴灌设施。夏季日均最低温高于 20 ℃时每 2～3 d 补水 1 次，生长季节每 15～20 d 结合补水适量添加水溶肥，肥液浓度应控制在 0.5% 以内，冬季（12 月至翌年 2 月）结合土壤情况，适当补水 2～3 次。

2. 花果管理

（1）做好人工辅助授粉并合理负载　猕猴桃为异花授粉植物，需充分做好人工辅助授粉准备，但严禁在溃疡病发病园区采集雄花。每亩备纯花粉 15～30 g、染色石松粉 75～100 g，混匀后，分别于初花期、盛花期 8—11 时用授粉器喷授 1 次。授粉后及时浇水。坐果后 7～10 d 完成疏果工作。坐果后及时补充磷、钾肥。枝梢旺盛生长期（5—6 月）可叶喷 0.01% 芸薹素内酯乳油 5 000 倍液，或 0.136% 赤·吲乙·芸可湿性粉剂 15 000 倍液 1～2 次，调控营养生长与生殖生长矛盾。

（2）采前铺反光膜增糖提色　果实采收前 2 个月或果实套袋后半个月，在树盘两侧各铺设 1 m 宽银白色反光膜，提高棚内光照强度，促进植株生长和提高果实品质。

3. 整形修剪

（1）培养多主干上架树形　采用避雨栽培的园区，多数为已发生溃疡病区域。锯除感病部位后，宜采取 3～5 个主干上架方式快速恢复树冠。嫁接口以下萌发的实生苗可适当保留 1～2 个，用作辅养枝，并在当年 7—8 月从基部疏除，促进伤口愈合。

（2）防止更新枝攀缘上棚　更新枝 1 m 长时及时进行绑缚，并在 1.5 m 长时进行捏尖控长。过于直立的旺盛更新枝应在 40 cm 长时保留 3 片叶进行重短截，促发二次枝培养成更新枝。

（三）应用效果

1. 减药效果

本模式与周边常规生产模式相比，全年用药次数较棚外减少 3～4 次，因每次用药浓度较常规有所降低，减少幅度为 38.9%～50.4%。溃疡病、褐斑病等病害防控效果平均达 90% 以上，虫害损失率控制在 2.5% 以内。

2. 效益分析

本模式下避雨大棚建造成本 1.6 万～3 万元 / 亩，一次性投入成本偏高，但使用本技术 1 年后，猕猴桃结果枝数量增加 61%，同时期内膛结果枝长度增加 60%，粗度增加 14%，单位面积产量增加 17%，产值增加 30%，周年用药成本减少 3.9～4.2 元 /（亩·次），全年亩用药成本节省 100 元以上。据对金胜社区种植户 8 年来的产量和效益情况比较分析，盖棚当年虽然增加了 3.87 万元 / 亩投入，但因后期溃疡病等为害显著减轻，年均亩产维持在 1 800 kg/ 亩以上，且品质好、售价高，8 年来累计比其他模式增加纯收入 13.29 万元 / 亩。

本模式构建了以植株健康栽培为基础，以避雨栽培为核心、药剂防治为辅助的绿色防控技术体系，有效降低了农药、肥料的使用，控制了病虫为害的发生，有利于保护生态和产业绿色高质量发展。

3. 促进品质提升

本模式下生产的猕猴桃，平均单果重较常规高 10.9 g，可溶性固形物含量高 1.8%，可溶性总糖含量高 1.42%，维生素 C 含量高 26.2 mg/100 g。

（四）适宜区域

四川省猕猴桃主产区。

（唐合均、易蓓）

云南省屏边县猕猴桃农药减施增效技术模式

一、猕猴桃农药施用现状

云南省屏边县是猕猴桃的传统产区，全县目前种植面积为 6.3 万亩。由于种植面积增大，病虫害也日趋严重，造成猕猴桃品质和产量下降，给生产者带来严重损失。目前，猕猴桃病虫害防治过程中，对常见病害和地上害虫防治主要是喷洒农药，对地下害虫防治除农药拌种和灌根外仍缺少其他有效的方法。由于病害的日益严重和害虫抗药性的不断增强，用药剂量逐年提高，农药残留也愈来愈严重，严重影响了当地猕猴桃产业的绿色高质量发展。

（一）常见病害及防治方法

1.溃疡病

（1）症状 ①花蕾期染病：花苞在开花前变褐枯死或枯萎不能绽开，少数开放的花也难结果。②叶片染病：叶片受害后，染病的新叶正面散生污褐色不规则或多角形，渗出白色粥样的细菌分泌物，在干燥气候下，渗出物失水呈鳞块状；重病叶向内卷曲、枯焦，易脱落。③枝干和藤蔓染病：枝干上有白色小粒状菌露渗出，春季渗出物数量增多，黏性增强，颜色转为赤褐色，分泌物渗出处的树皮为黑色。伤流至萌芽期，在幼芽、分枝和剪痕处，常出现许多赤锈褐色的小液点，这些部位的皮层组织也呈赤褐色。剥开树皮，可见到褐色坏死的导管组织及其邻近的变色区，皮层被侵染后导致皱缩干枯；病枝上常形成 1～2 mm 宽的裂缝，周围渐转为愈伤组织。严重发病时主枝死亡，不发芽或不抽新梢，近干基处抽出大量徒长枝。

（2）发生规律 猕猴桃溃疡病是一种危险性、毁灭性细菌病害。病菌可随种苗、接穗和砧木远距离传播。病菌主要在枝蔓病组织内越冬，春季从病部伴菌脓溢出，借风、雨、昆虫和农事作业工具等传播，经伤口、水孔、气孔和皮孔侵入。经过一段时间的潜育繁殖，继续溢出菌脓进行再侵染。病菌主要为害发育较差的新梢、枝蔓、叶片和花蕾，引起花腐、叶枯、皮层龟裂和死树，以为害 1～2 年生枝梢为主。猕猴桃溃疡病菌属低温高湿性侵染细菌，春季均温10～14 ℃，如遇大风雨或连日高湿阴雨天气，病害易流行。地势高的果园风大，植株枝叶摩擦伤口多，有利细菌传播和侵入。每年3—5月为发病高峰期，此期如遇长时间遇低温阴雨，常导致病害流行。

（3）防治方法 果实采收后喷施纳宁300倍液或石硫合剂，冬季修剪后、春季萌芽前全树喷施纳宁150倍液或石硫合剂，生长季节选用农用链霉素、百菌清等全园喷雾防治。

2.褐斑病

（1）症状 主要为害叶片，也为害果实和枝干。发病部位多从叶缘开始，初期在叶边沿出现水渍状污绿色形成不规则大褐斑。果实感染则出现淡褐色小点，最后呈不规则褐斑，果皮干腐，果肉腐烂。后期枝干也受病害，导致落果及枝干枯死。

（2）发生规律 病菌随病残体在地表上越冬。翌年春季气温回升，萌芽展叶后，在降雨条件下，病菌借雨水飞溅或冲散到嫩叶上进行潜伏侵染。6—8月高温高湿（25 ℃以上，相对湿度 75% 以上）进入发病高峰期，病叶大量枯卷，感病品种成片枯黄，落叶满地。秋季病情发展缓慢，但在 9 月遇到多雨天气，病害仍然发生很重，11 月下旬至 12 月底，猕猴桃植株逐渐落叶完毕，病菌在落叶上越冬，雨水是病害的发生发展条件，地下水位高、排水能力差的果园发病较重。猕猴桃为多年生落叶藤本果树，长势强，坐果率高，如任其自然生长，其枝蔓纵横交错，相互缠绕，外围枝叶茂盛，内膛枝叶枯调，通风透光不良，加之湿度过大，也会导致病害大发生。

（3）防治方法　发病初期，可选用甲基硫菌灵、代森锰锌等药剂防治，隔 10～15 d 喷施 1 次，连续喷施 2～3 次。

（二）常见虫害及防治方法

1. 金龟子

（1）发生规律　一般春末夏初出土为害地上部。主要以成虫取食幼芽、嫩梢、叶片及花蕾，造成叶片缺刻、穿孔，花蕾不能正常开放，在苗木上为害尤为严重。

（2）防治方法　在为害严重时期选用菊酯类杀虫剂进行喷杀。

2. 夜蛾类害虫

（1）发生规律　夜蛾类害虫主要发生在果实糖分开始增加的 6—7 月，夜间出来为害果实，引起落果或为害部分形成硬块。

（2）防治方法　在为害严重时期可选用菊酯类药剂每隔 10～15 d 喷 1 次，直至采收结束为止。

二、猕猴桃农药减施增效技术模式

（一）核心技术

本模式的核心内容主要包括"优良品种＋绿色防控"。

1. 优良品种

品种选择在适推地区表现较好的金艳、东红等品种，特点是高产抗病，高抗溃疡病。

2. 绿色防控

通过安装杀虫灯，利用害虫的趋光、趋波等特性，杀灭成虫，降低田间落卵量，压低虫口基数，减少农药的使用量和次数，降低果品农药残留。重点诱杀金龟子、卷叶蛾、透翅蛾等成虫。利用害虫的趋色性，在田间悬挂黄板诱杀蚜虫、叶蝉、蚊虫等小型昆虫。

（二）生产管理

1. 播前准备

选择背风向阳、水源充足、排灌方便、土层深厚、腐殖质丰富的浅山丘陵地。采用 1 m×1 m 大穴整地，每穴施农家肥 50 kg，腐熟饼肥 2 kg。播种采用 1 年生成品嫁接壮苗，株行距为 3 m×4 m，栽植时做到"苗栽直、根伸展、灌足水、培好土"，雌雄株比例为 10∶1。12 月中上旬或翌年 2 月下旬栽植。栽后及时平茬，封土堆。春节后及时扒开土堆，以提高栽植成活率。

2. 培土追肥

苗期施肥在萌芽前后，结合灌水在距根部约 50 cm 处，开沟 20～30 cm，株施磷酸二铵 0.2 kg 和少量人畜粪尿。挂果期基肥施肥在秋末冬初，亩施有机肥 3 500～4 000 kg、过磷酸钙 40～50 kg。2 月上旬发芽前施入催梢肥；5 月上旬施促果肥，以使果实迅速膨大，枝梢生长旺盛；6 月下旬至 7 月上旬施壮果肥，除补施氮肥外，株施过磷酸钙 0.5 kg，钾肥 0.25 kg。施肥深度一般在 40 cm 左右。可在树盘周围开环状圆形沟，施入有机肥，也可不开沟，将厩肥与化肥撒在地表，浅锄复土，将肥料施入，施肥后浅灌水。

3. 病虫防治

（1）溃疡病防治　提倡预防为主，综合防治的方针，冬季修剪清园后喷 1 次 3～5 °Bé 的石硫合剂或农用链霉素 500 倍液，从 2 月上旬至 8 月下旬、9 月中旬分别隔 7 d 喷 1 次，连续喷雾 3～4 次。

（2）褐斑病防治　为害严重的果园 5—7 月每月喷药 1 次。轮换喷 40% 多菌灵粉剂 600 倍液，10% 多抗霉素 1 000 倍液。

（3）夜蛾防治　为害严重时可选用菊酯类药剂每隔 10～15 d 喷 1 次，直至采收结束为止。

4. 组织收获

猕猴桃果实采收过早或过迟都会影响果实的品质和风味，且必须通过品质形成期才能充分成熟。依照果实发育期，当果实可溶性固形物含量 6%～7% 时为采收适期，而需要长期贮藏的果实则要求达 7%～10%。采收宜在无风的晴天进行，雨天、雨后以及露水未干的早晨都不宜采收。采摘时间以 10 时前气温未升高时为佳。采收时，要轻采、轻放，小心装运，避免碰伤、堆压，最好随采随分级进行包装入库。用来盛桃的箱、篓等容器底部应用柔软材料作衬垫，轻采轻放，不可拉伤果蒂、擦破果皮。

（三）应用效果

1. 减药效果

本模式与周边常规生产模式相比，减少化学农药防治次数 2 次，减少化学农药用量 30% 左右，农药利用率提高 40% 左右，虫害损失率控制在 5% 以下。

2. 效益分析

亩均生产成本 4 000 元，亩均产量 800 kg，亩均收入 12 800 元，亩均纯收入 8 800 元。

生态效益上，通过实施本生产模式，农药使用量减小，有机肥施入土壤后，有利于土壤改良。未来，应从猕猴桃产业生产实际出发，针对产业生产中存在的品质难提升、技术应用不到位等技术问题，通过对产业发展过程中存在的问题进行把脉指导，推动产业科学发展。

3. 促进品质提升

本模式下生产的猕猴桃，减少化学农药防治次数 2 次，减少化学农药用量 30% 左右，提升了猕猴桃品质，促进了食用安全。

（四）适宜区域

屏边县及周边区域。

（董莉）

陕西省眉县猕猴桃化肥农药减施增效技术模式

一、眉县猕猴桃产业概况

眉县位于陕西省关中平原西部，地处秦岭北麓，是传统果业生产大县，中国猕猴桃之乡。眉县从 1978 年开始进行猕猴桃种质资源普查，1988 年开始人工栽培，经过 30 多年的发展，全县共栽培猕猴桃 30.2 万亩，总产量 49.5 万 t，产值31 亿元。全县 86 个行政村均有猕猴桃栽培，农民户均栽植 4.5 亩，人均 1.16 亩，猕猴桃从业人员达到 12 万人，形成了一县一业的产业格局。猕猴桃现已成为眉县农业农村经济的支柱产业和农民增收的主导产业。

二、眉县猕猴桃化肥使用现状

（一）化肥施用量过大

猕猴桃生长旺盛叶片肥大，根系发达，生长量大，对肥水的需求量也很大，果农为了获得更高的产量，大量使用化肥，既增加了生产成本又造成了果园环境污染，致使果园土壤板结，有机质含量下降，猕猴桃果品品质下降。据调查，年化肥施用量为尿素 300～750 kg/hm²、磷酸二铵 525～900 kg/hm²、氯化钾375～600 kg/hm²、高钾复合肥（18-5-22）1 575～2 250 kg/hm²，折合为 N 515～912 kg/hm²、P_2O_5 321～527 kg/hm²、K_2O 549～819 kg/hm²。在猕猴桃的生产中，化肥尤其是氮肥的施用量过大，使猕猴桃营养生长过于旺盛，枝条粗壮且含水量大，越冬时容易受冻害；同时，果园土壤板结，通透性差，猕猴桃的根系分布较浅，肉质根系容易引起"烧根"而发生肥害；化肥施用量过大，造成果园土壤有机质含量下降，致使猕猴桃干物质积累少，果实品质下降，盈余肥料流失引起的水体污染和富营养化等还对生态环境构成巨大威胁。

（二）化肥利用率较低

在猕猴桃生长周期，果农最少施用 4 次肥料，即萌芽肥、促果肥、优果肥、基肥，还有根外追肥（叶面喷施、随水冲施）等，有些果农还增加了花前肥、花后肥、二次优果肥，不论是施肥次数还是施肥量都很高，但肥料的利用率却很低。造成猕猴桃化肥利用率低的主要原因：一是施肥的时间不对，错过最佳需肥期，有些果农不是根据猕猴桃的需肥时间施肥，而是根据自己的忙闲施肥，造成猕猴桃枝叶旺长，树体虚旺，形成大量生理落果等现象，增产效果大打折扣；二是施肥位置不正确，近根施肥，很多果农施肥距离树干不足 50 cm，有的施到果树的根部，而猕猴桃吸收养分的毛细根主要分布在距离树干 80 cm 至树冠外围下的部位，"宁让根寻肥，莫让肥寻根"，就是害怕施肥过近，化肥的养分利用率降低或者无法利用；三是在夏季的高温天气，猕猴桃的叶片大而蒸腾量大，对水分的需求量也很大，灌水的频率高，致使施于土壤中的化肥大部分养分被灌水淋失而浪费，没有被猕猴桃的根系完全吸收利用。

（三）化肥施用成本高

2019 年，眉县猕猴桃各品种收购的平均价格为 4 600 元 /t，按 27 t/hm² 的平均产量计算，即猕猴桃毛收入为 124 200 元 /hm²。在猕猴桃生产中，农业投入品（肥料、农药、花粉、果袋）、水费和用工等生产成本比较高，占比大的是用工和肥料，果农利润空间非常小。调查显示，猕猴桃的平均生产成本约为 85 650 元 /hm²，其中，肥料成本就达 28 500 元 /hm²，占总成本的 33% 以上。由于肥料价格高，果农增加了肥料的施用量，使猕猴桃的生产成本显著增加，在整个生产成本中肥料的占比增高。

三、眉县猕猴桃农药施用现状

在猕猴桃生产中，病虫害是导致减产和品质下降的重要原因，但相对于其他果树种类来说，病虫害的发生比较轻。目前，防治猕猴桃病虫害措施有化学防治、物理防治、生物防治和农业防治等，其中，化学防治是生产中当前主要防治手段。在猕猴桃生产过程中农药滥用、乱用现象普遍且长期存在，不仅带来严峻的环境问题，还制约了猕猴桃产业的健康安全持续发展。

（一）农药施用量较大

近年来，在生产中猕猴桃病虫害的发生越来越严重，果农对化学农药大面积、大剂量的施用也越来越普遍，极易造成猕猴桃产生病虫害的抗药性，导致防治效果下降甚至失效，而使农药施用剂量增加，形成恶性循环。为了减少病虫害的滋生，方便施肥和灌溉，大多数果农施用大剂量除草剂对猕猴桃果园杂草中进行化学杀除。施用过量农药在土壤中的残留造成土壤污染，在树体和叶片上的农药残留通过雨水冲刷和灌水进入水体后扩散造成水资源污染，或通过飘失和挥发造成空气污染，严重威胁生态环境安全。

（二）农药依赖度较高

在眉县，猕猴桃的虫害主要有小薪甲、介壳虫、叶蝉、金龟子、椿象、斑衣蜡蝉、叶螨等，病害主要有细菌性溃疡病、花腐病、根腐病、灰霉病、黑斑病、褐斑病和黄化病等，这些病虫害主要依靠喷施化学农药来防治。近年来，世界猕猴桃产区溃疡病发生为害较为严重，眉县猕猴桃产区也有发生。猕猴桃生产中发生的病虫害，特别是溃疡病，不管是预防还是控制病虫害的发生和蔓延，都必须使用农药来完成，包括果园杂草都是使用化学除草剂进行杀除，相对来说果农对农药的依赖度还是较高。

（三）传统的药械和农药施用技术比较普遍

眉县作为最佳的猕猴桃适生区之一，果农在长期的种植过程中不断地探索和总结，已经总结出了一些施药经验和办法，普遍应用在实际的生产中。由于一家一户的生产模式，采用分散喷药防治病虫害的方式不够科学合理，大多数果农选用小型手动、电动喷雾器等传统的药械，喷施药液压力不够，常出现喷施不均或未喷到等现象，降低了农药的利用率和防治效果。受传统经验的影响，推广应用先进的植保机械进行大面积猕猴桃病虫害集中防治的难度较大。

四、猕猴桃化肥农药减施增效技术模式

（一）核心技术

本模式的主要技术内容包括"优良品种＋测土配肥、平衡施肥＋绿色防控＋机械化生产"。

1. 优选品种

选择适应性、丰产性、抗逆性较好的徐香、海沃德为主栽品种，搭配发展翠香、瑞玉、农大眉香等新优品种，通过新建优良品种园、高接换头等措施，扩大优良品种种植面积。

2. 测土配肥、平衡施肥

测定土壤养分，科学配比营养元素，一般氮、磷、钾配比为 $1：0.9：1$，施用有机无机复混的配方肥，其中，氮磷钾养分的含量为 N 20%、P_2O_5 18%、K_2O 20%。加大有机肥施用量，有机肥比重达到80%，在施基肥和追施促果肥时分2次施用，施用量为 5 775 kg/hm^2。同时，增施微量元素肥料和生物有机肥料，常规化肥施用量减少20%。大力推广"果、畜、沼、草"生态模式，综合利用生草、畜粪、沼渣、沼液，建成循环农业，优化改良土壤理化性状，提高有机质含量，生产优质的有机猕猴桃。

3. 绿色防控

（1）农业防治 以果园生草、合理负载、冬季清园等措施为基础，培育健壮

树势，提高抗逆性，改善果园生态环境，降低生理性叶枯病发生，保护自然天敌的生存环境为增殖提供有利条件，抑制病虫害发生。

（2）生物防治　释放捕食性和寄生性天敌，例如用捕食螨、瓢虫、草蛉等防治螨类、介壳虫、蚜虫等害虫；行间种植细叶芹、薄荷、茴香、苋菜等蔬菜，吸引寄生蜂、食蚜蝇等害虫天敌进入果园；利用植物源杀虫剂除虫菊素、苦参碱、苦皮藤素、藜芦碱，可依次用来防治叶蝉、蚜虫、小卷叶蛾、红蜘蛛；利用植物源杀菌剂香芹酚、小檗碱，可用来防治灰霉病、褐斑病，利用枯草芽孢杆菌、荧光假单胞杆菌、解淀粉芽孢杆菌防治猕猴桃细菌性溃疡病，用苦参碱、哈茨木霉菌、多粘类芽孢杆菌防治猕猴桃根腐病，用菇类蛋白多糖防治褐斑病，用淡紫拟青霉防治猕猴桃根结线虫病，用宁南霉素、多抗霉素、中生菌素、春雷霉素、梧宁霉素等抗生素类农药防治细菌性溃疡病、花腐病，采用多抗霉素防治根腐病，用曲古霉素防治虫害；利用性诱剂诱杀成虫、性诱捕器诱杀绿盲蝽、茶翅蝽等生物防控技术，达到防治病虫害的效果。

（3）物理防治　综合利用人工抹杀、绑缚诱虫带、太阳能杀虫灯、果实套袋、食饵诱杀害虫等方法防治害虫和预防农药面源污染。

（4）化学防治　根据猕猴桃病虫的发生规律，及时确定防治病虫害最佳的时期和方法，坚持"预防为主，综合防治"的植保方针，掌握用药的关键时期，使用低毒、低残留的化学农药对症用药，减少化学农药使用量，避免病虫产生抗药性。

4. 机械化高效生产

使用可在猕猴桃架面下操作、方便的小型自走式开沟、施肥机械，使肥料均匀施在猕猴桃根系周围，提高施肥机械化程度和工作效率，降低生产成本提高肥料的利用率。

使用中小型自走式喷杆喷雾机、手推式远程喷枪喷雾机等新型植保机械。喷药时做到均匀周到，减少农药使用量，提高农药利用率，减少浪费和污染。

使用节能、安全、高效的水肥药一体化滴灌、喷灌技术，施用水溶性肥料，提高水、肥、农药的利用率，减少人工投入，降低生产成本。根据田间土壤湿度和树体生长情况，适时合理灌水，适当控制灌水次数，防止土壤板结，预防叶片和果实黄化，减轻病虫害发生。

（二）生产管理

1. 休眠期

根据树龄，按照少枝多芽的原则进行整形修剪，培育标准化树形。修剪结束后刮除粗老树皮，彻底清除园内枝条、落叶、烂果、枯草及包装物等，粉碎后集中烧毁或深埋。更换损坏的横杆、立柱，紧铁丝、加固地锚、绑枝。

2. 萌芽期

追施萌芽肥，在猕猴桃叶芽萌动时每株施高氮中磷低钾型复合肥 0.5～1 kg，促发健壮新梢。伤流开始后全园喷施噻霉酮 800 倍液，或噻菌铜 800 倍液，或中生菌素 1 500 倍液，间隔 10～15 d，连喷 2 次防治溃疡病。对发病部位用消毒刀具刮除病斑，将刮掉的树皮清除出果园烧毁，再涂氢氧化铜混合液或 50 倍噻霉酮膏剂后包扎。展叶后，疏除主干上、剪锯口附近的萌芽、背下芽及弱瘪芽、无生长点的叶（花）丛芽、病虫为害芽等。伤流结束后剪除病虫枝、干枯枝、密生枝、剪截过长结果母枝。

3. 花期

现蕾期喷碧护 10 000～15 000 倍液，预防霜冻，促花蕾发育；如遇低温，提前在凌晨 3:00—6:00 集中连片果园熏烟预防晚霜冻害。花蕾分离后 10 d 左右及时疏除畸形、病虫为害、色黄而小、密生的花蕾及所有侧（耳）花蕾。挑选健壮发育枝或结果枝作为下年的结果母枝，其余结果枝在花蕾上留 3～5 片重摘心，促进果实生长；自封顶的新梢不摘心。在疏蕾、摘心完成后，喷施 1 次中生菌素，预防花腐病。开花期，在雄株散粉前收集花粉人工点授；在清晨 6:00—10:00 采半开雄花与雌花对花授粉，每朵雄花可对 5～6 朵雌花；花期在果园放养蜜蜂辅助授粉。如花期遇连阴雨，采用活力高的商品花粉用电动授粉器进行人工授粉，均可提高品质和优质果率。花期禁止喷药和灌水，防止杀伤蜜蜂和降低地温，影响授粉；花后 7～10 d 喷施 1 次药剂，防治金龟子、斑衣蜡蝉、椿象、褐斑病。4 月中下旬在果园行间播种三叶草、毛苕子、绿豆等绿肥作物进行果园生草。

4. 果实发育期

花后 15～20 d 疏果，疏除畸形果、病虫果、小果、侧果、碰伤果，选留发育良好、果形整齐，果梗粗壮且分布均匀的幼果。5 月下旬至 6 月上旬，盛期果园追施促果肥，每株追施全营养配方肥 1 kg、有机肥 1.5 kg。幼果迅速膨大期，要求果园土壤相对湿度保持在 80%，结合施肥适时灌水，使用水肥药一体化技术进行施肥、灌水、喷药。花后 35～40 d 定果后注意防治褐斑病、灰霉病、小薪甲、椿象、桑白蚧、红蜘蛛等病虫害。高温来临前，进行果实套袋，生草或利用杂草，及时灌水，保持果园潮湿阴凉，预防高温日灼。夏季修剪要适时摘心，疏除过密枝和缠绕二次枝，及时均匀绑蔓，改善通风光照条件，保持架下均匀分布光斑。7 月底至 8 月初追施优果肥，以磷钾肥为主，追施低氮中磷高钾复合肥 750～1 200 kg/hm²。

5. 果实成熟期

9 月中下旬，各品种开始成熟，摘除果袋适时采收。采果后，全园立即喷施梧宁霉素 1 000 倍液，或噻菌铜 600 倍液，或氢氧化铜 1 000 倍液，加喷叶面肥，预防溃疡病菌通过伤口入侵，增加养分积累，增强树势延缓叶片衰老。

6. 落叶前后

采果后至封冻前施入基肥。施基肥前进行土壤养分测试，确定全年施肥标准。基肥以有机肥和生物菌肥为主，配施无机复合肥和生物菌肥。盛果期果园，结合秋耕，全园撒施腐熟农家肥或沼渣 37.5～75 t/hm²，或施生物菌肥 3 300 kg/hm²、高磷复合肥 750 kg/hm²；幼园结合扩盘开沟施入，施肥量依树大小而定，一般为大树的 1/3～1/2 为宜。落叶后结合施基肥，根茎培土 30 cm；初果期幼树、徐香品种及低洼果园用柴草缠扎主干（100 cm 左右）；盛果期大树全园涂白，及时做好防冻。

（三）应用效果

1. 减肥减药效果

经过试验和示范，本模式与周边常规模式相比，在生产中可减少化肥用量 20%，化肥利用率可提高 80%；减少化学农药防治次数 2～3 次，可减少化学农药用量 30%，农药利用率可提高 50%。为害性大的猕猴桃细菌性溃疡病发病率控制在 5% 以下。

2. 成本效益分析

以眉县主栽猕猴桃品种徐香为例，平均生产成本 79 500 元 /hm²，平均产量 31 500 kg/hm²，平均收入 182 700 元 /hm²，平均纯收入 103 200 元 /hm²。

3. 促进品质提升

本模式下生产的猕猴桃，使猕猴桃的叶片增大增厚，叶色浓绿，生理性干叶和果实日灼明显减少，平均产量增加了 8.45%，可溶性固形物含量高于 6.5%，猕猴桃的含糖量增加，果实硬度增加，大幅度提高了猕猴桃的维生素 C 含量，增强了树体的抗逆性，提高了果实的品质和商品性。

（四）适宜区域

眉县及周边猕猴桃适生区。

（杨金娥）

陕西省周至县猕猴桃化肥农药减施增效技术模式

一、猕猴桃化肥施用现状

猕猴桃是陕西省周至县的特色主导产业，对周至县域经济的发展起到支柱作用。猕猴桃作为新兴农业产业，亩产效益显著高于当地的其他作物，迅速发展成为广大农民群众脱贫致富的主要途径。然而，猕猴桃是典型的肉质根藤本植物，生长势强旺，喜湿怕涝，水肥需求量大。因此，多数果农盲目追求产量，对化肥的依赖性较大。

（一）现状

结合行业专家指导及广大果农和一线技术人员的经验总结，对于猕猴桃化肥的施用主要包括土壤施肥和叶面肥。其中，土壤施肥有 4 个时期：一是萌芽肥，以高氮型复合肥为主，占全年施肥量的 10%～20%，使用量 50～80 kg/ 亩，投入 100～200 元 / 亩；二是花期肥，平衡肥，氮、磷、钾含量比例相同，占全年施肥量的 10%～20%，使用量 50 kg/ 亩，投入 100～200 元 / 亩；三是膨大肥，高磷高钾型复合肥，花后 1 周和花后 3～4 周分 2 次施用，也有用 1 次的农户，每亩膨大期化肥的总投入量为 100～150 kg/ 亩，投入 300～400 元 / 亩；四是基肥，秋季施入，以铵态氮肥或缓效复合肥为主，亩施用 50～100 kg/ 亩，投入 100～300

元/亩。总之，在周至县猕猴桃果园中，盛果期果园根据产量年施用化肥的总量为200～500 kg/亩不等，平均在300 kg/亩左右。年化肥投入金额为600～1 100元/亩。叶面肥，主要以钙、硼、镁、锌等为主，年施用量3～7次，亩成本100～200元。整体而言，猕猴桃产区化肥的施用时间基本认知统一，在用量和氮磷钾比例上有一定的差异，大部分果园存在化肥施用过量的问题。

（二）生产中施用化肥存在的主要问题

1. 盲目追求产量，用肥观念落后

化肥增产效果明显，果农为了最大化追求产量，长期以来，不考虑化肥的负面作用，观念意识落后。

2. 施肥缺乏科学和数据支撑，存在盲目性

当前，猕猴桃需水需肥规律不够明确，施肥缺乏数据支撑，土壤检测和质量分析不足，测土配方施肥科学支持和依据不充分，无法做到精准施肥。

3. 用肥效率低，成本高，施用方法不规范

不注重前期土壤改良和增施有机肥，实行清耕除草，导致果园土壤结构、pH值以及阳离子交换量等土壤指标异常，化肥的吸收利用率较低；施肥方法有埋施、表面撒施、随水灌施、用施肥枪等多种方式，不能根据土壤结构特点和肥料特点科学施入，而是照搬邻里的方法，科学性和规范性不足。

二、猕猴桃农药施用现状

（一）猕猴桃生产过程中主要病虫害和农药施用现状

猕猴桃生产过程中常见的病害有根腐病、花腐病、溃疡病、褐斑病等，其中，以溃疡病为害最大。目前，针对病害的防治主要使用杀菌剂，例如恶霉灵、石硫合剂、铜制剂、戊唑醇、春雷霉素等，根据气象条件和树体树势的变化，年病害用药次数6～8次，每次用药量1.5%～2%铜制剂600～800倍液，或4%春雷霉素600～800倍液。年防病用药投入成本200多元。猕猴桃生产中常见害虫桑白蚧、叶蝉类、金龟子、红蜘蛛、椿象等，主要使用的农药为高效氯氰菊酯、阿维菌素、吡虫啉等，虫害的发生具有区域性，每年的发生状况也不同，不同虫害使用10%吡虫啉3 000倍液，或2.5%高效氯氰菊酯乳油2 500～4 000倍液。虫害的防治成本超过100元/亩。

（二）农药施用方面存在的主要问题

整体而言，猕猴桃的抗性较好，除溃疡病外，其他病虫害的发生率较低。依托技术推广部门和科研院所的技术培训和指导，农药的施用比较规范。目前，猕猴桃使用农药的主要问题有以下几点：一是改善环境、增强树势的意识不强，过分依赖农药；二是习惯性加大浓度，施用防护意识不强，存在农药安全风险和隐患；三是病虫害环境监控和预防技术体系缺失。

三、猕猴桃化肥农药减施增效技术模式

目前，要从根本上解决猕猴桃生产中过量使用化肥农药的问题，建议从以下方面考虑：一是加强技术的示范和指导；二是建立化肥农药的测试评价和标准化技术方案；三是强化土壤和产品质量安全检测服务；四是加强统防统治技术的研究和群防群治的政策引导。具体应做到以下几个方面。

（一）优选品种

选育和推广抗逆性、丰产性较强的品种，目前，周至县新选育并推广的瑞玉等新优猕猴桃品种是采用杂交育种技术，通过10多年的选育获得，其抗逆性和抗病虫害能力强、自然生长量大、产量高，可降低农药和化肥的投入量。

（二）专用砧木建园

通过猕猴桃物种间远缘杂交，培育适应不同种植环境的专用砧木。当地目前开始推广的佰瑞猕猴桃研究院自主选育的311等系列砧木，具有抗旱、抗涝、抗病等明显效果，能够提高嫁接品种的产量和品质。

（三）重视土壤改良

重视建园土壤改良，加大果园深翻改土投入，提升土壤基础肥力。目前，新建园实行3年土壤改良与有机质提升计划，前3年每年施入有机肥和腐熟粪肥，结合果园大行种草，秸秆还田，同时，配合使用蓝迪多邦微生物复合菌剂，多种方式促进活化和培肥土壤，减少对化肥的依赖。

（四）加强种植技术支撑，合理负载，培养中庸树势

从技术角度而言，过于旺盛和虚弱的树体，容易感病，对肥水的依赖性强。因此，通过"一主两蔓，高枝牵引"培养规范的树形结构；"T"形架改大棚架，规范架型；建立标准化种植技术规程，合理负载，减少对农药化肥的依赖。

（五）果园生草，开展生态化和绿色种植

推广果园生草和免耕技术，表施腐熟粪肥和有机肥，加强果园生态建设，构建生态平衡。引导果园有益微生物和有益动物系统的建立，打造美丽果园，通过自然生态的方式减少对化肥农药的依赖。

（六）针对主要病害猕猴桃溃疡病推广绿色防控技术

贯彻"健身栽培，环境防控，综合防治"的原则，以优质稳产为目标，以选用抗病砧木和抗病品种为前提，以增强树势、控制产量为重点，结合环境防控，减少交叉感染，综合运用物理、生物及化学药剂等防治方法，实行统防统治，全面防控溃疡病。

1. 选用健壮无病菌苗木

（1）严禁栽植带菌苗木或在溃疡病发生区繁殖猕猴桃苗木和采集接穗。

（2）接穗应在无感病史的健壮树上采集，进行检测，防止嫁接传染。

（3）易感品种实行高位嫁接，嫁接时将种条用1.5%噻霉酮液处理，削好的接穗在噻霉酮膏剂中蘸一下再插，或在接口上涂抹噻霉酮后再包扎。

（4）建园时选用健壮无病苗木，防止接穗、砧木带菌。

2. 健身栽培

（1）合理负载，增强树势　依据树龄、树势确定适宜负载量，实行花前疏蕾、花期授粉、花后疏果。现蕾后，中华猕猴桃的结果母枝隔一个结果枝去除全部花蕾，有效降低挂果量，美味猕猴桃按强结果枝留3～4果，中庸结果枝留2～3果，弱枝留1果或不留。成龄园产量指标：中华猕猴桃种1 000～1 500 kg/亩，美味猕猴桃种2 000～2 500 kg/亩，华优品种2 000 kg/亩。禁止使用大果灵即吡效隆类植物生长调节剂。

（2）加强肥水管理，加强养分管理　推广平衡、配方施肥，氮磷钾配比为幼树期（4～8）：（2.8～6.4）：（3.2～7.2）；初果期（12～16）：（8.4～12.8）：（9.6～14.4）；盛果期20：（14～16）：（16～18）。果实采收前后（9月下旬至10月中下旬）施入腐熟有机肥3～5 m³/亩，加入年施磷、钾肥量的约60%，并加入适量菌肥、腐殖酸肥和微肥；花前追施氮肥20%，果实膨大期追施氮、磷、钾20%；全年叶面喷肥4～6次，采果后要喷1次0.5%尿素液加0.2%有机钾肥或0.5%硫酸钾肥液。

应根据猕猴桃生长的需水规律及降水情况适时灌溉，特别是夏季高温时，田

间最大持水量低于65%时应及时灌水。雨季注意排除积水。实行生长期树盘覆草，树行两边各50～75 cm，行间生草，种植白花三叶、毛苕子、绿豆等绿肥，刈割覆盖或过腹还田。

（3）科学修剪　对红阳等易感溃疡病品种，修剪时应短截，多留预备枝，刺激生长，增加新梢生长势和新生枝生长量。结合冬剪彻底剪除病虫枝。

3. 环境控制

（1）划区建设防风林，单片果园进行严密控制，减少园区交叉感染　针对不同区域，建立防风系统，对果园进行环境控制，对外来人员及果园投入品都要进行严格的控制，进行消毒和检疫。

（2）适时清园，发病后清理植株　秋季刮除树干粗老翘皮，落叶后和冬剪结束彻底清扫果园内枯枝、落叶、烂果及废弃物并集中烧毁。发病期，及时剪除染病的1～2年生枝蔓；易感病品种应扩大剪除病枝段（1年生枝发病，剪去2～3年生枝部分）。剪锯口涂药保护，剪下的病枝残体带离果园集中烧毁。幼园及幼苗发现有溃疡病，立即彻底销毁病株。避免人为机械操作损伤。

（3）预防低温冻害　采果后喷布0.2%噻苯隆，有利于树体愈伤组织发育，增强抗冻能力。秋末冬初采取树干涂白、缠草，基部培土、树盘灌水等措施，预防树体受冻，减少伤口，防止病菌入侵。

（4）清除传染源　早春反复、仔细检查树体，重点检查伤口、芽眼、枝杈处及旧病部位等。染病的主干、主蔓如发病轻、未造成皮层环剥时，应彻底刮除病斑或在病斑处用刀纵划数道，深达木质部，然后涂药控制扩展；发病严重的（刮除后无好皮，或病斑已造成皮层环剥的），应在好皮以下处剪除、锯除。刮除后涂药范围应大于病斑范围2～3倍，药剂可选膏剂噻霉酮、过氧乙酸、施纳宁、95% CT、菌毒清、博医等。应将刮下的病皮或剪下的病枝带离果园集中烧毁，所用剪锯、刮刀在处理完每个感病枝蔓后都应及时用过氧乙酸或75%乙醇等进行消毒处理。

（5）营造良好的果园生态环境　果园生态环境的改良，首要是改良土壤，增施有机肥，提高土壤有机质，为益生菌的繁殖营造良好环境；其次是果园生草和架型管理，结合水肥一体化，构建良好的果园小气候，维持光、热、湿、气的和谐。

4. 生物、化学防治

（1）微生物防治 以菌治菌，生长季大量施用枯草芽孢杆菌和 EM 菌等生物菌剂，提高益生菌数量，诱导植物机体产生抗病性。

（2）化学防治 选用适宜浓度药剂适时防治，溃疡病的药剂防治应抓好秋季、休眠期、萌芽初期 3 个关键时期。

（七）建立绿色壮果技术体系，推广绿色增产技术

采用少枝多芽、捏尖控旺、环剥壮果等复合种植技术，结合海藻素和复合营养液等绿色壮果剂的使用，实现自然壮果和绿色壮果，减少对化肥和生长调节剂的依赖。

（八）强化社会化服务，推广订单农业，注重高质量发展

建立质量标准，推广质量兴农理念，支持高端品牌企业，开展订单农业，以质定价。发挥市场作用，引导广大果农重视农产品质量安全问题，高端猕猴桃品牌企业作为市场主体参与社会化服务，通过种植示范、技术培训和现场指导提高种植水平。

四、减施化肥农药效果

在全面推广猕猴桃绿色生产技术的基础上，结合优良品种、土壤改良、果园生草和架型改良等措施，减施农药化肥效果明显。

与目前的种植模式相比，周至县推广的绿色种植技术，通过标准化种植技术、社会化服务体系以及推广订单农业，农户每亩增产 20% 以上，由原来的平均亩产 1 500 kg，增加到 2 000～2 500 kg/ 亩，商品率由原来的 60% 提高到 80%，干物质含量由 15% 增加到 17% 以上。每亩增加效益 1 000 多元。化肥施用量减少 30%，化肥使用次数由 4～5 次，规范为 3 次，即萌芽肥、膨果肥、基肥，使用量根据土壤检测结果结合猕猴桃需肥规律合理确定。通过生草免耕和土壤改良，增强了树势，应用杀虫灯、粘虫板等，猕猴桃溃疡病发病率下降，发病率控制在 5% 以内，农药的使用次数减少为 3～5 次，农药使用量降低 30%。每亩化肥节约投入成本近 500 元，农药节约投入约 100 元。

（周攀峰）

陕西省岐山县猕猴桃农药减施增效技术模式

一、猕猴桃农药施用现状

陕西省岐山县地处秦岭北麓猕猴桃优生区，猕猴桃是岐山县特色优势主导产业，2019 年，全县猕猴桃种植面积 7.5 万亩，总产 6.6 万 t。由于猕猴桃产业周期长、前期投资大，受全球气候变化和其他因素影响，病虫害日趋严重，造成猕猴桃品质下降，成本增加，给生产者带来严重损失。目前，果农在猕猴桃病虫害防治过程中，过量、不合理和用药不当，造成防治效果不佳、病虫抗（耐）药性上升、次要害虫大发生、环境污染和生态平衡破坏等一系列问题，严重制约了猕猴桃标准化技术的进一步推广，成为猕猴桃质量提升和绿色生产的主要瓶颈，威胁着猕猴桃果品质量安全和农业生态环境安全。

（一）常见病害及防治方法

1. 溃疡病

（1）症状　主要为害树干、枝条，严重时造成植株、枝干枯死，同时也为害叶片和花蕾。感病后最初从发病部位芽眼、叶痕、皮孔、小伤口等处溢出乳白色黏质菌脓，皮层深褐色腐烂，逐渐变软，呈水浸状下陷，树干或大枝上可出现纵向裂缝。植株进入伤流期后，病部的菌脓与伤流液混合从伤口漫溢出，呈锈红色。叶片发病时在新生叶片上呈现水浸状褪绿小点，后发展为 1～3 mm 的不规则或多角形褐色病斑，边缘有明显的淡黄色晕圈，湿度大时病斑湿润并有乳白色菌脓溢出。叶片上产生的许多小病斑相互融合形成枯斑，叶片边缘向上翻卷，不易脱落；秋季叶片病斑呈暗紫色或暗褐色，容易脱落。花蕾受害后不能张开，变褐枯死；新梢发病后变黑枯死。

（2）发生规律　细菌性病害，一般每年有 2 次发病高峰期，枝干 2—4 月发病较多，叶片上春末夏初 5 月上中旬至 6 月底和秋季 9 月发病较多，其中，枝干上冬春季发病率最高，为害最为严重，发病株率约占全年80%。

（3）防治方法　选用铜制剂（氢氧化铜、噻霉酮、噻菌铜）、抗生素（链霉素、春雷霉素、卡那霉素）等药剂防治，可喷施，涂干。春夏季可喷施0.3%梧宁霉素，或3%中生菌素600～800倍液；秋冬季选用0.3%梧宁霉素，或3%中生菌素，或6%春雷霉素400～600倍液全树喷雾，或30～50倍液枝干涂抹，或60～100倍液喷淋；冬剪后至萌芽前，全园喷施45%施纳宁150倍液喷雾或涂抹树干，或喷洒3～5 °Bé石硫合剂，或1：1：100波尔多液整株喷淋。

2. 花腐病

（1）症状　主要为害猕猴桃的花蕾、花，其次为害幼果和叶片，引起大量落花、落果，还可造成小果和畸形果，严重影响猕猴桃的产量和品质。发病初期，感病花蕾、萼片上出现褐色凹陷斑，随着病斑的扩展，花瓣变为橘黄色，开放时呈褐色并开始腐烂，花很快脱落。受害轻的花蕾虽能膨大但不能正常开放，花药花丝变褐或变黑后腐烂。受害严重植株，花蕾不能膨大，花萼变褐，花蕾脱落，花丝变褐腐烂；轻度受害植株，果实子房膨大，形成畸形果或果实心柱变成褐色，果顶部变褐腐烂，导致脱落。受害叶片出现褐色斑点，逐渐扩大，最终导致整叶腐烂，凋萎下垂。

（2）发生规律　病菌在病残体上越冬，主要借雨水、昆虫、病残体在花期传播。该病的发生与花期的空气湿度、地形、品种等密切相关。花期遇雨或花前浇水、湿度较大、地势低洼、地下水位高、通风透光不良等都是发病的诱因。

（3）防治方法　发生严重的果园，冬季用5 °Bé石硫合剂对全园进行彻底喷雾；萌芽前用3～5 °Bé石硫合剂全园喷雾；萌芽至花前可选用1 000万cfu农用链霉素可湿性粉剂2 000倍液（或2%春雷霉素可湿性粉剂400倍液，或50%春雷霉素可湿性粉剂800倍液与柔水通4 000倍液混合液喷雾防治）。每10～15 d喷1次。特别是花初期要重防1次。

（二）常见虫害及防治方法

1. 金龟子

（1）为害特征　幼虫和成虫均为害猕猴桃。成虫取食叶、花、蕾、幼果及嫩梢，呈不规则缺刻和孔洞。幼虫啃食猕猴桃的根皮和嫩根，影响水分和养分的吸收运输，造成植株早衰，叶片发黄、早落，甚至全株死亡。

（2）发生规律　多为1年1代，少数2年1代，1年1代者以幼虫入土越冬，

2年1代者幼虫、成虫交替入土越冬。一般春末夏初出土为害地上部，此时为防治的最佳时期。成虫白天潜伏，黄昏出土活动、为害，交尾后仍取食，午夜以后逐渐潜返土中。成虫食性杂、食量大，具有假死性与趋光性，具一生多次交尾习性，入土产卵，散产于寄主根际5～6 cm的土层内，7—8月幼虫孵化，在地下为害植物根。并与冬季来临前，以2～3龄幼虫或成虫状态，潜入深土层，营造土窝（球形），将自己包于其中越冬。美味猕猴桃品种表皮有毛，金龟子不喜食，受害较轻。

（3）防治方法　①药剂处理土壤。用50%辛硫磷乳油每亩200～250 g，加水10倍喷于25～30 kg细土上拌匀制成毒土，顺垄条施，随即浅锄，或将该毒土撒于种沟或地面，随即耕翻或混入厩肥中施用；用5%辛硫磷颗粒剂，每亩2.5～3 kg处理土壤。②毒饵诱杀。每亩用25%辛硫磷胶囊剂150～200 g拌谷子等饵料5 kg，或50%辛硫磷乳油50～100 g拌饵料3～4 kg，撒于种沟中。③花前2～3 d的花蕾期里，用90%晶体敌百虫1 000倍液，或40%辛硫磷乳油1 500倍液喷杀成虫，或2.5%溴氰菊酯乳油2 000倍液喷雾。

2.小薪甲

（1）为害特征　以成虫在相邻果实间为害，果实受害部位出现针眼状虫孔，皮层细胞呈木栓化片状结痂隆起，果肉变硬，果实品质变差，失去商品价值。

（2）发生规律　1年发生2代，以卵在枝干皮缝、杂草中潜伏越冬，5月中旬第1代成虫出现，先在杂草、蔬菜上为害，5月下旬至6月上旬是为害猕猴桃的主要时期，在相邻的果实之间取食，7月下旬出现第2代成虫，10月以后成虫在树皮缝隙，杂草中越冬、产卵。

（3）防治方法　5月下旬至6月上旬为防治适期，一般喷药2次，间隔10 d左右，常用药剂有2.5%功夫乳油3 000倍液，或2.5%溴氰菊酯乳油2 000倍液。

二、猕猴桃农药减施增效技术模式

（一）核心技术

本模式的核心内容主要包括"农业防治＋增施有机肥＋绿色防控"。

1.农业防治

（1）选育优良品种　在生产上主推抗病性强的美味系徐香、海沃德等品种。慎用中华系易感病品种的推广。

（2）规范树型、架型　架型上推广大棚架，树型上以单主杆双主蔓或单主杆多主枝整形修剪管理为主，便于枝条均匀分布架面，果实自然下垂，不发生叶磨等机械损伤，破坏小薪甲为害生存环境空间。

（3）加强修剪，合理负载　夏季管理及时抹芽、摘心、疏枝，使枝条不重叠、不缠绕，光照好，枝条健壮，芽眼饱满；冬季及时回缩、短截、疏除，进行枝组更新，选留强壮结果枝组，开展科学疏蕾定果、人工辅助授粉等技术，确保花果质量，合理留果，保证树势旺，抗逆性强。

2.增施堆沤发酵有机肥

在产区广泛开展推广有机物料堆沤发酵生产有机肥技术，亩施有机肥3～5 t，与深翻改土相结合，提高土壤有机质含量，改良土壤通透性，提高土壤蓄水保肥能力，提高土壤全元素营养物质供给，提高猕猴桃长势，增强抗逆性，提高果实内生品质和产量。

3.病虫绿色防控

（1）金龟子防治　以农业防治为主，化学防治为辅。①农业防治：不施未腐熟的有机肥，精耕细作，及时镇压土壤，清除田间杂草；利用成虫的假死性，于其集中为害期的傍晚、黎明时分人工扑杀。②物理防治：利用金龟子成虫的趋光性，在其集中为害期，于夜间用黑光灯、频振式杀虫灯等诱杀。利用对糖醋液的趋化性，在其活动盛期放置糖醋液诱杀，糖醋液配方为红糖1份，醋1份，白酒0.4份，敌百虫0.1份，水10份。③生物防治：在蛴螬或金龟子进入深土层之前，或越冬后上升到表土时，中耕圃地和果园，在翻耕的同时，放鸡吃虫。

（2）小薪甲防治　①结合冬季修剪，彻底清园，刮除老翘皮集中烧毁。②疏蕾定果时，枝枝见果，均匀分布。

（3）溃疡病防治　①平衡施肥，增施有机肥，增强树势，提高抗性。②全年生产当中，修剪工具及时用75%酒精消毒。③开展"两前、两后"防治，即花前花后，采果后落叶前用春雷霉素、梧宁霉素、铜制剂药剂喷雾，主干上喷淋。

（二）应用效果

1.减药效果

本模式与周边常规生产模式相比，减少化学农药防治次数4次，可减少化学农药用量40%，防效提高10%～20%，病害和虫害为害率控制在10%以下。

2. 成本效益分析

采用本模式增施发酵堆沤有机肥技术，成本仅 500 元 /t，与商品有机肥价格 1 500 元 /t 相比，亩均节本 1 000 元，且肥效不相上下，不但提高了树势，增强了抗逆性，还提升果品品质，节约了生产成本，增加了农民收益。

3. 促进品质提升

本模式下生产出来的猕猴桃，果型指数好，果个大，单果重平均在 80 g，果品商品率达到 93% 以上，适时采收，可溶性固形物指数达到 6.5 以上，糖分含量达到 15.5～17.5。与常规模式生产相比，果品商品率提高 10%～15%，可溶性固形物指数提高 0.5%～2%，糖分含量提高 2.5%～5.5%，且口感佳、耐储藏。

（三）适宜区域

岐山县及关中猕猴桃产区。

（张帆）

草莓化肥农药施用现状及
减施增效技术模式

河北省辛集市设施草莓农药减施增效技术模式

一、草莓农药施用现状

草莓味道鲜美，营养丰富，在果品生产中占有重要地位。辛集市是草莓的传统产区，为实现草莓的周年供应，设施草莓栽培面积逐渐增加。但设施内容易出现湿度大、光照不足和通风不良等问题，为草莓病虫害的发生提供了便利条件，病虫害的日趋严重，使草莓品质和产量下降，给生产者带来了损失。目前，在草莓病虫害防治过程中，对常见病虫害防治主要是喷洒农药，由于病害的日益严重和害虫抗药性的不断增强，用药剂量逐年提高，农药残留也愈来愈严重，造成草莓品质和等级下降，严重影响了当地草莓产业的绿色高质量发展。

（一）常见病害及防治方法

1. 草莓白粉病

（1）症状　草莓白粉病主要为害叶、叶柄、花、花梗和果实。发病初期，叶片的背面产生白色近圆形星状小粉斑，随着病情的加重，病斑逐渐扩大并且向四周扩展成边缘不明显的白色粉状物；发病后期严重时，多个病斑连接成片，整片叶布满白粉，叶缘也向上卷曲变形，最后叶片呈汤匙状。花蕾、花、花托染病，花瓣呈粉红色或浅粉红色，花蕾不能开放，花托不能发育。幼果染病，病部发红，不能正常膨大，发育停止，干枯；果实后期发病，果实表面覆盖一层白粉，严重影响浆果质量，失去商品价值。

（2）发生规律　病原菌是羽衣草单囊壳菌，属子囊菌门，以菌丝体或分生孢子在病株或病残体中越冬和越夏，成为翌年的初侵染源。环境适宜时，病菌借助气流或雨水扩散蔓延，以分生孢子或子囊孢子从寄主表皮直接侵入。经潜育后表现病斑，7 d 左右在受害部位产生新的分生孢子，重复侵染，加重为害。病菌侵染的最适温度为 15～20 ℃，低于 5 ℃和高于 35 ℃均不利于发病；适宜的发病湿度是 40%～80%，雨水对白粉病有抑制作用，孢子在水滴中不能萌发。草莓发病敏感生育期为坐果期至采收后期，发病潜育期为 5～10 d。该病是日光温室和大棚草莓栽培的主要病害，严重时可导致绝产绝收。

（3）防治方法　以花前预防为主。在发病初期，选用 50% 翠贝干悬浮剂 5 000 倍液，或 42.8% 露娜森 2 000 倍液，或 40% 福星乳油 8 000 倍液进行喷雾防治，在发病中心及周围重点喷施，7～10 d 喷 1 次，连续喷 3 次。

2. 草莓炭疽病

（1）症状　炭疽病主要为害草莓的匍匐茎、叶柄、叶片和果实。叶片染病后的病斑呈圆形和不规则形，直径为 0.5～1.5 mm，偶尔有 3 mm 大小的病斑，病斑通常为黑色，有时为浅灰色。叶柄和匍匐茎发病初期出现稍凹陷、较小、中央为棕褐色、边缘为紫红色的纺锤形病斑，后蔓延至全部叶柄及整条匍匐茎根茎部染病，最初症状是病株最新的 2～3 个叶片在一天最热的时候出现萎蔫，傍晚恢复。在环境条件有利于侵染时，引起整株萎蔫和死亡。将枯死或萎蔫植株的根茎部切开，可观察到从外向内变褐，而维管束则不变色。果实发病后的病斑呈圆形，浅褐色至暗褐色，软腐状并凹陷，果实表面有黄色的黏状物，即分生孢子，被侵染的果实最终干成僵果。

（2）发生规律　病原菌是炭疽菌属的草莓炭疽菌，属半知菌门。草莓炭疽病菌以分生孢子在患病组织或落地病残体内越冬，现蕾期开始在近地面植株的幼嫩部位侵染发病，在田间分生孢子借助雨水及带菌的操作工具、病叶、病果等进行传播。草莓炭疽病是典型高温、高湿性病害，气温 30 ℃左右，相对湿度在 90%以上，发病严重，在盛夏高温雨季该病易流行。

（3）防治方法　喷施 25% 阿米西达悬浮剂 1 500 倍液，或 80% 代森锰锌可湿性粉剂 700 倍液，或 50% 咪鲜胺锰盐 750 倍液，交替使用，5～7 d 喷施 1 次，连喷 3 次即可，喷施时要注意整棵植株都得喷到，必要时将药随浇水灌入根茎部位。草莓定植大田后再用药 1 次。

（二）常见虫害及防治方法

1. 蚜虫

（1）发生规律　为害草莓的蚜虫主要是棉蚜和桃蚜，另外还有草莓根蚜等。蚜虫大多群居于草莓幼叶叶柄、叶背、嫩心、花序和花蕾上活动。蚜虫为刺吸式口器，取食时将口器刺入植物组织内吸食，使嫩芽萎缩，嫩叶卷缩、扭曲变形，不能正常展叶，造成植株生长衰弱，严重时植株停止生长，甚至全株萎蔫枯死。蚜虫分泌蜜露污染叶片导致煤污病的发生。蚜虫是一些病毒的传播者，只要吸食过感染病毒的植株，再迁飞到无病毒植株上吸食，即可将病毒传播到另一植株上，使病毒扩散。

（2）防治方法　在草莓开花前喷药1～2次，药剂可选用25%阿克泰水分散粒剂4 000～6 000倍液，或1%印楝素水剂800倍液，或3%啶虫脒乳油1 500～2 000倍液，或50%的抗蚜威可湿性粉剂2 000～2 500倍液，或10%吡虫啉可湿性粉剂1 000～2 000倍液，或10%氯氰菊酯乳油3 000～4 000倍液。一般采果前15 d停止用药。各种药剂应交替使用，以免产生抗药性。

2. 螨类

（1）发生规律　螨类为害草莓的叶、茎、花等，刺吸为害，初期叶正面有大量针尖大小失绿的黄褐色小点，后期叶片从下往上大量失绿卷缩脱落，造成大量落叶。有时从植株中部叶片开始发生，叶片逐渐变黄。部分螨类喜群集叶背主脉附近并吐丝结网于网下为害，有吐丝下垂，借风力扩散传播的习性，严重时叶片枯焦脱落，植株如火烧状、矮化。为害草莓的红蜘蛛有多种，其中，以二斑叶螨和朱砂叶螨为害严重。二斑叶螨成蜡污白色，体背两侧各有1个明显的深褐色斑，幼螨和若螨也为污白色，越冬型成螨体色变为浅橘黄色。朱砂叶螨成螨为深红色或锈红色，体背两侧也各有1个黑斑。

（2）防治方法　发现叶螨时及时防治，在早春数量少，气温较低，选择不受气温影响的卵、螨兼治型持效期较长的杀螨剂，例如20%哒螨灵可湿性粉剂、5%噻螨酮乳油1 500倍液，或20%四螨嗪可湿性粉剂2 000倍液，这种药剂持效期长，但不杀成螨，可使着药的成螨产的卵不孵化。当叶螨数量多时，可使用的药剂有1.8%阿维菌素乳油6 000～8 000倍液，或15%哒螨灵乳油3 000倍液，或20%三唑锡悬浮剂1 000倍液，或73%克螨特乳油2 000～3 000倍液，阿维菌素速效性好，但持效期较短，一般在喷药后2周需再喷1次。采果前半个月停止用药，并注意经常更换农药品种防止产生抗药性。

3. 蓟马

（1）发生规律　蓟马种类繁多，但其为害特点基本相同。成虫、若虫多隐藏于花内或植物幼嫩组织部位，以锉吸式口器锉伤器或嫩叶等植物组织。蓟马喜欢温暖、干旱的天气，其生存的适宜温度为23～28 ℃，适宜湿度为40%～70%，主要为害花及幼果，影响花芽分化，致使果实畸形；影响坐果，降低果实产量及品质。花受害时，花瓣呈褐色水锈状，萼片背面有褐色斑，后期整个花器变褐、干枯，萼片从尖部向下呈褐色坏死。幼果受害时，果实粗糙，果尖呈水锈状，后期幼果呈黑褐色、僵死。

（2）防治方法　可用 2.5% 多杀菌素悬浮剂 1 000～1 500 倍液，或 5% 啶虫脒可湿性粉剂 2 500 倍液，叶面喷雾防治，7～10 d 施用 1 次，连喷 2～3 次。

二、草莓农药减施增效技术模式

（一）核心技术

本模式的核心内容主要包括"优良品种＋配方平衡施肥＋绿色防控"。

1. 优良品种

品种选择在适推地区表现较好的红星、京藏香、宁玉、甜查理等品种，特点是产量高，硬度大、品质好、抗白粉病。

2. 配方平衡施肥

施用专用生物有机配方肥，其中，氮磷钾总含量分别≥8%，有机质≥50%，有益微生物≥4×10^8/g，8 月初平整土地，结合土壤深耕，每亩施入有机肥 800～1 000 kg。

3. 白粉病绿色防控

（1）硫黄熏蒸　可以采用硫黄熏蒸的方法预防白粉病的发生。一般在 10 月下旬左右就要进行预防，每 100 m^2 安装 1 台硫黄熏蒸器，熏蒸器内放入 99.5% 硫黄粉 15～20 g，每天熏蒸 2h，施用 3～4 次，安全间隔期 2～3 d。

（2）生物药剂防治　选用 1×10^{11}cfu/g 枯草芽孢杆菌可湿性粉剂 500～1 000 倍液，或 3×10^8cfu/g 哈茨木霉菌可湿性粉剂 600 倍液，或 3% 多抗霉素水剂 800 倍液，或 1.5% 苦参·蛇床素水剂 1 500 倍液等均匀喷雾，重点对发病部位施用 2～3 次，安全间隔期 5～7 d。

4. 蚜虫、蓟马绿色防控

（1）颜色驱避　选用银黑双色地膜，厚度 0.027～0.04 mm，宽度 1.2 m 左右，覆膜宽度要求盖至垄沟边。覆盖时银色面向上，黑色面向下。银色有较好驱避蚜虫等害虫效果。

（2）防虫网阻隔　在棚室通风口和进出门口，设置 40～60 目防虫网，阻隔蚜虫等迁入棚内为害。

（3）色板诱杀　蓟马、蚜虫等，可采用黄板、蓝板诱杀成虫。从草莓大棚定植苗后开始至翌年草莓采收结束。大小一般为 30 cm×20 cm，按 450～600 块 /hm²，黄色、蓝色等交叉分布。

（4）天敌防控　释放丽蚜小蜂、瓢虫等天敌防治蚜虫。

（5）生物药剂　选用 60 g/L 乙基多杀菌素悬浮剂 1 500～2 000 倍液，或 1% 印楝素水剂 800 倍液，或 0.3% 苦参碱水剂 800～1 000 倍液等防治。

5. 红蜘蛛绿色防控

（1）释放捕食螨　在草莓定植成活后至开花果实期释放捕食螨。因胡瓜钝绥螨是红蜘蛛的天敌，可以人工释放胡瓜钝绥螨，每亩释放 10 万～15 万头。

（2）生物药剂防控　选用 0.5% 藜芦碱水剂 500 倍液，0.3% 苦参碱水剂 200 倍液，或 1% 苦参碱·印楝素悬浮剂 1 000 倍液等，可结合 99% 矿物油 150～200 倍液等防治。

（二）生产管理

1. 提前准备

（1）园地选择　宜选择地势平坦、排灌方便的微酸性和中性壤土或沙壤土地块进行栽培，如果涉及重茬需进行高温消毒处理，清除前茬作物残体，破垄，深松耙平土壤。

（2）整地作垄　采用深沟高垄，垄面宽 50～60 cm，垄沟宽 30～40 cm，沟深 30 cm。

（3）生产苗选择及定植　选择根系发达、成龄叶片 5～7 片、新茎粗 1 cm 以上、苗重 30 g 以上的健康壮苗作为生产苗，定植时间为 8 月底至 9 月初。大垄双行，株距 15～18 cm，小行距 20～25 cm，用苗量 8 000～11 000 株 / 亩。

2. 定植后管理

（1）地膜及棚膜覆盖　定植后及时灌水，保持土壤湿润，检查成活率及时补苗，外界最低气温平稳下降到 8～10 ℃时，覆盖棚膜。扣棚膜 7～10 d 后，覆盖地膜，可选用黑色、银灰色或黑色与银灰色双色膜，地膜厚度在 0.01～0.015 mm，盖膜后立即破膜提苗，破膜时孔越小越好，地膜展平后，立即进行浇水。

（2）温湿度管理　白天棚内温度高于 30 ℃时，放风降温。夜间棚内温度低于 5 ℃时加盖保温被或草帘。不同生育时期草莓适宜生长的温湿度指标见表 2。

表 2　草莓适宜生长的温、湿度指标

时期	温度（℃）			湿度（%）
	白天温度	夜间温度	最低温度	
现蕾前	28～30	12～15	8	70～80
现蕾期	25～28	10～12	10	70～80
花期	23～25	8～10	5	40～50
果实膨大期和成熟期	20～25	6～8	2	60～70

3. 水肥管理

（1）灌溉　方式为滴灌，要掌握定植时浇透水，定植后 1 周内早晚各浇 1 次。草莓苗成活后掌握"湿而不涝，干而不旱"的浇水原则，清晨叶片不吐水时应及时浇水。

（2）施肥　顶花序现蕾时和顶果开始膨大时，进行第 1～2 次追肥，以冲施钙、磷、钾肥为主；顶花序果实采收前期和后期分别进行第 3～4 次追肥，以冲施钾肥为主；而后每隔 15～20 d 追肥 1 次，每次冲施氮、磷、钾复合肥 3～5 kg/ 亩。还可配合使用甲壳素、氨基酸、磷酸二氢钾等肥料进行叶面喷施。

4. 植株管理

（1）摘叶、去侧芽　定植后 10～15 d 去除老病残叶。扣棚后 3～5 d 去除老叶 1 次，每株草莓保留 4～6 片功能叶。摘叶后及时用杀菌剂处理，翌年 2 月前，每个植株除主茎外，选留 1～2 个方位好且粗壮的侧芽，其余全部去除，2 月后可适当增加选留侧芽数量。

（2）除匍匐茎　植株生长过程中，应及时去除匍匐茎。

（3）疏花疏果　及时摘除花序上的畸形果、高级次无效花和无效果，每个花序保留果实 7～12 个，采果结束后花序梗要及时摘除。

（4）光照管理　每亩用 100 W 的白炽灯 20～30 个或 60 W 的白炽灯 35～40 个。50 W 的 LED 植物补光灯，每亩用 8～10 个。

（5）辅助授粉　草莓开花前 3～5 d 放入蜜蜂，蜜蜂数量以 1 株草莓 1 只蜜蜂为宜。

5. 果实采收

（1）采收时期　果实表面着色达 90% 以上时进行采收，一般在清晨或傍晚气温较低时采收。

（2）采收方法　采收时用手掌轻轻包住果实，不挤压果皮，向上翻折即可，采摘的果实要求不损伤花萼，无机械损伤。

（三）应用效果

1. 减药效果

本模式与周边常规生产模式相比，减少化学农药防治次数4～6次，减少化学农药用量30%～40%。病虫害为害率控制在10%以下。

2. 成本效益分析

亩生产成本1.5万～2万元，亩产量2 500～3 000 kg，亩收入5万～6万元，亩纯收入2万～3万元。

3. 促进品质提升

本模式下生产的草莓，平均固形物含量在11%以上，比常规模式高1%～2%。

（四）适宜区域

辛集市及周边产区。

（董辉）

辽宁省草莓化肥农药减施增效技术模式

草莓产业是辽宁省的特色农业，栽培历史悠久。据记载，辽宁野生草莓资源有300多年历史，但草莓种植最早始于1924年，由辽宁省丹东东港市引入种植。目前，辽宁省是全国草莓主产区，草莓栽培模式为1年1栽制，栽培面积50万亩以上。辽宁辖区内均有草莓生产，发展较快的地区有东港、庄河、辽阳、鞍山、锦州、朝阳、沈阳等，其中，东港、庄河为辽宁草莓两大主产区。东港市目前草莓生产面积14.8万亩、产量23万t、产值46亿元，全市共有9万户农民从事草莓生产，年加工出口3.5万t，创汇3 000万美元。

一、草莓生产中化肥施用现状及存在问题

辽宁省草莓生产主要以日光温室栽培为主，早春大拱棚和露地栽培为辅。设施草莓以国内鲜食销售为主，露地草莓主要以出口销售为主。在草莓生产过程中，化肥用量呈现逐年加重趋势。化肥施用方法不当，虽增加化肥使用量，不仅没有增加产量，反而使产量下降，并出现了草莓果实着色不均、硬度下降、品质变劣的现象。

草莓一生对 N、K 的吸收有 2 个高峰，一个是定植后 1.5～2 个月，吸收量占全部吸收量近 1/3，另一个是出蕾至收获期，吸收量占全部吸收部量近 2/3。草莓对 P 的吸收没有高峰特点，基本上是平衡吸收。

（一）化肥施用量较大

化肥的施用对草莓产量的提高毋庸置疑。日光温室草莓生产过程中，普遍通过增施化肥来提高产量，改善品质。辽宁省日光温室草莓生产通常在每年 9 月上旬定植的时候，每亩地混施化肥磷酸二铵 30 kg、硫酸钾 25 kg、过磷酸钙 40 kg，10 月上旬至翌年 6 月，化肥滴灌冲施，使用量为氮磷钾（15-15-15）复合肥 108 kg（每个月 3 次，每次 6 kg，6 个月）、氧化钾 80 kg、硫酸钙 100 kg、精品磷酸二铵 50 kg、氨基酸或腐殖酸等 350 kg。个别地块的草莓垄沟间可见绿色苔藓，土壤盐渍化，细看可见土壤表面出现细小化肥颗粒，化肥的过量使用，已经使土壤自身修复的功能下降，作物出现依赖化肥的症状，形成一种恶性循环。

（二）化肥应用率较低

日光温室草莓栽培大垄双行，小行距 20 cm，垄距 85 cm，垄高 30 cm，滴灌带铺设在草莓植株双行中间。冲施肥通过滴管冲施，经过草莓根系间相对较少，大部分都流失到土壤当中。草莓的根系属于须根系，在土壤中多分布在 20 cm 以上的土层中，少数根系可达 40 cm 以下，滴灌带下的须根较少，导致肥料不能充分吸收。

（三）化肥成本较高

辽宁省日光温室草莓亩产量在 3 500 kg 左右，亩收入 6 万～8 万元。生产成本包括种苗、塑料膜、压膜线、地膜、滴灌带、水泵、人工、化肥、农药等费用，其中，化肥投资约 5 000 元，占比收入 6.5%～10%。

二、草莓生产中农药施用现状及存在问题

草莓设施生产为反季栽培，一般结果期在冬春季，相对封闭的空间、适宜的

温湿度给病虫害传播带来有利条件。在病虫害大量发生的时候，生产中一般采取加大农药的施用量和增加施用次数的方式，给草莓安全生产造成隐患。

（一）农药用药量较大

草莓生产过程中有三大病害为草莓白粉病、炭疽病和根腐病，三大虫害为蚜虫、红蜘蛛、白粉虱。病虫害防治原则为"预防为主，综合防治"。针对病害防治目前喷施药剂有：①白粉病，施用粉唑醇、醚菌酯、四氟醚唑、乙嘧酚、吡唑醚菌酯、啶酰菌胺、嘧菌酯；②炭疽病，施用恶霉·乙蒜素、嘧菌·百菌清、氟硅唑、溴菌腈、苯醚甲环唑、嘧菌酯；③根腐病，施用甲霜灵·锰锌、精甲霜灵·锰锌、氟吗啉·锰锌、霜脲氰·锰锌、烯酰吗啉·锰锌，蚜虫，施用吡虫啉、啶虫脒、氧化苦参碱；红蜘蛛：哒螨灵、双甲脒、炔螨特、三唑锡；白粉虱，施用联苯菊酯、氯氟·吡虫啉。病虫害防治药剂每亩地成本大约 2 000 元，病虫害防治占比收入为 2.5%～4%。

（二）农药依赖度高药效降低

辽宁省草莓生产过程中，发生过草莓白粉病失控情况，当时无论使用何种农药，都不能起到很好的效果，导致草莓棚提前拔园。目前，防治白粉病主要用粉唑醇、醚菌酯、四氟醚唑、乙嘧酚，根腐病主要用甲霜灵·锰锌、精甲霜灵·锰锌，可替代药剂较少，农药使用次数增加，导致防治效果不佳。白粉虱主要用联苯菊酯，蚜虫主要用吡虫啉、啶虫脒，不科学的使用方法，导致农药依赖度增强。

（三）农药使用技术参差不齐

草莓生产主要以家庭方式来进行，一般每个农户拥有 1～3 个日光温室，采取一家一户的生产模式，合作社、家庭农场、农事企业较少，生产中先进生产技术应用良莠不齐，差异化加大。近年来，虽然电动喷雾器应用率提高，但在使用方法上还不够科学。

三、草莓生产化肥农药减施增效技术模式

（一）核心技术

核心技术为"优选抗病品种＋土壤消毒处理＋绿色防控＋标准设施建设"。

1. 推广优良品种

采用抗病品种，解决病虫害防治难题。优选红颜栽培中表现抗病抗虫的植

株，选择的植株特性为抗炭疽病、白粉病，株形开张直立，长势旺，繁殖力中上等，叶片椭圆形，花序低于叶面。果实中长圆锥形，果面色深红，口味香甜，可溶性固形物含量为12%，硬度为0.53 kg/cm^2。休眠期浅，成熟期早，综合性、商品性好。亩栽植9 000～10 000株，亩产3 500 kg左右。

2. 土壤消毒处理

氰氨化钙土壤消毒解决重茬问题。清理滴灌带地膜等田间杂物，田间浇水，土壤含水量达到60%；3 d后，旋耕第一遍，每亩将底肥4 000 kg腐熟牛粪和1 000 kg猪圈粪混合物撒施于地面上，撒施30～40 kg的氰氨化钙颗粒，然后旋耕土壤第二遍；浇透水，地面覆盖塑料布高温闷棚，裸露的后墙边墙喷施杀虫剂，闷棚30 d以上。

3. 绿色防控

田间释放捕食螨。捕食螨防治草莓红蜘蛛，以虫治虫。捕食螨是害螨、害虫自然天敌，具有主动跟踪、搜捕害虫、搜捕害螨的能力，如同"猫吃老鼠"。1只捕食螨1 d可捕食20～30粒红蜘蛛卵或3～5只成螨或5～7只蓟马若虫。释放捕食螨方法：捕食螨释放前10 d喷施1遍防治红蜘蛛药剂，10 d后释放捕食螨，每亩地5瓶（每瓶25 000只），然后边走边撒施在每株草莓的1片叶片上，每个月1次，第2次适当增加瓶数。释放捕食螨具有无毒、无公害、无抗性使用方便等优点。

二氧化碳气肥可有效抑制病虫害的发生。使用方法：在日光温室中间靠后墙放置盛装二氧化碳的钢瓶（钢瓶内液态二氧化碳重20 kg），安装电脑控制系统，温室中间南北向离地面1.8 m处吊装直径1 cm的透明塑料软管，塑料软管每米内打5个气孔，孔径0.3 cm，塑料管中间和二氧化碳钢瓶（加热后）出气口链接，塑料软管两头封死。使用时，打开电源，开启气阀，液态二氧化碳在压力作用下进入加热器，加热后气化为二氧化碳气体，输入塑料软管内传输到温室内，塑料软管输出的二氧化碳气体比重大于空气，自然飘落。二氧化碳释放时间：晴天的9:10—11:10与13:00—14:30。

黄板、蓝板防治蚜虫。冬季日光温室经常有蚜虫、蓟马的为害，防治上述害虫可以利用黄板、蓝板防治。黄板悬挂在日光温室后墙到草莓垄上1.5 m处，距离草莓叶片上方20 cm，横向排列，黄板间距2 m，主要防治蚜虫；蓝板悬挂在日光温室前脚至草莓垄上2 m处，距离草莓叶片上方20 cm，横向排列，蓝板间距 1.5 m。黄板、蓝板对害虫有黏粘作用，利用害虫的趋光性，将落到黄蓝板上的害虫困住而死亡。

4. 标准日光温室建设

建设标准日光温室，对草莓生产起到通风换气更好、光照更充足、温度更适宜调控、田间劳作更方便的作用。温室跨度在 10～12 m，脊高 5～6 m，后墙利用塑料布、保温棉围堵而成。

（二）生产管理

1. 定植技术

草莓壮苗标准为：有 5 片以上展开叶，根茎粗 0.8～1 cm，8 cm 以上须根 10 条以上，植株矮壮、根系发达、无病虫为害的健壮脱毒良种苗。

辽宁草莓定植时间一般为 8 月末至 9 月 10 日（假植苗可在 9 月末以前）。定植前一周，整地施肥，结合翻地亩施充分腐熟的农家肥 3～5 t，氮磷钾复合肥或草莓专用复合肥 50 kg，深翻 30～35 cm，与土壤充分拌匀。打垄作畦，垄高 25～30 cm，大垄距 85～90 cm，垄面宽 50～60 cm，双行定植，小行距 25～30 cm，株距 17 cm 左右。栽植时间应选择阴天或晴天傍晚，起苗前苗圃浇透水，尽量带土栽植，缓苗轻。由于红颜草莓植株高大，故不宜密植，亩定植株数控制在 9 000 株以内。定植后应上遮阴网，加强管理。

2. 肥水管理

温室保温后，植株长势渐旺，花芽分化迅速，追肥一般应在铺地膜前施肥一次，以后每隔 15～20 d 追肥 1 次，每次亩施氮磷钾复合肥 10 kg 或磷酸二氢钾 15 kg。如遇阴天较多或植株长势较弱，可选择喷施叶面肥，以尽快恢复植株长势，改善果品质量。在现蕾期和花果期，为防止缺钙及畸形果产生，还应每隔 15～20 d，叶面喷施一次氯化钙、过磷酸钙以及含硼的叶面肥。

另外，为提高草莓植株光合效能，提高棚内 CO_2 含量，应增施 CO_2 气肥。可以改善植株生存环境，增强植株抗性，改善果品品质。

3. 温湿度管理

棚室开始保温后，白天温度应保持在 25～28 ℃，夜温在 10～12 ℃，不低于 8 ℃；进入花期后，白天应控制在 23～25 ℃，夜温 8～10 ℃，温度过高或过低影响授粉受精效果，导致畸形果产生；果实膨大期白天 20～25 ℃，夜温不低于 5 ℃。为根据植株生长需要达到科学控温，推广应用棚室自动温控系统。棚室内湿度控制主要通过科学灌水和放风来完成。花芽分化期需水量较小，果实膨大期需水量较大，开花期及果实采收前要适当控水，以防止空间湿度大影响授粉受精和果品品质。为降低棚室湿度，可在垄沟铺放稻草。另外，坚持每天放风，即使是阴天也要在中午时放风半小时左右。

4. 植株管理

覆盖棚膜后开始要随时摘除病老残叶及新抽生的匍匐茎。红颜草莓花序抽生能力较强，可在现蕾初期视实际长势不喷或只喷施 1 次 5 mg/L 赤霉素溶液。抽生花序后，将花序理顺到垄台和果下垫草，有利于着色早熟，减小病虫害和便于采收；在现蕾期把高级次的小花摘除，在幼果青色期将病虫果和畸形果疏除，主花序一般留 5～6 个果，侧花序保留 4～5 个果，能增大果个，改善品质，提高产量和商品价值。

另外，应放养蜜蜂辅助授粉。花开前 3～4 d 移入蜂箱，前期人工喂养，在 10% 植株初花时放蜂，放蜂量以平均每株草莓 1 只蜂为宜。

5. 光照管理

草莓在生长期间对光的需求较大，冬季夜长昼短，自然光不能满足温室草莓生长发育需要。除采取后墙挂反光膜、采用透光率好的棚膜、经常清扫膜面灰尘外，还应在 11 月至翌年 2 月间采取电灯补光技术，以弥补光照不足问题。

6. 适时采收

辽宁省销售的草莓应在 9 成熟时采摘，销往外省的应在 8 成熟时采摘，采收时间以 9 时前后或傍晚转凉后进行为好。批发包装可采用无污染的泡沫箱或塑料盒。

（三）应用效果

1. 减肥减药效果

本模式于周边常规生产模式相比，减少化肥使用量 15% 以上，化肥利用率提高 30% 以上，减少化学农药使用 8 次，减少化学农药用量 10%，农药利用率提高 30%。蚜虫为害率控制在 5% 以下，红蜘蛛为害率控制在 5% 以下。白粉病为害率控制在 6% 以下，炭疽病为害率控制在 8% 以下。根腐病为害率控制在 8% 以下。

2. 成本效益分析

本模式下生产的草莓，亩均产量 3 800 kg，亩均收入 8 万元，亩均纯收入

4.2 万元（表 3）。

表 3　成本效益分析对比　　　　　　　单位：万元/亩

模式	化肥	农药	CO$_2$气肥	捕食螨	土壤消毒	其他	产量（kg）	收入	成本	纯收入
常规模式	0.65	0.42	0	0	0	1.93	3 500	6	3	3
减肥减药模式	0.5	0.3	0.031 5	0.036	0.035	2.897 5	3 800	8	3.8	4.2

3. 促进品质提升

本生产模式下的草莓，平均糖分在 10.2% 以上，比常规模式高 0.8%。

（四）适宜区域

辽宁省草莓产区。

（姜兆彤、陈绍莉）

江苏省句容市草莓农药减施增效技术模式

一、草莓种植农药施用现状

　　江苏省句容市种植草莓在国内时间较早，发展规模以及产业化开发水平在国内享有较高知名度，2003 年 4 月，被授予"中国草莓之乡"称号。目前，全市大棚草莓 550 hm^2，年产草莓 12 000 t，产值 1.2 亿元，是当地农民增收致富的主导产业之一。但大棚草莓病虫害防治上重治疗轻预防，且存在过饱和用药和用药频次过密等问题，造成病虫害的抗药性增强和生产成本增加，还带来了土壤质量下降、水体污染和果品农药残留问题。据 2015—2019 年的调查发现，原水旱轮作田新建草莓棚亩优质商品果产量 1 300～1 600 kg，商品果平均可溶固形物含量 12%～14%，用药次数 10 次左右，仅有 3 种农药残留，基本无农残超标现象；连作 4 年后的大棚亩优质商品果产量为 1 200～1 500 kg/ 亩，平均可溶固形物含量 9%～11%，用药次数达 15～20 次，有至少 5 种农药残留，且病虫害加重。

（一）常见病害及防治方法

1. 炭疽病

（1）症状　草莓炭疽病主要为害草莓的匍匐茎、叶柄、根冠，花及果实也可感染。初始产生纺锤形或椭圆形病斑，直径 3～7 mm，黑色，溃疡状，稍凹陷；病斑起初小，有红色条纹，之后迅速扩大为深色、凹陷、硬的病斑，当匍匐茎和叶柄上的病斑扩展成为环形圈时，病斑以上部分萎蔫枯死，湿度高时病部可见肉红色黏质孢子堆。当叶基和短缩茎部位发病后，初始 1～2 片展开叶失水下垂，傍晚或阴天恢复正常。严重时病菌侵入短缩茎，随着病情加重，则全株枯死。病株根冠部横切见自外向内发生褐变，而维管束未变色，导致感病品种尤其是草莓育苗地秧苗成片萎蔫枯死。

（2）发生规律　病原菌常以菌丝体或分生孢子的形式在草莓病残体或土壤中越冬。到草莓生长季节，当环境条件适宜时，病害易呈现暴发型，特别是易感病品种。草莓炭疽菌大多具有潜伏侵染的特性，带菌种苗并不表现症状，大田生长时易呈现逐发型病害。病原菌的菌丝生长和产孢适宜温度为 10～35 ℃，菌丝生长最佳温度为 24～28 ℃、相对湿度 90% 以上，病菌孢子能随雨水及浇水溅起的水沫飞散而传播，因人工摘叶、除草时造成伤口感病，温度高且大雨过后常会出现病害暴发现象。连作田植株徒长、栽植过密、通风不良易发病；品种间抗病性有差异。发病时期育苗期，定植期至现蕾期为主。

（3）防治方法　选用 80% 代森锰锌可湿性粉剂 700 倍液，或 20% 噻菌铜悬乳剂 400 倍液，或 75% 肟菌·戊唑醇水分散粒剂 3 000 倍液，或 60% 吡唑·代森联水分散粒剂 1 200 倍液，或 50% 咪鲜胺可湿性粉剂 1 500～2 000 倍液，或 25% 吡唑醚菌酯乳油 1 500～2 000 倍液，或 15% 烯唑醇可湿性粉剂 1 500～2 000 倍液等喷雾，在病害发生期每隔 7 d 喷 1 次，连续进行防治；在草莓育苗期的高温季节，每次雷阵雨后及时施药控制炭疽病发生，选择药剂 2 种左右混用并交替使用。

2. 白粉病

（1）症状 发生部位表面出现植株状白霉，接着形成白粉状物。发病严重时，白粉状物能覆盖整个表面，叶片则卷曲直立，显露出长满白粉的叶背，远看大棚白花花一片。花蕾发病，花瓣出现紫红色，花蕾内部同样形成植株丝状白霉和白粉，不能开花或开花不正常，不结果或果实不膨大。果实发病，果形变小，无光泽，果皮易破损，果味很差。

（2）发生规律 病菌只寄生于草莓，在草莓植株上越冬越夏，世代繁殖，周年寄生。病株上出现的白粉，其实就是病菌孢子，白粉飞散，落到周围草莓植株上就会发芽，长出菌丝并向植物体内插入吸收养分，最初发病的地方往往是叶片的背面。大棚内空气湿度大时草莓白粉病容易发生，在空气干燥时也有利于发生，并且有长势衰退时容易发生的倾向。发病适宜温度 15～25 ℃，分生孢子发生和侵染适宜温度为 20 ℃左右，相对湿度 80% 以上。如果在深秋至早春少日照天气，温度低，相对湿度大时有利于孢子的不断产生，反复侵染，致使该病暴发成灾。大棚连作草莓发病早且重，始病期多在 10 月中旬出现发病中心。施肥与病害关系密切，偏施氮肥，草莓生长旺盛，叶面大而嫩绿易加重。

（3）防治方法 可选用 25% 乙嘧酚磺酸酯微乳剂 600～800 倍液，或 42.8% 氟菌·肟菌酯悬浮剂 2 000～3 000 倍液，或 36% 硝苯菌酯乳油 1 000 倍液，或 75% 肟菌·戊唑醇水分散粒剂 3 000 倍液，或 12.5% 四氟醚唑水乳剂 1 500～2 500 倍，或 300 g/L 醚菌啶酰胺悬浮剂 1 000～2 000 倍液，或 25% 醚菌酯悬浮剂 2 000 倍液等喷雾防治，叶背、叶面均要喷到。

3. 灰霉病

（1）症状 发病时果实变为褐色、暗褐色，最后密生灰霉。棚内干燥时病果僵硬，棚内湿度大时，病果软化腐败，密生灰霉。湿度大时，叶片、叶柄、果梗、萼片同样密生灰霉。

（2）发生规律 从伤口或枯死部位入侵发病，然后再蔓延到其他正常部位，所以草莓植株的下部老叶、枯叶、散落的花瓣等都会成为入侵的重点及传染源。病菌发育的最适宜温度为 20～25 ℃，最低 4 ℃，最高 32 ℃；分生孢子在13.7～29.5 ℃均能萌发，但以在较低温度时萌发有利。低温、高湿是病害流行的主要因素；栽植过密，偏施氮肥，植株生长过旺，园内光照不足，或连续阴雨、园地排水不良，地面湿度大等，均适于病害发生。果实着色初期至中期抗病性最弱，最容易感病。

（3）防治方法　选用 50% 腐霉利可湿性粉剂 1 500 倍液，或 25% 异菌脲悬浮剂 500 倍液，或 50% 啶酰菌胺水分散粒剂 1 200 倍液，或 50% 嘧菌环胺水分散粒剂 800～1 000 倍液，或 40% 嘧霉胺悬浮剂 1 000 倍液等进行喷雾防治，重点在开花前防治。

4. 枯萎病

（1）症状　主要在匍匐茎抽生期发病，主要为害子苗。发病初期仅心叶变黄绿或黄色，产生畸形叶。老叶呈紫红色萎蔫，后叶片枯黄，最后全株枯死。被害株的根冠部、叶柄、果梗维管束都变成褐色至黑褐色。根在发病初期无异常表现。枯萎病心叶黄化，蜷缩畸形，且主要发生在高温期。

（2）发生规律　该病原菌能够以菌丝体和厚垣孢子的形式，随病残体遗落土中或在未腐熟的有机肥及种子上越冬，草莓枯萎病菌在病株分苗的时候开始传播和蔓延，当草莓移栽时厚垣孢子萌发，枯萎病菌从草莓植株受损根部入侵，在根茎维管束内进行繁殖，形成小型分生孢子，并在导管中移动、增殖，通过堵塞维管束和分泌毒素，破坏植株正常输导机能而引起萎蔫。在夏季秋高温季节，此病发生严重，重茬地或与茄科轮作田，往往枯萎病发病重。

（3）防治方法　草莓夏季休闲期采用棉隆或石灰氮，结合高温闷棚处理。定植后发病前，选用 70% 甲基硫菌灵 1 000 倍液，或 30% 恶霉灵水剂 1 000 倍液，或 25% 吡唑醚菌酯悬浮剂 2 000 倍液，或 80% 乙蒜素乳油 800 倍液，或 1.8% 辛菌胺醋酸盐水剂 300 倍液等，浇灌植株根部土壤进行防治。

（二）常见虫害及防治方法

1. 红蜘蛛

（1）发生规律　常因附着在苗上定植时带入，初期寄生在近地叶背，繁殖后逐步向上移动，虽然开花后受害叶表面会出现小白斑点，但不易被发现，高温干燥会加剧为害，所以随着气温升高，虫口密度的增加，大棚水分蒸发量加大，进入 3 月以后，尤其是 4—5 月，症状会明显出现。

（2）防治方法　可用 43% 联苯肼酯悬浮剂 2 000～3 000 倍液，或 30% 腈吡螨酯悬浮剂 2 000～3 000 倍液，或 110 g/L 乙螨唑悬浮剂 5 000～7 500 倍液，或 30% 乙唑螨腈悬浮剂 3 000～5 000 倍液，或 240 g/L 螺螨酯悬浮剂 4 000～5 000 倍液等进行喷雾防治，喷雾时注意将喷头插入植株下部朝上喷，使药剂喷布叶片背面，在田间红蜘蛛零星发生时及时施药防治。

2. 蚜虫

（1）发生规律　蚜虫在草莓植株上常年均可为害，以初夏和初秋密度最大，成蚜和若蚜多在幼叶、花、心叶和叶背活动吸取汁液，受害后的叶片卷缩、扭曲变形，使草莓生育受阻、植株生长不良和萎缩，严重时全株枯死。秋季尤其是秋季干旱年份，往往有翅蚜迁飞量很大，飞入草莓田概率很高，迁入后食料丰富，保温条件下繁殖很快，容易发生为害。

（2）防治方法　喷雾防治可选用10%吡虫啉可湿性粉剂2 000倍液，或50%氟啶虫胺腈水分散粒剂10 000～15 000倍液，或50%氟啶虫酰胺水分散粒剂5 000～7 000倍液，或25%吡蚜酮可湿性粉剂3 000倍液；或在棚室内用10%异丙威烟剂每亩250～300 g，分放8～12处，傍晚点燃，闭棚过夜熏蒸，注意蜜蜂搬出棚外3 d以上才可进行。

3. 蓟马

（1）发生规律　蓟马寄主广泛，对大多数园艺栽培作物都能造成为害，对草莓的为害呈逐年加重趋势。蓟马主要集中在9—10月为害嫩叶，导致植株生长停滞，为害严重时，单花平均7～10头虫，造成花蕾受害干枯不开放，经济损失严重。

（2）防治方法　常用5%啶虫脒可湿性粉剂2 000倍液，或10%氟啶虫酰胺水分散粒剂3 000～4 000倍液，或240 g/L螺虫乙酯悬浮剂4 000～5 000倍液等喷雾防治。

二、草莓农药减施增效技术模式

（一）核心技术

本技术模式的核心内容主要包括"农业生态防治技术＋理化诱杀害虫技术＋生物防治技术"为主，结合低毒低残留化学防治进行防治。

1. 农业生态防治技术

（1）合理密植与植株管理　采用小高垄双行栽种，选用红颊、香野、章姬、容莓3号、白雪公主等优良品种，适当稀植，每亩定植5 000～7 000株。定植适期为9月上中旬，避过高温抢阴天或遮阳定植，保湿管理，以缩短缓苗期。定植成活后每隔半个月左右，去除老叶、病叶、病果，用塑料桶装好，带到棚外集中深埋或烧毁。

（2）控湿防病　做到沟系配套，棚周沟要深于棚内垄沟，便于雨水及时排出；选用透光率高、无滴、防雾和防老化的农膜，如EVOH和PO膜等，保持棚内良好的透光性；草莓现蕾前，垄面覆盖银黑双色地膜或白黑双色地膜；长期阴雨要注意中午短时放风和晴天后加大通风散湿；采用滴灌和水肥一体化灌溉系统，代替沟灌或人为浇灌；棚内沟中铺园艺地布或无病稻草等，尽量减少棚室内湿度，减少灰霉病等发病条件。

（3）闷棚控病　草莓棚内灰霉病等发生期，可选择晴天中午封闭大棚，使棚内温度提高到35 ℃，闷棚约2 h，然后再放风降温，连续闷棚2～3次，可有效控制灰霉病、白粉病等发生蔓延。

2. 理化诱杀害虫技术

（1）驱避阻隔　①颜色趋避，选用银黑双色地膜，厚度0.027～0.04 mm，宽度1.2 m左右，覆膜宽度要求盖至垄沟边。覆盖时银色面向上、黑色面向下。银色有较好的驱避蚜虫等害虫效果。②防虫网阻隔，有条件的在棚室通风口和进出门口，设置40～60目防虫网，阻隔蚜虫等迁入棚内为害。

（2）诱杀害虫　①性诱剂诱杀，定植后至现蕾期（9—10月），在草莓棚边挂设斜纹夜蛾性诱剂，放置密度为每亩1～2只，高度0.8～1.2 m，及时处理诱捕的蛾，约20 d更换一次诱芯。②色板诱杀，蓟马、蚜虫等可采用黄板、蓝板诱杀成虫。从草莓大棚定植苗后开始至翌年草莓采收结束，大小一般为30 cm×20 cm，每亩各30～40块，黄板、蓝板等交叉分布，用绳子或铁丝穿过色板的2个悬挂孔，将其拉紧，垂直悬挂在大棚上空，也可以将色板用木棍或竹片等固定，安插在地上，色板应悬挂在距离草莓植株上部20～40 cm的位置，当害虫发生较为严重时，应增加色板的数量，当色板上粘附的害虫数量较多时，应更换新的色板或重新涂胶。

3. 生物防治技术

（1）释放天敌防治　对往年红蜘蛛发生较重或草莓苗带虫移栽的进棚室，在草莓定植成活后至开花果实期释放捕食螨。因胡瓜钝绥螨和智利植绥螨是二斑叶螨的天敌，可以人工释放捕食螨，按每亩大棚释放胡瓜钝绥螨15万～20万头（加智利植绥螨3 000头）。如果田间虫量较高，需要先将田间老叶及虫量较高的叶片摘除带出棚外，然后用印楝素、苦参碱、鱼藤酮等生物农药喷雾防治，压低虫口基数，间隔5～7 d喷施清水洗叶，待叶片晾干后再释放捕食螨，可以较好地控制红蜘蛛发生为害。

（2）生物药剂防治　①防治枯萎病、根腐病，可选用$1×10^8$ cfu/g多粘类芽孢杆菌可湿性粉剂250倍液，或$1×10^{11}$ cfu/g枯草芽孢杆菌可湿性粉剂500倍液，或$2×10^8$ cfu/g木霉菌可湿性粉剂25倍液，也可加250 g/L吡唑醚菌酯乳油1 000～2 000倍液和碧护（0.136%赤·吲乙·芸薹可湿性粉剂）5 000倍液等蘸根处理。定植后活棵前后选用EM菌液500倍液，或$1×10^8$ cfu/g多粘类芽孢杆菌可湿性粉剂250倍液与$1×10^{11}$ cfu/g枯草芽孢杆菌可湿性粉剂1 000倍液，或$2×10^8$ cfu/g木霉菌可湿性粉剂300倍液等灌淋根部，进行促生防病。②防治炭疽病，可选用$1×10^{11}$ cfu/g枯草芽孢杆菌可湿性粉剂500倍液，或2%春雷霉素水剂500倍液，或4%嘧啶核苷类抗菌素水剂200倍液，或16%多抗霉素可湿性粉剂3 500倍液，或2%氨基寡糖素水剂1 000倍液，或3%中生菌素可湿性粉剂500倍液等防治，在发病前每周1次，连续3～5次。③防治灰霉病，可选用$1×10^{11}$ cfu/g枯草芽孢杆菌可湿性粉剂500倍液，或$2×10^8$ cfu/g木霉菌可湿性粉剂300倍液，或16%多抗霉素可湿性粉剂3 500倍液等，在开花前和花后结果期，细致喷雾，防治3～5次。④防治白粉病，可选用0.2%补骨脂种子提取物微乳剂800倍液，或9%帖烯醇乳油500～700倍液，或$3×10^8$ cfu/g哈茨木霉菌可湿性粉剂300倍液，或$1×10^{11}$ cfu/g枯草芽孢杆菌可湿性粉剂500～1 000倍液，或0.5%几丁聚糖水剂100～300倍液等，进行均匀周到喷雾，对发病中心和叶片背面要喷到。重点在盖棚后，间隔7 d左右连续防治2～3次。⑤防治蚜虫、蓟马，可选用40%氟虫·乙多素水分散粒剂4 000～6 000倍液，或0.5%苦参碱水剂800～1 200倍液，或60 g/L乙基多杀菌素悬浮剂1 500～2 000倍液，或3%除虫菊素乳油800～1 200倍液等喷雾防治。⑥防治红蜘蛛，可选用1.5%苦参碱可溶液剂1 000倍液，或0.5%藜芦碱水剂500倍液，或5%桉油精水剂300～500倍液，或99%矿物油150～200倍液等，在害螨发生初期喷雾防治，重点叶片背面。

（二）生产管理

1. 休闲期—定植前（7—8月中旬）

（1）增施有机质与太阳能高温消毒　对连作草莓大棚采收结束后拔除植株，拆除地表覆盖物等。撒施剥除颖壳后的米皮糠，亩撒施米皮糠量为300～500 kg，或石灰氮 60～100 kg，结合增施畜禽粪肥、菌菇渣、醋糟等有机物料，共约 1 500～2 000 kg，均匀翻拌土中，灌水保湿。大棚上薄膜盖严，四周壅土压实，防止空气进入。夏季高温处理，处理时间要保证晴天数 20～30 d。

（2）合理施肥　在草莓耕翻作垄时，每亩增施生物发酵的饼肥 100～200 kg、生物菌肥（如≥2×10^8 cfu/g 枯草芽孢杆菌等复合菌，有机质≥60% 等）150～300 kg 和三元复合肥 30～40 kg 等。

（3）整地作垄　开沟机作垄，垄宽（连沟）95～100 cm，沟深 30～35 cm，垄面宽 60 cm 整平整细拍实，注意保湿，等待移栽。

2. 定植期（9 月上中旬）

定植适期为 9 月上中旬。选择根颈粗 0.8～1.2 cm，根系发达，无病虫害的健壮苗。定植时去除老叶、保留 3 叶 1 心，亩定植苗 5 000～6 000 株。尽可能带土起苗定植，减少根系损伤，定植后浇足水，若遇高温干旱，早晚两次叶面喷水至成活。定植前后采用 50%～60% 的遮阳网，棚架上覆盖 7～10 d，以减少叶面水分蒸发量，缩短缓苗期。垄面铺设滴管带，及时滴灌补水。

防治土传病害和炭疽病。草莓定植前蘸根处理，如选用 5×10^8 cfu/g 多粘类芽孢杆菌 200 倍液与 1×10^{11} cfu/g 枯草芽孢杆菌 500 倍液，或 35 g/L 精甲·咯菌腈悬浮种衣剂 100 倍液，或 25% 吡唑醚菌酯 1 000 倍液，可结合海藻素、碧护等配施。草莓定植后，选用 5×10^8 cfu/g 多粘类芽孢杆菌 200 倍液与 1×10^{11} cfu/g 枯草芽孢杆菌 1 000 倍液，或 2×10^8 cfu/g 木霉菌可湿性粉剂 300 倍液等，也可结合 25% 吡唑醚菌酯 1 500 倍液，或 50% 咯菌腈可湿性粉剂 5 000 倍液，或 25% 嘧菌酯悬浮剂 1 500 倍液，使用高压喷药机械或人工浇灌，每株用药液量 100～200 ml 灌（淋）根部，间隔 10～15 d，连续灌（淋）根 2～3 次。

3. 定植成活后—现蕾初花期（9 月中下旬至 10 月中旬）

（1）追肥　现蕾前，结合松土，每亩追 1 次腐熟饼肥 30～50 kg，或生物冲施肥 3～5 kg，少量三元复合肥 10～15 kg。

（2）查苗补缺　定植 1 周后，挖除病苗和死苗，用预备好的假植壮苗带土补苗。

（3）黄蓝板（涂胶）　插入草莓行间 30 cm×20 cm 的黄蓝板，每亩分别需 30～40 块，高于草莓植株 20～40 cm，利用趋性粘杀蚜虫、蓟马和粉虱等。

（4）定植后（9 月上中旬），在草莓棚周挂设斜纹夜蛾性诱剂，放置密度为每亩 1～2 只，高度 1.2 m，及时清理诱杀的蛾子。

（5）释放天敌　红蜘蛛发生初期，按照益害比 1：（10～30）释放捕食螨，防治红蜘蛛等视情况每间隔 15 d 左右再释 1 次，共释放 2～3 次。另可在盖棚后，蚜虫发生初期，释放异色瓢虫，亩释放瓢虫卵 2 000～3 000 只，或成虫释放 1 000～1 500 只，能有效防治蚜虫等为害。

（6）及时摘除老叶、病叶和匍匐茎。

（7）现蕾前（约 10 月上中旬），覆盖银黑或白黑双色地膜，驱虫抑草，减轻灰霉病等发生。

（8）定植后至开花前　主治炭疽病、灰霉病、白粉病等，选用药剂有枯草芽孢杆菌、木霉菌、四霉素、氨基寡糖素、补骨子提取物、蛇床子素、嘧啶核苷类抗菌素、吡唑·代森联、咪鲜胺、嘧菌酯、苯醚甲环唑等。结合查治蓟马、蚜虫、红蜘蛛等，选用药剂有乙基多杀菌素、印楝素、苦参碱、藜芦碱、氟啶虫胺腈、螺虫乙酯、啶虫脒、联苯肼酯、丁氟螨酯等喷雾防治。在病虫发生初期每周 1 次，连续 3 次左右。采用高压喷药机，省工节本功效高。

4. 扣棚—开花结果期（10 月下旬至 12 月上旬）

（1）当最低温度在 10 ℃时，及时覆盖大棚（10 月下旬至 11 月上旬），选用透光率高、无滴、防老化的农膜，如 PO 膜等。

（2）温度、湿度管理　盖膜初期棚温不超过 30 ℃，开花结果期最适温度为白天 23～25 ℃，夜间 8～10 ℃；开花期棚内湿度控制在 50% 左右，注意及时掀膜通风换气。

（3）盖大棚膜约 10 d 后，沟中铺园艺地布、无病稻草等降湿，且利于休闲观光采摘。

（4）开花时放蜂，每个标准棚用土蜂 1 箱（3 000～5 000 头），或引进熊蜂授粉，定期补充糖水和花粉饲喂。

（5）追肥补水　每隔 20～30 d 结合滴管补水，每亩追施高含量腐殖酸（或黄腐酸钾）肥 2～4 kg，结合大量元素水溶肥 3～5 kg，同时，根外喷施速溶硼、氨基酸钙等叶面肥。

（6）当气温低于 5 ℃时，盖中棚膜（11 月中下旬），气温 3 ℃以下时（11 月下旬）增加覆盖第 3 层小棚膜或加温管理（如燃油加温机），有条件结合补光灯，增加棚内光照时间。

（7）及时摘除植株下部老叶、病叶、病果，疏除高级次花蕾。

（8）病虫害防治 草莓病虫害以灰霉病、白粉病、蚜虫、蓟马等为主，防治可用木霉菌、枯草芽孢杆菌、解淀粉芽孢杆菌、多抗霉素、苦参碱、乙基多杀霉素等生物防治药剂，或低毒化学药剂如嘧霉胺、啶酰菌胺、嘧菌环胺、氟啶虫酰胺、氟啶虫胺腈等，阴雨天时采用腐霉利、异丙威等烟熏剂傍晚烟熏。花期尽量不用药。

5. 结果后与采收期（12月上中旬至翌年5月上中旬）

（1）果实膨大期温度管理 白天20～25 ℃，晚间5～8 ℃，白天适当通风换气，注意保温或加温管理，防低温冻害。

（2）果实由青转白时，结合滴灌，亩追施生物有机液肥或高钾的水溶性大量元素肥等3～5 kg，同时可以根外喷施氨基酸钙和有机钾叶面肥等。

（3）植株整理 及时摘除老叶、病叶、病果。每株保留1个健壮侧芽，每批顶花序保持8～10个果，侧花序保持5～7个果，多余小果及高级次花蕾及时摘除。

（4）病虫害防治 草莓生产中病虫害以灰霉病、白粉病、蚜虫、蓟马等为主。在采收间隔期间，严格选择低毒低风险药剂，例如木霉菌、枯草芽孢杆菌、补骨子提取物、多抗霉素、苦参碱、乙基曲古霉素等，按说明书推荐浓度，选用静电喷雾器或高效烟雾机喷雾。

（5）严格农药安全间隔期采收上市 视药剂种类而定，除生物菌剂基本无安全间隔外，一般农药要在药后1周方可采收上市。

（6）果实8～9成成熟时及时采摘 周转框轻摘轻放，按大小分级包装，剔除小果、病果与畸形果，有条件的冷藏贮运，及时销售。

（三）应用效果

1. 减药效果

本技术模式与周边常规生产方式相比，减少化学农药防治次数6～8次，减少化学农药量40%～50%，农药利用率可提高30%，病虫害总体防效达到90%左右，总体病虫为害损失控制在10%以内。草莓鲜果化学农药残留检出合格率100%，符合A级绿色食品标准。

2. 成本效益分析

亩生产成本6 500～8 500元（含人工投入），亩优质商品果产量1 300～1 500 kg，亩收入产值25 000～30 000元，亩净收入15 000～20 000元。

3. 促进品质提升

本技术模式下生产的草莓，可溶固形物含量平均 11%～13%，比常规生产方式提高 2%。草莓优质果比例提高 20%～30%，示范区无残留绿色果品品牌效应逐步显现，优质优价逐步实现，收入显著增加。

4. 生态与社会效益分析

本技术模式，在江苏句容的白兔镇、华阳镇、天王镇建立 3 个设施草莓绿色高效生产示范基地共 500 亩，不但减少农药 40%～50%，而且化肥施用在原有基础上减少 40%～50%。同时，通过示范带动，辐射江苏省的句容、溧水、盐都、东海以及上海市的青浦、嘉定、浦东、金山等区（县）1 万多亩，较好地解决了过去生产中因片面依赖化肥农药过量施用造成的土壤酸化板结，土壤微生物群落失调，抗药性增强，农药残留等问题，提振了消费者信心，满足了消费需求，减少了环境污染，对稳定草莓生产、提高草莓生产竞争力以及创建绿色品牌起到积极的推动作用。社会效益、生态效益显著。

（四）适宜区域

句容市及周边产区，江苏省各设施草莓种植区以及国内设施草莓产区可参考。

（吉沐祥、王晓琳、陆爱华、黄洁雪）

安徽省草莓化肥农药减施增效技术模式

一、化肥、农药施用现状

（一）化肥施用量相对较大

目前，生产过程中部分产区化肥施用量为氮磷钾复合肥（15–15–15）25 kg/ 亩，过磷酸钙 30 kg/ 亩；草莓定植缓苗期后每隔 20～30 d 追施氮磷钾三元复合肥 10 kg/ 亩。化肥使用量偏大，不仅造成土壤质量和草莓品质逐渐下降，而且剩余肥料流失引起的水体污染，也对生态环境构成较大威胁。

（二）化肥利用效率低

在草莓生产中，化肥当季利用效率约 50%。导致草莓化肥利用率低的原因，一是施肥方法不科学，基肥施用量较小、追肥较多；二是施肥结构不合理，氮、磷、钾比例较多，中微量元素没有得到足够的重视，有机水溶肥施用量相对较小，影响了氮、磷、钾元素吸收和利用的效率，从而造成了肥料浪费和流失。

（三）部分地区农药施用量相对较大

草莓生产过程中病虫害是导致减产和品质下降的重要原因。目前，防治病虫害的措施有化学防治、物理防治、生物防治和农业防治等。其中，物理防治、生物防治应用时有一定的局限性，化学防治因高效便捷、省时省力，仍然是部分地区草莓生产的主要防治手段。但是，化学农药长期、单一、较大剂量的使用，极易造成病虫害的抗药性增强，导致防治效果下降。

（四）植保机械相对落后

部分农户使用相对落后的传统药械，设备简陋，可靠性差，导致喷药过程中经常出现滴漏、飘失等现象，降低了农药的利用率，污染了环境。

二、草莓化肥农药减施增效技术模式

（一）总体思路

根据草莓病虫害发生为害的特点及其预警监测体系，坚持以农业防治为基础，物理防治和生物防治为主要手段，以化学防治为辅等多措并举，将病虫害控制在发生初期。施肥过程中采取"少量多次"的策略，重施基肥、适当追肥和注重叶面补肥。

（二）核心技术

本技术的核心内容为"优良品种 + 重施基肥与土壤改良 + 水肥一体化体系与精准施肥技术的应用 + 栽培管理与病虫害的防控 + 高效植保机械"。

1. 种苗选择

选择在本省种植表现较好的红颜、章姬、天仙醉、宁玉、隋珠、皖香和圣诞红等早熟、优质、高产且适合江淮地区冬季设施栽培的草莓品种。优先选用组培脱毒繁育出的种苗，同时选择甲基硫菌灵等药剂进行蘸根处理。

2. 重施基肥与土壤改良

积极开展测土配方施肥技术的全覆盖，视具体情况追施所需的肥料。夏季高温期间清理完后，按每亩草莓地块施入菜籽饼等有机肥100～150 kg、棉隆30 kg，混合后一并翻入土壤，铺设滴灌带，全田浇透水，用薄膜覆盖，四周盖紧并压实，暴晒20～30 d，土温达到60～70 ℃，能有效杀灭土壤中病原菌、害虫和降低土壤中的盐碱度。消毒完成后，揭去薄膜，打开通风口，揭膜散气，疏松土壤1～2次，并使之充分换气7～10 d。栽种草莓前应进行种苗安全测试。整地起垄前半个月左右，每亩施入过磷酸钙30～40 kg做基肥。

3. 水肥一体化体系与精准施肥技术的应用

设施栽培的草莓，应用滴灌并借助施肥器等设施，在灌溉的同时将草莓的不同生育期所需的肥水混合液，通过滴灌管道系统适时适量地直接输送到草莓根部附近的土壤中，实现水肥一体化，满足草莓对水分和养分需求。相对常规灌溉施肥可节水40%，节肥20%左右，省工省时。在定植后追肥，以水溶性肥料为主，结合滴灌进行施肥，以降低化肥的施入量并提高其利用率。

（1）从定植至开花期，每亩施含微量元素的氮磷钾复合肥（30–10–20）水溶肥5～6 kg和黄腐酸钾1 kg或有机水溶肥4 kg，分4次施用，7～10 d施用1次。

（2）开花至坐果期，每亩施含微量元素平衡配方氮磷钾复合肥（15–15–15）水溶肥4～6 kg，分2次施用，7～10 d施用1次。

（3）结果期至收获结束，采收草莓鲜果后每亩施用含微量元素的氮磷钾复合肥（14–6–40）水溶肥45～60 kg和滴灌黄腐酸钾1 kg或有机水溶肥4 kg，分10次施用，7～10 d施用1次。

4. 栽培管理与病虫害的防控

（1）物理防治 ①膜下滴灌，地面起高垄，然后在高垄中央铺设滴灌管，利用滴灌在晴天上午浇水，再利用中午高温通风，排出棚内的湿气，可有效降低因浇水而造成的空气湿度增加。②覆盖降湿。棚内采用地膜全覆盖，同时墒沟内铺5 cm以上厚的稻壳或稻麦秸秆，做到地面不裸露，既抑制墒沟杂草生长，还可以大大降低空气湿度20%～30%。③利用硫黄熏蒸器预防白粉病。11月盖膜后，悬挂熏蒸器，前期硫黄使用量少并以预防为主，发病后期加大硫黄使用量开展防控。④棚内清洁。及时清洁棚内的病虫残枝、病叶、杂草，并进行无害化处理（包括园地边缘的田间地头），尤其在初春时阴雨频繁、棚内湿度大的天气，提前摘除残枝、病老叶，以减轻灰霉病为害。⑤使用无滴膜或防滴水剂。无滴膜可防棚内起雾滴水。防滴水剂是一种药剂，喷在薄膜上即具无滴膜的功能，凝结雾滴，降低空气水分含量。⑥在棚内分点放置石灰。吸收空气中的湿气，防止空气湿度过高。⑦无水病虫防治。采用常规的喷雾法用药，会增加棚室内湿度。采用药土法、粉尘法、烟熏法来施药，既可有效防治病虫害，又能控制土壤湿度和空气湿度。⑧高温排湿。适当提高温度，降低空气湿度。在不伤害草莓花果的前提下，提高温度到 35 ℃再通风，可有效排湿。一般情况下，在保证草莓花果不受冻害的前提下，尽量多通风。⑨适时放风。大棚多用自然通风控制温度的升高。放风要根据季节、天气、大棚内环境和草莓生长状况来掌握，以放风后室内稳定在草莓生长适宜温度为原则，冬季、早春要在外界气温较高时进行，不宜放早风，而且要严格控制通风口的大小和通风时间。放风早、时间长、开启通风口大，都可引起气温急剧下降。大棚栽培在草莓扣棚后初期要经常开放风口排湿降温。当夜间棚内气温低于 15 ℃时，傍晚才关闭放风口。进入深冬重点是保温，必要时只在中午打开放风口排除湿气和废气，并适时而止。温度指标为 25 ℃以上持续高温，要加大放风量。以上方法，尽量创造条件采用。

（2）生物防治　①利用捕食螨预防叶螨类。草莓红蜘蛛在温度高和干旱期容易发生。见虫期释放胡瓜钝绥螨，视虫害发生情况逐渐加大释放量。②利用黄板预防蚜虫和使用蓝板预防蓟马。草莓蚜虫是草莓常规性虫害，贯穿整个大棚草莓生长周期，蚜虫虽然容易防治，但需要多次用药，9 月草莓缓苗后开始悬挂黄板；草莓蓟马一般发生在大棚草莓生长后期，9 月草莓缓苗后开始悬挂蓝板。③利用毒饵诱杀地老虎和蝼蛄等地下害虫，8—10 月在温度变低前使用，选用高效低毒低残留的化学农药进行防治。④利用性诱剂预防斜纹夜蛾。可于 6 月中下旬在育苗期或 9 月定植后每亩使用 2 次性诱剂，诱芯每 20 d 需更换 1 次。⑤生物农药替代。可使用生物农药代替化学农药来防控草莓相关病害。炭疽病，可施用百抗（枯草芽孢杆菌 B908）；白粉病，可施用多抗霉素、寡雄腐霉素、枯草芽孢杆菌、硅鲨（26.9% 石英水剂）；灰霉病，可施用哈茨木霉菌、枯草芽孢杆菌、硅鲨；病毒病，可施用宁南霉素、嘧肽霉素；广谱杀菌剂，可施用丁子香酚、乙蒜素；夜蛾类、菜青虫类，可施用短稳杆菌、除虫菊素、茶皂素、短稳杆菌；螨类，可施用苦参碱；细菌性病害，可施用加收米（春雷霉素）；广谱杀菌剂，可施用印楝素。

5.高效植保机械

化学防治应作为一个辅助和应急措施，在其他措施对病虫害防治不力时才采用化学防治，并严格执行用药次数和安全间隔期等要求。选用静电喷雾器或烟雾机等施药器械，代替大水量喷药机械或常规机动喷雾器，可以提高药效。

（三）生产管理

1.播前准备

换茬期开展高温焖棚，移栽前半个月整地施肥，施足基肥，在施肥时撒施防治地下害虫的药剂。施肥后铺好滴灌带和地膜。

2.移栽

选择健壮苗移栽。在移栽前先对秧苗进行处理，喷施杀菌剂和定植肥。移栽时控制好株间距，浇足定植水，隔天将移栽后的孔用土压实。

3.水肥管理

在植株缓苗之后，控制水分，促进根系生长。后补一次磷钾肥，促使植株开花；在第一次盛花期，追施水溶肥。之后再追施一次水溶肥，保证植株养分充足，促进果实品质的提升。

4.病虫防治

草莓生长期间，棚内悬挂黄板和蓝板，布置好性诱剂。在草莓生长季节，半个月喷施 1 次多菌灵、速克灵（腐霉利）等广谱性杀菌剂，预防病害发生。

5.及时收获

草莓采收时期长，从 12 月始果期开始一直到翌年 4 月底左右。

（四）应用效果

1.减肥减药效果

本模式采用重施有机肥和有机水溶肥代替部分氮磷钾化肥，与莓农常规生产模式相比，化肥使用量分别减少约 30% 和 10%。同时，通过使用脱毒种苗和物理、生物方法来防控主要病虫害，可大幅减少化学农药使用量，减少化学农药情况如下：炭疽病减少用药 1～2 次，斜纹夜蛾减少用药 2 次，蓟马减少用药 1～2 次，蚜虫减少用药 1～2 次，枯萎病减少用药 1 次，白粉病减少用药 2～3 次，灰霉病减少用药 2～3 次。全程很少用化学农药，化学农药使用量减少 20%～30%，病虫害综合为害率控制在 5% 左右。

2. 成本效益分析

亩均生产成本 8 000 元，亩均产量 1 750 kg，亩均收入 23 000 元，亩均纯收入 15 000 元。

3. 促进鲜果品质的提升

本模式下生产的草莓，可溶性固形物增高 1.5%。同时，鲜果颜色红润，色泽鲜亮，商品性提升，草莓鲜果价格增加 0.8～1 元 /kg，每亩草莓增加收入 1 500 元左右。

（四）适宜区域

适宜安徽省草莓主产区推广和应用。

（宁志怨）

山东省济南市草莓化肥农药减施增效技术模式

一、草莓化肥施用现状

山东省自 20 世纪 20 年代引种草莓已近百年，目前，年种植面积 48 万余亩，年产量 120 万 t 左右，形成了济南、临沂、烟台、潍坊等多处规模化草莓种植基地。济南市自 20 世纪 80 年代开始发展草莓栽培，至今也已有近 40 年历史，目前，济南草莓以日光温室栽培为主，种植区域涉及历城、章丘、钢城、长清、济阳等地，年种植面积近 4 万亩，年产量超过 10 万 t，年产值超过 20 亿元，无论在生产规模还是在产品质量上均走在了全省前列，以"早、鲜、香、美、甜"的产业特色享誉全国，是济南市十大农业特色产业之一，也成为农业增效和农民增收的重要途径。

山东省草莓生产有着规模化、专业化的发展特点，导致耕作模式单一、连作情况严重。在肥料的使用上，莓农多针对草莓"适氮重磷钾"的需肥特点，重施高磷、高钾速效肥，存在土壤营养不均衡、土壤盐渍化等问题，影响草莓的产量和品质。

（一）凭经验施肥

济南草莓主产区土壤采样化验数据表明，土壤中碱解氮含量平均为190.8 mg/kg，范围在88.2～279.3 mg/kg，最高含量是最低含量的3.17倍；有效磷平均含量为157.1 mg/kg，范围在74.4～251.2 mg/kg，最高含量是最低含量的3.38倍；速效钾平均含量为424.2 mg/kg，范围在267～534 mg/kg，最高含量是最低含量的2倍。3种大量元素肥料土样化验数据范围跨度大，存在生产中凭经验施肥，肥料使用随机性大，施肥不均衡，与草莓对肥料养分的实际需求结合性差，降低了肥料使用效率。

（二）土壤盐渍化

土壤盐分积累是山东设施草莓栽培中的突出问题，经取样化验，济南市土壤水溶性盐含量最大值为2.4 g/kg，最小值为0.46 g/kg，平均为1.34 g/kg，属于轻度盐化，其中，连作10年以上的土壤，80%以上土壤含盐量高于2 g/kg，种植17年的土壤含盐量达到2.3 g/kg，达到中度盐化状态。生产中化肥使用比例和使用量偏高，随着草莓连作年限的加长，土壤中的盐分不断积累，使土壤含盐量呈上升趋势，易导致草莓生长过程中生理障碍多发。

（三）微量元素少

根据山东省土壤有效微量元素分级标准进行评价，济南市设施草莓土壤中微量元素含量极不平衡，如土壤中有效铁含量1.08～66.04 mg/kg，平均值为26.8 mg/kg，但参照最小标准值为4.5 mg/kg，调查土壤中有54.2%达不到范围最小值。对照《山东省耕地地力评价指标分级》分析发现，除了有效锌含量大多处于2级水平，其他铜、铁、锰3种微量元素基本都处于1级水平。生产中忽视微量元素的施用，导致土壤中微量元素的不均衡和缺乏，易造成草莓生产中对某些元素的吸收失调，进而对果实产量、质量造成一定影响。

二、草莓农药施用现状

草莓作为一种以鲜食为主的水果，其产品质量安全水平越来越受到广大生产者和消费者的关注。近年来，随着草莓主栽品种的更新变化、栽培设施和方式模式的提升调整，草莓生产中的主要病虫害集中在炭疽病、白粉病、灰霉病、芽枯病、蚜虫、蓟马、红蜘蛛等方面。调查中发现，在病虫害的防控方面还存在一定不足，特别是存在草莓苗期化学防治的盲目滥用，生产管理中重治不重防和绿色防控比例低等问题，不仅增加了管理成本，也对农药残留和环境污染带来不良后果，对草莓产业的提质增效带来不利影响。

（一）苗期农药用量大

近年来，通过不断筛选推广，山东地区草莓主栽品种主要以红颜、甜宝、雪里香、甜查理等为主，相较过去的丰香、女峰等老品种，不抗炭疽病，特别是在每年繁苗期间的 7—8 月，高温、多雨，是炭疽病高发时期，莓农多采取高频次、多药剂复配等措施进行防治，每亩药剂费用达 2 000 元左右，占整个栽培季农药费用的 80%，过量施用农药，既造成了人力、物力、财力的浪费，对土壤和环境也造成污染。

（二）管理重治不重防

草莓生产过程中的病虫害防治与栽培管理息息相关。很多莓农只注重病虫害发生后怎样治，而缺乏通过栽培管理进行防。例如草莓优质脱毒壮苗、高畦育苗、高温闷棚、清洁田园、覆棚膜期隔离管理、适宜温湿度控制等技术管理措施，都可减少病虫害的发生，但在实际生产中因怕麻烦、怕投入或忽视而影响了普及应用。

（三）绿色防控比例低

由于草莓是鲜食类水果，同时，在设施草莓生产中自进入花期后，一直需要蜜蜂授粉，因此，莓农在生产用药上一般都较谨慎，注意选用低毒高效药剂或烟熏剂，但一些较成熟的绿色防控措施，例如电加热硫黄熏蒸器、黄粘板、丽蚜小蜂、捕食螨等技术措施应用比例偏低，影响了环境友好型技术措施控制草莓病虫为害的效果。

三、草莓化肥农药减施增效技术模式

（一）核心技术

本模式的核心内容主要包括"优良品种种苗 + 配方平衡施肥 + 水肥一体化 + 绿色防控"。

1. 优良品种种苗

宜选用早熟、耐低温、耐弱光、品质佳的品种，例如甜宝、红颜、雪里香、白雪公主等，选择品种纯正、健壮、无病虫害的温室外越冬草莓植株作为繁殖母株，母株脱毒时间在 3 年以内。

2. 配方平衡施肥

基肥每亩施农家肥 5 000 kg 或优质腐熟鸡粪 2 500 kg，微生物菌肥 1 000 kg，磷酸二铵 50 kg，硫酸钾 50 kg，过磷酸钙 50 kg。11 月至翌年 2 月中旬气温较低时，15～20 d 浇水 1 次，2 月底天气转暖后 10 d 左右 1 次，追肥用速溶全溶肥，前期用氮磷钾平衡肥料，盛花期后用含钾量多肥料，一次用 5 kg 左右，同时增施黄腐酸或海藻酸微量元素肥，一次用 2.5 kg 左右。

3. 水肥一体化

草莓水肥一体化技术又称微灌施肥技术，通过借助微灌系统，将微灌和施肥结合，利用微灌设备组装成微灌系统，将有压水输送分配到田间，通过灌水器以微小的流量湿润作物根部附近土壤，在灌溉的同时进行施肥，实现水和肥一体化利用和管理。水肥一体化施肥灌溉系统由水源、首部枢纽、输配水管网、灌水器等组成。缓苗后铺滴灌管，滴灌管顺着垄顶铺设，每种植垄铺设 2 条滴灌管，流量为 1～3 L/h，滴头间距为 10 cm，每次滴灌水量一般控制在每亩滴水 5～10 m³左右，施肥时间在滴水开始 1 h 后至滴水结束前 0.5 h 进行，一个栽培季折合累计用 N、P、K 量约为 17.88 kg、7 kg、17.45 kg。

4. 绿色防控

（1）土壤消毒　宜选择夏秋高温季节，在播种定植前 20 d 以上进行，清园后，在农家肥等有机肥施用后，每亩撒施石灰氮 30～50 kg，随后深耕土壤，灌水保持土壤含水量 70% 以上，密闭大棚增温。在密闭大棚数日后选择晴天进行，每立方米空间用硫黄 4 g、锯末 8 g，于 19 时，每隔 2 m 距离堆放锯末，摊平后撒一层硫黄粉，倒入少量酒精，逐个点燃，一般密闭 10 d 左右消毒完成，然后揭膜通风，翻耕土壤整地，晾晒 7 d 以上定植草莓。

（2）白粉病绿色防控　通过垄顶撒硫黄粉预防，每亩用硫黄粉 5 kg，撒于草莓垄顶中间，通过日照加温自然挥发；还可以通过电加热硫黄熏蒸器防治，电加热硫黄熏蒸器悬挂在温室南北向中间位置，离地 1.5 m，东西均匀排列间距 10 m，每个熏蒸器每次蒸投放硫黄粉 20 g，熏蒸在棉被放下温室密闭状态下进行，每天 18:00—21:00 通电加热 3h，每隔 3 d 更换 1 次硫黄粉。

（3）灰霉病绿色防控　通过垄间铺洒稻壳措施预防，垄间按照 1 000 kg/ 亩用量铺洒稻壳，稻壳覆盖厚度 3～5 cm；也可以将棚室温度提高到 35 ℃，闷棚 2 h，然后放风降温，连续闷棚 2～3 次。

（4）蚜虫绿色防控　黄板诱杀蚜虫，每亩悬挂 30～40 张 30 cm×40 cm 的黄色粘虫板，挂于行间，并高于草莓植株 30 cm，诱杀蚜虫，待其粘满黄板后及时进行更换；蚜虫发生初期，田间释放瓢虫，每亩放 100 张卡（每卡 20 粒卵），捕杀蚜虫，留意维护草蛉、食蚜蝇、蚜茧蜂等天然天敌；阻隔、驱避防蚜，在棚室放风口处设防虫网、挂银灰色地膜条。

（5）蓟马绿色防控　每亩悬挂 30～40 张 30 cm×40 cm 的蓝色粘虫板，挂于靠近底部放风口位置，并高于草莓植株 30 cm，诱杀蓟马等害虫，待其粘满蓝板后应及时进行更换。

（6）红蜘蛛绿色防控　红蜘蛛发生初期，可在棚内释放捕食螨。释放方法是，边走边将捕食螨撒施到草莓叶片上，结合捕食螨的包装（袋装或瓶装）及数量，控制撒放量，以每片草莓叶片上保持 10～15 只捕食螨为宜。

（二）生产管理

1. 苗期管理

选择品种纯正、健壮、无病虫害的温室外越冬脱毒草莓植株作为繁殖母株，4 月中旬栽植，高畦繁苗，定植前 10～15 d 断蔓定棵，进行假植处理。

2. 定植管理

定植前整地施肥，起栽培垄，垄距 90～100 cm，8 月 25 日至 9 月 5 日定植。大垄双行方式，每亩定植 8 000～10 000 株。建议微喷缓苗。

3. 田间管理

10 月 20 日前后覆盖棚膜，结合扣地膜铺设滴灌；现蕾前白天 26～28 ℃，夜间 15～18 ℃；现蕾期白天 25～28 ℃，夜间 8～12 ℃；开花期白天 22～25 ℃，夜间 8～10 ℃；果实膨大期和成熟期白天 20～25 ℃，夜间 5～10 ℃；相对湿度保持在 50%～60% 为宜；采用水肥一体化膜下滴灌方式，以"湿而不涝，干而不旱"为宜；及时摘除匍匐茎和黄叶、枯叶、病叶和采果后的花序；花前一周放入蜜蜂。

4. 病虫害防治

草莓生产中主要有白粉病、灰霉病、炭疽病、芽枯病等病害和蚜虫、红蜘蛛、蓟马等虫害，因此，应以确保农业生产、农产品质量和农业生态环境安全为目标，以减少化学农药使用为目的，优先采取农业防治、理化诱控、生态调控、生物防治，科学用药。

5. 果实采收

果实表面着色达到 70% 以上，在清晨露水已干至中午或傍晚转凉后进行采收。

（三）应用效果

1. 减肥减药效果

本模式与周边常规生产模式相比，可减少化肥用量 40%，肥料利用率可提高 5%，减少化学农药用量 30%，农药利用率提高 5%。

2. 成本效益分析

亩均生产成本 15 000 元，亩均产量 3 200 kg，亩均收入 65 000 元，亩均纯收入 50 000 元。

3. 促进品质提升

本模式下生产的草莓，平均可溶性固形物含量达到 12.5% 以上，比常规模式高 1%。

（四）适宜区域

山东省设施草莓产区。

（邹永洲）

湖南省草莓农药减施增效技术模式

一、草莓农药施用现状

草莓鲜美多汁、营养丰富，因其周期短、见效快、经济效益高，近年来在湖南得到迅速发展，种植面积逐年增加，2018 年，湖南省草莓种植面积约 0.63 万

hm², 年产量 9.48 万 t, 主要分布在长株潭地区和城乡接合带。草莓易感染多种病虫害, 且多为大棚栽培, 由于棚室内温度和湿度较高, 病虫害发生情况比较严重。土地连作程度加深以及设施栽培的发展, 使得草莓的病虫害愈发严重。在草莓病虫害防治过程中, 对常见病害和地上害虫防治主要是喷洒农药。由于病害的日益严重和害虫抗药性的不断增强, 用药剂量逐年提高, 农药残留也愈来愈严重, 造成草莓品质下降, 存在安全隐患, 严重影响了草莓产业的绿色高质量发展。湖南一般在秋季种植草莓, 春节前开始采摘一直到翌年 5 月, 特殊的气候造成草莓的病虫害较多, 主要病害有炭疽病、灰霉病、枯萎病、白粉病等, 主要虫害有红蜘蛛、蚜虫、斜纹夜蛾、蓟马等。

（一）常见病害及防治方法

1. 炭疽病

（1）症状 叶片、叶柄、匍匐茎、花瓣、萼片和浆果都可受害, 株叶受害大体可分为局部病斑和全株萎蔫两类症状。初期病斑水渍状, 呈纺锤形或椭圆形, 后病斑变为黑色。

（2）发生规律 草莓炭疽菌属半知菌亚门毛盘孢属, 属高温性病害, 凉爽干燥不利于病害的发生。病原菌主要以土壤中的病茎叶、匍匐茎等病残体越冬, 并成为初侵染源。病原菌形成孢子后随雨水飞溅到草莓上引起再次侵染和扩展。

（3）防治方法 发病初期常用 75% 百菌清可湿性粉剂 500 倍液, 或 25% 嘧菌酯悬浮剂 2 000 倍液, 或 50% 咪鲜胺可湿性粉剂 1 500 倍液, 或 10% 苯醚甲环唑水分散粒剂 1 500 倍液, 或 70% 代森锰锌可湿性粉剂 500 倍液喷雾防治。7 d 左右喷 1 次, 连喷 3～4 次。

2. 灰霉病

（1）症状 草莓灰霉病属真菌性病害, 主要为害花器和果实。花器发病时, 初期在花萼上出现水浸状小点, 后扩大成近圆形至不规则形病斑, 病害扩展到子房和幼果上, 最后幼果腐烂。

（2）发生规律 病原菌主要以分生孢子, 菌丝体或菌核在病残体和土壤中越冬。温暖湿润的环境有利于发病。分生孢子在适宜的温度和湿度下萌发产生芽管, 通过伤口侵入草莓植株, 此为初次侵染; 发病部位在潮湿的环境下产生分生孢子, 进行再次侵染。

（3）防治方法 定植后要重点对发病中心株及周围植株进行防治。常用药剂有 25% 啶菌噁唑乳油每亩 50～60 ml，兑水喷雾，喷水量依草莓的群体大小增减，一般不少于 60 L 药液。常用药剂还有 50% 扑海因 800 倍液，或 50% 腐霉利可湿性粉剂 1 000 倍液，或 40% 甲基硫菌灵可湿性粉剂 800 倍液。

3. 枯萎病

（1）症状　发病初期心叶变黄绿或黄色，有的卷缩或产生畸形叶，引起病株叶片失去光泽，植株生长衰弱。老叶呈紫红色萎蔫，后叶片枯黄至全株枯死。剖开根冠，可见叶柄、果梗维管束变成褐色至黑褐色。根部变褐后纵剖镜检可见很长的菌丝。

（2）发生规律　多在苗期或开花至收获期发病。病原菌主要以菌丝体和厚垣孢子随病残体遗落土中或未腐熟的带菌肥料及种子上越冬。病原菌从根部自然裂口或伤口侵入，在根茎维管束内生长发育，通过堵塞维管束和分泌毒素，破坏植株正常输导机能而引起萎蔫。

（3）防治方法　发病初期喷药，常用药剂有 20% 五氯硝基苯可湿性粉剂 600～700 倍液，或 14% 络氨铜 200～300 倍液，或 50% 苯菌灵可湿性粉剂 1 500 倍液喷淋茎基部。每隔 15 d 左右防治 1 次，共防 5～6 次。

（二）常见虫害及防治方法

1. 红蜘蛛

（1）发生规律　红蜘蛛通常以成螨、若螨在草莓叶背刺吸汁液、吐丝、结网、产卵和为害。受害叶片先从叶背面叶柄主脉两侧出现黄白色至灰白色小斑点，叶片变成苍灰色，叶面变黄失绿。为害严重时，叶片锈色干枯，状似火烧，被害植株矮化早衰，生长缓慢。

（2）防治方法　将有红蜘蛛的植株单独喷施化学农药，采用 99% 矿物油 200 倍液加 8% 阿维·哒乳油 1 500 倍液，或加 5% 噻螨酮乳油 1 500 倍液喷雾，或加 43% 联苯肼酯悬浮剂 2 000 倍液。7 d 防治 1 次，连续防治 2～3 次。

2. 蚜虫

（1）发生规律　3—4 月蚜虫为害严重，多在嫩叶、叶柄、叶背活动吸食汁液，分泌蜜露污染叶片，同时蚜虫传播病毒，使种苗退化。

（2）防治方法　可选用 25% 噻虫嗪水分散粒剂 3 000～5 000 倍液，或 3% 啶虫脒乳油 1 500 倍液，或 1.8% 阿维菌素乳油 1 000～1 500 倍液，或 22% 氟啶虫胺腈悬浮剂 7 000～8 000 倍液进行叶面喷雾。

3. 斜纹夜蛾

（1）发生规律 斜纹夜蛾喜温爱湿，气温在 28～30 ℃，土壤湿润、肥沃，作物生长茂盛，田间湿度大，有利其发育繁殖，一般在高温多雨时，发生为害最重。

（2）防治方法 掌握在幼虫低龄期施药，可用灭杀毙乳油 6 000～8 000 倍液，或 2.5% 氯氟氰菊酯乳油 5 000 倍液，或 50% 氰戊菊酯乳油 4 000～5 000 倍液，喷雾。7～10 d 喷 1 次，连续 2 次。

二、草莓农药减施增效技术模式

（一）核心技术

本模式的核心内容主要包括"优良品种 + 配方平衡施肥 + 绿色防控"。

1. 优良品种

草莓品种选择考虑抗性、产量、风味、耐贮性等综合因素，日本引进的红颜、章姬等品种在湖南地区表现较好。目前，湖南省种植的草莓主要品种是红颜，占 80% 左右。红颜又名红颊，果实圆锥形，果表果肉均为鲜红色，光泽好。果型大，连续坐果性好，畸形果少。果肉较细，甜酸适口，香气浓郁，品质优。硬度适中，较耐贮运。早熟品种，耐低温能力强，抗白粉病强，对炭疽病、灰霉病较敏感。

2. 配方平衡施肥

采用测土配方施肥技术，定植前通过取土化验检测土壤的肥力状况，并根据草莓的需肥特性（氮、磷、钾的需求比例是 5∶2∶7）制订草莓全生育期合理平衡施肥方案，合理平衡施用氮、磷、钾 3 要素肥料，配合中微量元素肥料，确定基肥、追肥比例。基肥以有机肥料为主，配合施用适量化肥。从草莓种植的吸肥规律来看，后期需要吸收大量的肥料，尤其是磷、钾肥，有机肥的分解进程表明，后期正好释放大量的磷、钾，可以满足草莓的生长需求。在草莓定植前半个月左右耕翻起垄前，每亩施充分腐熟的有机肥 1 500～2 000 kg，加腐熟饼肥 200 kg 或生物有机肥 200～300 kg 作基肥。同时，增施氮磷钾三元复合肥 30～40 kg，过磷酸钙 70～100 kg 等。草莓定植缓苗后和开花结果期间每隔 20～30 d 追施腐殖酸复合冲施液肥 3～5 kg 或追施高含量三元复合肥 5～10 kg。同时，可以根外喷施 0.3% 磷酸二氢钾溶液、0.136% 赤·吲乙·芸薹可湿性粉剂

5 000 倍液或氨基酸叶面肥 500 倍液等。

3. 病虫害绿色防控

目前，草莓主要病虫害有炭疽病、灰霉病、红蜘蛛、蚜虫等，在实际生产中发生后治疗难度较大，贯彻"预防为主，综合防治"的植保方针最为合理。通过轮作换茬、套种大蒜、摘除病叶老叶、平衡施肥等增强植株自身抗病能力和自然天敌的控制害虫作用；通过连作田休闲期太阳能夏季高温消毒，灭杀地下土传病虫害；通过性诱剂诱杀斜纹夜蛾等；通过黄、蓝板诱杀或网室阻隔蓟马、蚜虫等；通过释放捕食螨、赤眼蜂等天敌控制红蜘蛛、蚜虫等；通过低毒低残留生物农药和化学药剂相结合防治病虫害，减少化学农药使用量。

（二）生产管理

1. 播前准备

种植草莓前，主要做好施用基肥、土壤消毒、整地起垄。

（1）施用基肥　草莓的需肥量比较多，按草莓需肥量，栽培之前施足基肥。每亩施充分腐熟的有机肥 1 500～2 000 kg，加腐熟饼肥 200 kg 或生物有机肥 200～300 kg 作基肥。同时，增施硫酸钾复合肥 30～40 kg，过磷酸钙 70～100 kg 作基肥。施完基肥以后，深翻土壤，翻土的深度在 15～20 cm 比较合适，不宜过浅。

（2）土壤消毒　草莓重茬病严重，温室连续种植时，需土壤消毒。目前，生产上主要推广的是太阳能高温土壤消毒技术。草莓收获后 7 月上旬至 8 月初，清除草莓枯苗和杂草，每亩施石灰氮 50～60 kg，灌透水后进行旋耕，用旧塑料棚膜覆盖地面，同时再将温室和大棚密闭。通过太阳能使地表温度升至 40 ℃以上，保持两周即能达到土壤消毒目的。

（3）整地起垄　按照畦宽 80 cm，畦面宽度 40 cm，畦高 30～35 cm 的标准进行作畦，拍实高畦，防止畦面坍塌。

2. 组织播种

通过正规途径购买品种纯正、长势健壮的幼苗直接栽植。要求是秧苗长 15 cm 左右，粗 0.3 cm 左右，无病虫害，根系发达，须根多而粗，根茎粗，有 4～7 片叶，苗重 30 g 左右比较合适。选择晴天的早晨和傍晚进行栽植，避免阳光暴晒，加快缓苗。栽植草莓的株距在 15～20 cm，行距应该在 20～25 cm。栽植时应该使苗心的茎部与地面平齐，做到"深不埋心，浅不露根"。高畦栽植时，草莓弓背要向外，有利于受到阳光照射和通风，改善浆果品质并减轻果实病害。每亩栽植密度在 8 000 株左右。栽植完成后应浇足浇透水，栽植后 3 d 内每天浇水 1 次，经过 4～5 d 后，改为 3～4 d 浇水 1 次，注意防止土壤过湿。栽植成活后适当晾苗，刚成活的幼苗不耐干旱，要适当浇水，促进生长。温湿度控制，栽植草莓完成以后，温室内白天的温度应该控制在白天 23～28 ℃，夜间温度保持在 10～15 ℃ 比较合适。空气湿度应该保持在 50%～60%。栽植草莓完成以后如果遇到晴天烈日天气应该用遮阳网进行遮阴，防止幼苗枯萎。

3. 培土追肥

草莓在开花结果期需肥量较大，在草莓开花后追肥是保证草莓优质高产的重要措施。草莓定植缓苗后和开花结果期间每隔 20～30 d 追施腐殖酸复合冲施液肥 3～5 kg 或追施高含量三元复合肥 5～10 kg。同时，可以根外喷施 0.3% 磷酸二氢钾溶液，0.136% 赤·吲乙·芸薹可湿性粉剂 5 000 倍液或氨基酸叶面肥 500 倍液等。喷施应在晴天的下午或阴天进行。最好喷施叶背面，因为叶背面对养分的吸收速度快于叶表面。追施后应打开滴灌及时浇水。草莓是多次采收的植物，每采收 6～8 次以后应追施一次复合肥。追肥时，按照每亩用复合肥 8～10 kg 的标准，利用施肥器进行追施，深度在 4～6 cm。

4. 病虫防治

防治措施要做到安全无害，经济可行和切实有效。必须贯彻"预防为主，综合防治"的植保方针。

（1）农业生态防治　通过轮作换茬、套种大蒜、摘除病叶老叶、平衡施肥等，增强植株自身抗病能力和自然天敌的控制害虫作用。

（2）物理防治　通过连作田休闲期太阳能夏季高温消毒，杀灭连作田病原菌。连续高温消毒处理后，揭去地表覆盖的薄膜，土壤耕翻后任其日晒雨淋。通过黄蓝板、杀虫灯、糖醋瓶诱杀或网室阻隔蓟马、蚜虫、斜纹夜蛾、地老虎等。采用银灰色薄膜进行地膜覆盖或在通风口挂银灰色薄膜条驱避蚜虫、斜纹夜蛾等。

（3）生物防治　通过性诱剂诱杀斜纹夜蛾等。通过释放捕食螨、赤眼蜂等天敌控制红蜘蛛、蚜虫等，如在开花至果实生长期释放捕食螨，按照益害比 1：（10～30）释放捕食螨防治红蜘蛛等。通过生物药剂进行防治，选择毒性低的微生物农药和植物源农药等，掌握生物药剂的特性合理使用，特别是微生物农药在阴天或傍晚使用，根据农药混用准则，合理组合与交替使用。

（4）化学农药防治 选择高效低毒低残留的化学药剂，严格禁止使用高毒高残留农药，优先使用烟熏法。根据病虫发生情况选择药剂，病害发生前或发病初期尽早防治，害虫在低龄幼（若）虫期要及时用药控制。草莓开花前要重点预防，盖棚保温后5～7 d施用1次，连续防治2～3次，采果期严格控制用药，如要用药必须在成熟果实采净后用药防治，同时注意交替用药，合理混用，草莓采收前或用药后至少10～15 d才能采收上市。

5. 组织收获

适时采收是保证果品质量的关键。一般来说，应该在草莓花后30 d左右，果实颜色变为红色，达到8～9成成熟时就可以采收，如果采收过早，果实营养积累少，汁液少，香气差，外观差，品质低。如果采收晚，不易运输，果实容易腐烂。草莓采收的感官要求是，果实新鲜洁净，无萎蔫变色、腐烂、霉变、异味、病虫害、明显碰压伤，无汁液浸出。采收时间应该在清晨露水干后或近傍晚进行，要避开高温时段。采收时轻摘轻放，用大拇指和食指把果柄掐断。切忌硬拉，避免拉下果序和碰伤果皮。草莓的成熟期不一致，采收时应该间隔1～2 d采收1次。每次采摘要把适度成熟的果实全部采净。采收后轻放于果盘内，供集中包装。

（三）应用效果

1. 减药效果

本模式与常规生产模式相比，总体防效达到90%以上，减少化学农药30%以上，草莓鲜果化学农药残留检出合格率100%。总体病虫为害损失控制在10%以内，有效避免草莓苗期和采果期等病虫造成较严重损失。

2. 成本效益分析

本模式下生产的草莓比常规生产减少化学农药使用3次以上，每亩减少人工和农药成本约600元；连作田土传病害减轻40%以上，每亩增加商品果产量约100 kg，按鲜果均价20元/kg，增加效益约2 000元。按亩产量2 000 kg计算，亩收入可达48 000元，每亩纯收入增加10 600元。

3. 促进品质提升

本模式下生产的草莓，平均可溶性固形物含量在13%以上，比常规模式高2%。畸形果减少30%以上，提高了草莓内外在品质和销售价格，按平均商品果亩产 2 000 kg 计算，提高售价约 4 元 /kg，平均每亩增效 8 000 元。

（四）适宜区域

湖南省草莓主产区。

（丁伟平）

云南省会泽县草莓化肥农药减施增效技术模式

一、草莓化肥施用现状

草莓是云南省会泽县重要的经济作物，作为重要农业支柱产业，在促进当地农民增加收入和扩大就业方面发挥着重要作用。当地农民为了获得更高的产量，常常过量施用化肥，不仅增加种植成本，还引发环境污染，甚至造成草莓产量和品质的下降。

（一）化肥施用量大

目前，生产上普遍采取增施化肥以获得高产、高收益。会泽县多数草莓种植区化肥施用量为尿素 800～1 000 kg/hm²、钙镁磷肥 600～800 kg/hm²、硫酸钾 750～800 kg/hm²。在草莓生产中，化肥尤其是氮肥的过量施用不仅造成土壤质量和草莓品质的逐渐下降，盈余肥料流失引起的水体污染和富营养化等还对生态环境构成巨大威胁。过量施用化肥不仅导致土壤板结、酸化加剧、盐碱化严重，而且导致肥料利用率极低，浪费严重，地下水遭受污染，草莓长势差，品质下降，效益低。

（二）化肥利用率低

在草莓生产中，化肥当季利用率较低，不足 32%。分析导致会泽县草莓化肥利用率低的原因，主要包括：土壤中化肥的大量连续施用，造成土壤耕层板结，土壤板结之后，土壤的团粒结构被破坏，导致土壤酸碱失衡，从而降低了保水保肥性，导致化肥流失严重，利用率下降；有机肥施用少，土壤有机质含量低，导致了土壤板结；农民有重氮肥，轻磷肥、钾肥的现象，均用一种复合肥，没有针对性；施肥量超标，施肥量与产量不是成直线正相关，而是施肥量达到一定程度，产量下降，成本增大。

（三）化肥施用成本高

会泽县 2019 年草莓批发价 7 000 元 /t，按 30 t/hm² 的平均产量计算，即每公顷的草莓毛收入 210 000 元。调查显示，每公顷草莓的平均生产成本为 180 000 多元，其中，肥料成本就达 30 000 多元，占总成本的 20% 以上，利润空间较小。

二、草莓农药施用现状

在草莓生产中，病虫害是导致减产和品质下降的重要原因。目前，防治草莓病虫害的措施有化学防治、物理防治、生物防治和农业防治等，其中，化学防治因高效便捷、省时省力，仍是会泽县当前的主要防治手段。但草莓生产过程中农药滥用、乱用现象十分普遍且长期存在，不仅带来了严峻的环境问题，还制约了草莓产业的健康发展。

（一）农药施用量大

当地农民对化学农药的长期单一、大剂量和大面积施用，极易造成害虫产生抗药性，导致防治效果下降甚至失效，继而导致用药剂量逐渐增加，形成"虫害重—用药多"的恶性循环。同时，过量农药在土壤中残留造成土壤污染，进入水体后扩散造成水体污染，或通过飘失和挥发造成大气污染，严重威胁生态环境安全。

（二）农药依赖度高

在会泽县，目前防治草莓灰霉病、白粉病等主要用腐霉利、扑海因等；防治蚜虫、红蜘蛛、蓟马、地下害虫等主要用敌百虫、氯氰菊酯、吡虫啉等农药。害虫防治措施单一，由于选择性差，部分农药在杀灭害虫的同时杀灭大量有益生物，导致田间生物多样性受到破坏，自我调节能力降低，害虫继而再度暴发。

（三）施用技术及药械落后

施药方式不够科学合理，主要采用分散式防治手段进行病虫草害防治，且多选用小型手动喷雾器等传统药械，因药械设备简陋、使用可靠性差等，导致药液在喷施过程中常出现滴漏、飘失等情况，导致利用率降低。

三、草莓化肥农药减施增效技术模式

（一）核心技术

本模式的核心内容主要包括"优良品种＋配方施肥＋绿色防控＋水肥一体化"。

1. 优良品种

品种选择在适推地区表现较好的蒙特瑞品种，特点是果实大，鲜红色，有光泽，果面平整，果肉淡红，果心红色，酸甜适口，品质优，可周年结果，成花能力强，高产，果实上市早，植株旺盛，抗病性较强。

2. 配方施肥

全生育期亩施肥量为有机肥 3 000～3 500 kg（或商品有机肥 450～500 kg），氮肥 14～16 kg、磷肥 6～8 kg、钾肥 8～10 kg。有机肥做基肥，氮、钾分基肥和二次追施，磷肥全部基施，化肥和农家肥（或商品有机肥）混合施用。基肥：基肥以有机肥为主，配合适量化肥。一般亩施农家肥 3 000～3 500 kg 或商品有机肥 450～500 kg、尿素 5～6 kg、磷酸二铵 15～20 kg、硫酸钾 5～6 kg。追肥：开花期追肥一般亩施尿素 9～10 kg、硫酸钾 4～6 kg；浆果膨大期追肥一般亩施尿素 11～13 kg、硫酸钾 7～8 kg；根外追肥：花期前后叶面喷施 0.3% 尿素或 0.3% 磷酸二氢钾 3～4 次或 0.3% 硼砂，可提高坐果率，增加单果重。初花期和盛花期喷 0.2% 硫酸钙加 0.05% 硫酸锰（体积 1∶1），可提高产量及果实贮藏性能。

3. 病虫害绿色防控

通过使用性诱剂、烟熏法、黄蓝板等，选择高效低毒低残留农药，严格禁止使用高毒高残留农药，根据病虫发生情况选择药剂，病害发生前或发病初期提早预防，害虫在低龄幼（若）虫期要及时用药控制。在草莓开花前要重点预防，根据病虫情合理安排防治次数，采果期严格控制用药，如要用药必须在成熟果实采净后用药防治，同时注意交替用药，合理混用，用药后至少 10～15 d 才能采收上市。

4. 水肥一体化

使用水肥一体化的优点如下。

（1）省水、节省能源　滴灌比地面沟灌节约用水 30%～40%，从而节省了抽水的油、电等能源消耗。

（2）减少草莓病害的发生　滴灌能减少大棚地表蒸发，降低温室湿度，减少病虫害和杂草的发生，同时避免草莓直接接触土壤，提高草莓外观和品质。

（3）提高工作效率　在滴灌系统上附设施肥装置，将肥料随着灌溉水一起送到根区附近，不仅节约肥料，而且提高了肥效，节省了施肥用工。一些用于土壤消毒和从根部施入的农药，也可以通过滴灌施入土壤，从而节约了劳力开支，提高了用药效果。

（4）减轻对土壤的伤害　滴灌是采取滴渗浸润的方法向土壤供水，不会造成对土壤结构的破坏。

（二）生产管理

1. 整地、施肥

栽植前应结合深翻施足基肥，另加适量的三元复合肥，耙碎整平做埂，一般间隔 1 m 做 1 埂，埂高 20～30 cm。

2. 定植

定植时选壮苗，每畦栽 2 行，行距 20 cm，株距 13 cm。因定植时正值高温季节，要掌握好深浅和供给充足的水分。要以深不埋心、浅不露根为宜。正常的深度就是苗心基部与土面相平齐。定植后，立即浇透水，须使土壤保持 1～2 周的湿润状态。

3. 覆盖地膜及扣棚

定植 1 个月后覆盖地膜。当夜温低于 5 ℃时，开始扣棚。

4. 栽后管理

定植后要及时浇水，及时补苗。成活后及时浇水，施肥，平时随打药可加入 0.3% 尿素和 0.5% 磷酸二氢钾。果实膨大期，要及时浇水。要采取放蜂或辅助授粉来提高坐果率，减少畸形果。人工授粉是用毛笔每天进行拍打，放蜂授粉每棚 1 箱，要注意蜜蜂移入前 1 个月不能打药，开花前 1 周搬进去。注意棚内补光，降低畸形果率。

5. 病虫防治

及时防治灰霉病、白粉病、蚜虫、红蜘蛛、蓟马、地下害虫等。

6. 采收

在七成成熟开始采收，以便运输和销售。分批分次采收，尽量做到不要漏采。否则，过熟将失去商品性。

（三）应用效果

1. 减肥减药效果

本模式与周边常规生产模式相比，减少化肥用量 8%，化肥利用率提高 9.3%；减少化学农药防治次数 3 次，减少化学农药用量 10.8%，农药利用率提高 14.7%。病虫害为害率控制在 9% 以下。

2. 成本效益分析

亩均生产成本 11 000 元，亩均产量 2 000 kg，亩均收入 15 000 元，亩均纯收入 4 000 元。

（四）适宜区域

会泽县及周边草莓种植区。

（吕雄）

枇杷化肥农药施用现状及减施增效技术模式

江苏省苏州市枇杷农药减施增效技术模式

一、枇杷农药施用现状

江苏省苏州市是我国枇杷主产区之一，以白沙枇杷为主，2019年种植面积约为4万亩。白沙枇杷以果肉白嫩细腻、风味浓甜、皮薄多汁等众多优点而被视为枇杷中的精品，经济效益极高，市场供不应求。随着生产的发展，生活水平的提高，种植效益不断提高，当地农民为保证产量，对各种病虫害的发生采取零容忍的态度，频繁使用化学农药来控制病虫害的发生。化学农药的过度使用，不仅破坏生态环境，造成农产品污染，且由于害虫抗药性上升，天敌被杀死，使害虫成灾更加频繁，形成恶性循环。

（一）常见病害及防治方法

1. 枇杷叶斑病

（1）症状 ①枇杷斑点：初赤褐色小点，后渐扩大为近圆形，沿叶缘则呈半圆形，中央灰黄色，外缘仍赤褐色，紧贴外缘为灰棕色，多数病斑联合后成不规则形。②枇杷角斑：初褐色小点，后扩大以叶脉为界，呈多角形，常多数病斑联合成不规则形大病斑。病斑赤褐至暗褐色，周围常有黄色晕环，后期病斑中央稍褪色。③枇杷灰斑病：叶，初为淡褐色圆形病斑，后呈灰白色，表皮干枯，易与下部组织脱离，多数病斑可联合成不规则形大病斑。边缘明显，为较狭窄的黑褐色环带，中央灰白至灰黄色。果实，产生圆形紫褐色病斑，后明显凹陷。

（2）发生规律 土壤瘠薄，排水不良，栽培管理差的枇杷园，一般发病较重。苗木发病常较成株期重。不同品种间发病情况也有差异，红沙系的红毛、大种发病较重，白沙系的鸡蛋白、白玉发病较轻。

（3）防治方法 在春、夏和秋梢抽发时，用药保护新梢。每次抽梢期用药1～2次，间隔期10～15 d。药剂可选用1：1：200波尔多液，或50%多菌灵可温性粉剂 1 000 倍液，或 25% 阿米西达可分散液剂 1∶2 000 倍液。

2. 炭疽病

（1）症状　枇杷炭疽病菌主要为害成熟果实，常发生于贮藏运输期间，果面初生淡褐色圆形病斑，扩大后凹陷，表面密生淡红色小点，后变为黑色。后期病斑扩展很快，常引起全果变褐而腐烂，或病果干缩成为僵果。

（2）发生规律　炭疽病在高温潮湿的环境下容易发生，干旱地区发病轻。果园排水差，氮肥过量，枝叶密蔽，虫害重，阴雨连绵季节或大风、冰雹后，果实肥大期至成熟初期发病重。嫁接苗在 3 月下旬至 4 月下旬易感病。春夏梢亦会发生，引起落叶。

（3）防治方法　在果实着色前 1 个月，喷药保护果实，药剂可选用 1∶1∶200 波尔多液，或 50% 多菌灵可湿性粉剂 1 000 倍液，或 53.8% 可杀得 2 000 可湿性粉剂 1∶800 倍液，或 25% 阿米西达可分散液剂 1∶2 000 倍液。

（二）常见害虫及防治方法

1. 枇杷黄毛虫

（1）发生规律　1～2 龄幼虫食嫩叶叶肉，剩下下表皮和绒毛；3 龄幼虫将叶片啃成孔洞或缺刻；4～5 龄幼虫蚕食全叶，叶量不足时，还啃食叶脉和嫩梢的韧皮部，枝梢只剩下木质部，严重削弱树势。第 1 代幼虫亦为害果实，取食果皮。

（2）防治方法　在低龄期，用药保护新梢，但如在果实成熟采收期，则不准使用任何杀虫剂，选用的药剂为 2.5% 敌杀死乳油 1 500 倍液，或 2.5% 氯氟氰菌酯水乳剂 1 500 倍液。

2. 苹果密蛎蚧

（1）发生规律　主要寄生在枇杷 2 年生枝条的翘皮裂缝里和当年生的叶柄基部内侧。枝条受害后，常引起生长势衰弱，影响产量，受害严重时，枝条自上而下逐渐枯死。叶柄基部受害后，常使叶片变色，并逐渐枯死，最后倒挂在枝条上，翌年春才脱落。果受害严重时，会形成僵果。

（2）防治方法　在第二代若虫发生盛期，可用 25% 扑虱灵可湿性粉剂 1 500 倍液加 2.5% 敌杀死乳油 1 500 倍液，或 240 g/L 螺虫乙酯 4 000～5 000 倍液。

3. 枇杷叶螨

（1）发生规律　年发生 15～17 代，以卵和成螨在枝条裂缝及叶背越冬，3—

4月枇杷春梢抽发后，即迁移至新梢上为害。以春、秋梢为害最重。卵多产于叶片及嫩枝上，被害叶片呈黄色斑块，常凹陷畸形，凹陷处常有丝网覆盖，虫即活动和产卵于网下。

（2）防治方法　发生高峰期，喷药保护，视虫情可间隔15～20 d连续用药2次。可施用15%哒螨灵可湿性粉剂1 500倍液，或73%炔螨特乳油3 000倍液。

二、枇杷农药减施增效技术模式

（一）核心技术

1.选择优良品种

选择冠玉、冬玉、青种、丰玉等抗寒、抗病优良品种。

2.绿色防控技术

（1）农业防治　①清园。将枯枝、落叶、杂草、树皮、僵果等集中清理出果园，进行沤肥、深埋或烧毁。②修剪。枇杷夏季修剪一般在采果后进行，主要是对过密枝、衰弱枝、病虫枝进行疏除、回缩和短截。对挂果过多的弱枝、细枝应加强短截、回缩，使它们得到及时的更新复壮。春季修剪一般在萌芽前（2月左右）进行，主要是对一些过密、遮阴的大枝进行疏除、回缩或对衰弱树进行回缩修剪更新复壮。③施肥。全年以秋季基肥为主，基肥选择腐熟的羊粪、菜饼等。施肥时避免伤根太多，将枯枝落叶、枯草或树盘覆盖物先埋，撒入益生菌种，再一层肥料一层表土回填，最后再回未风化的心土。④秸秆还田。将修剪、清园出来的枝条粉碎，与落叶等混合堆沤备用。秋季施基肥时，先将堆沤发酵好的粉碎物均匀铺撒在施肥沟内，厚5～10 cm，再施基肥。

（2）物理防治　①防鸟网。园区内以镀锌管为立柱，间隔6 m×10 m，高3.5 m，上拉钢丝，两端固定，绷紧，选择网眼2.5 cm×2.5 cm的尼龙网覆盖，周边网裙垂落地面，可用卡扣固定于地面。②灯光诱杀。选择太阳能杀虫灯（XC-T），每15～30亩1盏，有效诱杀鳞翅目、鞘翅目害虫。③枇杷套袋。在疏果后进行，选用白皮单层纸袋，进行整穗套袋。果袋以26 cm×21 cm左右的规格为好。果袋的开口边缘应嵌有一条封口细铁丝，果袋底部有一个通气口。套袋前对果实细致周到喷施1次钙肥和广谱型杀菌剂、杀虫剂。④枝干涂白。对主干、主枝、副主枝及大侧枝喷涂，起到减少伤口和阻隔、驱离病虫进入的作用。

（3）生物防治　①利用花绒寄甲防治天牛等蛀干害虫。每年5月上旬，天牛开始活动后，选择晴朗天气释放花绒寄甲卵块，每株1块，100粒/块，放置于树干最底部虫孔的下方。释放第1～2年可在天牛活动高峰期7月底至8月初再投放1次，确保天敌虫口基数，达到防治要求。②用瓢虫防治蚜虫。蚜虫发生高峰前，悬挂瓢虫卵块于树冠中上部，注意避免阳光直射，视虫口基数和树冠大小，每树1～2块，20粒/块。3～5 d就可在叶片上发现幼虫。③用迷向丝防治梨小食心虫。于3月中旬开始，使用监测板进行监测，当每周虫口增加达到2头/板时，开始使用迷向丝，33根/亩。鉴于枇杷5月中下旬即可采摘，也可选择有效期3个月的产品，以减少成本。④捕食螨防治螨类。日均温恒定在20 ℃以上时，即可开始释放，也可根据观察，虫口有明显上升时使用。一般是在5月中下旬，小树1包/树，大树1包/主枝，悬挂于主干/主枝分叉处。袋左右上角各开1个小口。⑤赤眼蜂防治鳞翅目害虫。

（4）合理用药　合理、适时、对症用药。2月底用99%绿颖200倍液清园1次；枇杷春梢抽发期用1%蛇床子素400倍液防治叶斑病1～2次；5—9月用苏云金杆菌（3.2×10^{12} cfu/g）1 500倍液，或60%艾绿士悬浮剂2 000倍液防治鳞翅目幼虫1～3次；7—8月用24%螺螨酯悬浮剂4 000倍液防治枇杷螨类1～2次；7月底8月初用22.4%螺虫乙酯悬浮剂3 000倍液防治苹果蜜蚧蚧1～2次；11月底至1月初用45%石硫合剂晶体300倍液清园1次；12月至翌年1月，结合施基肥，施用哈茨木霉素，减少根部病害。

施药时应选择合适的药械、正确使用药械，选择晴朗风小的日子，有风时要顺风，按树冠由内向外，先下后上，从反到正的顺序，均匀喷雾至叶面湿润开始有水滴滴下时为止。

（5）生草覆盖　①生草。人工种植，可选择耐寒性强的鼠茅草，也可自然生草。在果树萌芽、开化、展叶时，需要肥水较多，此时尽量控制草的生长，以保证土壤中的水分、有机质优先满足果树生长需要。3～10年耕翻1次。②覆盖。选择园艺地布，以树为中轴，左右各铺1块，中间交叠，用园艺地钉固定。也可在秋后，用稻草、麦秸等秸秆覆盖树盘，半径大于50 cm，厚度超过10 cm，起到保水保墒、防寒抗冻的作用。

（二）应用效果

1. 减药效果

本模式与周边常规生产模式相比，减少化学农药防治次数2～3次，减少化学农药用量 15% 左右。

2. 成本效益分析

亩节约生产成本 5 000 元，亩产量 500 kg，亩收入 30 000 元，亩纯收入 25 000 元。

3. 促进品质提升

本模式下生产的白沙枇杷，平均可溶性固形物含量在 13% 以上，比常规模式高 1%，优质果率在 90% 以上，比常规模式高 10% 以上。

（三）适宜区域

苏州市及环太湖地区。

（储春荣）

安徽省枇杷化肥农药减施增效技术模式

一、枇杷化肥施用现状

枇杷是安徽省南方传统的特色果树，在促进当地果民增加收入和扩大就业等方面发挥着重要作用。枇杷由于大部分种植在山区，土壤相对贫瘠，当地果农为了获得更高的产量，常常大量施用化肥，不仅增加种植成本，还引发环境污染，甚至造成枇杷产量和品质的"双降"。

（一）化肥施用量偏大

目前，生产上普遍通过增施化肥以获得高产和高收益。安徽省多数枇杷产区化肥每亩施用量为尿素 50～60 kg、钙镁磷肥 80～100 kg、硫酸钾 40～53.3 kg、高浓度氮磷钾复合肥（15-15-15）100～120 kg。在枇杷生产中，化肥尤其是氮素化肥的过量施用不仅造成果园土壤质量和枇杷品质的逐渐下降，盈余肥料流失引起的水体污染和富营养化等还对生态环境构成威胁。

（二）化肥利用率较低

在枇杷生产中，化肥当季利用率较低，主要原因是施肥结构不合理，氮磷钾配比失调；施肥方法不科学，按照传统经验；土壤贫瘠，结构较差。

（三）化肥施用成本高

安徽省 2018—2019 年度红沙系列枇杷品种鲜果收购价为 8 000～10 000 元 /t，按 1 t/ 亩的平均产量计算，即每亩的枇杷收入 8 000～10 000 元。相关调查显示，每亩枇杷的平均生产成本为 3 000 多元，其中，化学肥料成本就达 660 多元，占总成本的 20% 以上。

二、枇杷农药施用现状

在枇杷生产中，病虫草害是导致减产和品质下降的重要原因。目前，防治枇杷病虫草害的措施有化学防治、物理防治、生物防治和农业防治等，其中，化学防治因高效便捷、省时省力，仍是当前部分产区的主要防治手段。

（一）农药施用量偏大

当地果农对化学农药的长期单一、大剂量和大面积施用，极易造成病虫害产生抗药性，导致防治效果下降甚至失效，继而导致用药剂量逐渐增加，形成"病虫重—用药多—病虫重"的恶性循环。同时，过量农药在土壤中残留造成土壤污染，进入水体后扩散造成水体污染，或通过飘失和挥发造成大气污染，严重威胁生态环境安全。在目前防治蚜虫、枇杷木虱、叶斑病、炭疽病等使用化学农药过程中，部分农药在杀灭害虫的同时，还杀灭大量果园有益生物，导致枇杷园生物多样性遭到破坏。

（二）施用技术及药械相对落后

安徽省作为传统枇杷产区，农民在长期种植枇杷过程中虽然总结出一些施药经验和办法，但施药方式不够科学合理。同时，当地个体果农主要采用一家一户的分散式防治手段进行病虫草害防治，且多选用小型手动喷雾器等传统药械，因药械设备简陋、使用可靠性差等，导致药液在喷施过程中常出现滴漏、飘失等情况，其利用率降低。

三、枇杷化肥农药减施增效技术模式

（一）核心技术

本模式的核心内容主要包括"优良品种＋配方平衡施肥＋病虫害绿色防控＋机械化"。

1. 优良品种

品种选择在适推地区表现较好的大红袍、白玉、大叶门、徽红、徽玉1号等品种，特点是丰产、品质佳、抗寒。

2. 配方平衡施肥

枇杷正常生长，要求叶片中的养分含量为：氮1.3%～2%、磷0.08%～0.15%、钾1.5%～2.25%、 钙1.7%～2.4%、 镁0.22%～0.38%、 硼50～150 mg/kg、 锰230～270 mg/kg。施肥以有机肥为主，有机肥占全年施肥量60%以上。采用环沟穴式施肥、条沟施肥等，各种方法可交互使用。有条件地区通过果园生草培肥土壤，推荐使用果树专用肥、水溶肥、袋控缓释肥，利用肥水一体化设施水肥同灌。不同树龄具体施肥如下。

（1）幼树 定植后1～2年生的幼年枇杷树以培养早结丰产树冠为主，此时施肥应在每株每年填埋秸秆或杂草10～15 kg、商品有机肥10～15 kg进行扩大改土的基础上，以有机肥为主、化肥为辅，以氮为主、适当配合施用磷钾肥，可采取环状沟施肥方法，每株每年施纯氮0.1～0.3 kg，氮磷钾比例为5∶2∶3，折合尿素0.4～0.6 kg、钙镁磷0.5～0.8 kg、氯化钾0.2～0.3 kg。施肥时期以每次抽梢前进行为宜。

（2）初结果树 定植后3～4年生的枇杷树，已进入初挂果阶段，但仍以培养丰产树冠为主。此时施肥应以有机肥为主、化肥为辅，以氮为主、适当增施磷钾肥，即株产10 kg果每年施纯氮0.4 kg，氮磷钾比例为1∶（0.4～0.5）∶（0.6～0.8），折合商品有机肥15 kg、尿素0.6 kg、钙镁磷1 kg、氯化钾0.5 kg。全年分3次施，壮果肥（春肥）、采果肥（夏肥）、基肥（秋肥），施肥量分别占全年的20%、40%和40%。

（3）盛果期树 定植5年后的枇杷树已逐渐进入盛产期，此时由于结果消耗了大量的钾元素，施肥应以有机肥为主、化肥为铺，均衡施用氮、磷、钾肥，尤其注意增施钾肥。即株产25～30 kg每年施纯氮1 kg左右，氮磷钾比例为

1：0.5：1，折合商品有机肥 25 kg、复合肥 1.5 kg、尿素 0.5 kg、钙镁磷 1.5 kg、氯化钾 1 kg。施肥时间和初结果树相同。

3. 病虫害绿色防控

坚持以"农业防治、物理防治、生物防治为主，化学防治为辅"的防治原则，选用抗病品种，提倡果实套袋，进行健身栽培，改善果园生态条件，采取生草栽培，行间种植豆科类绿肥，保护利用天敌，用黄板诱杀蚜虫，杀虫灯诱杀鳞翅目害虫，应用生物农药或高效低毒农药。

抓住防治关键时期：一是枇杷各次抽梢期（春、夏、秋）。此期的病虫害有为害叶部的灰斑病、褐斑病、叶斑病、轮斑病和炭疽病等病害以及黄毛虫、梨小食心虫和木虱等虫害；二是花期，此期也是秋梢抽生期，如遇秋雨不断，病虫害种类较多，为害也重，主要有花腐病、木虱、若甲螨、梨小食心虫、桃蛀螟等；第三是结果期，此期能否控制好病虫的为害，是关系到枇杷增产的关键，主要病害有炭疽病、褐腐病和黑腐病，主要虫害有梨小食心虫、桃蛀螟、椿象和介壳虫等。

4. 机械化

根据农机农艺融合的原则，主要包括采取宽行窄株栽培模式，配合矮化整形修剪栽培技术，农艺操作尽量采用机械，使用割草机、风送式打药机、旋耕机、枝条粉碎机等。

（二）生产管理

1. 定植

冬暖地区宜在秋季栽植。一般定植规格株行距 4 m×4 m，矮化密植株行距 2 m×4 m。挖定植穴长宽各 1 m，深 0.8 m 以上，孔穴下部填入腐熟粪肥 10~15 kg，与土拌匀，回土高出地面 20~30 cm。定植时覆土至根基部 5~10 cm 压实，定植后应在株旁立竿防止倾倒。

2. 施肥

按照前述平衡施肥原则进行。根外追肥作为枇杷平衡施肥的一种重要补充，开花前为补充树体营养、提高开花坐果质量，结合病害防治喷施 0.3%~0.4% 尿素、0.2%~0.3% 磷酸二氢钾、0.1% 硼砂水溶液；抽梢前后为促进新梢抽长和成熟，采果后为尽快恢复树势、促长夏梢，均可用 0.3%~0.4% 尿素与 0.2%~0.3% 磷酸二氢钾叶面喷施，连喷 2~3 次。

3. 整形修剪

一般苗木定植成活后，在主干距地面 30～40 cm 处留 3～4 条不与一层主枝重叠的主枝，连分 2～3 层，4～5 年后，将主干截顶修剪成空心圆头型树干。主要剪去过密枝、病虫枝和徒长枝等，修剪最适宜时间为果实采收后（夏季），在秋季花蕾开放前进行 1 次补充修剪。

4. 花果管理

在 10 月下旬至 11 月上旬，疏去侧枝上着生的花穗，选留主枝顶生花穗，对 4 年树一般 3 个枝头留 1 枝花穗，5 年以上树 2 个枝头留 1 枝花穗。疏果在 2 月上旬幼果如花生大小时进行，一般每穗留 4 个果，疏去病虫果、畸形果、冻害果和过密果等。4 月中旬进行套袋。

5. 病虫害防治

按照绿色防控技术要求进行。病害主要有日烧病、皱果病、灰斑病、褐斑病、叶斑病、轮斑病和炭疽病等。防治上要选择抗病品种，果实适时套袋，枝冠通风透光，减少各种伤害口，剪除被害枝叶并集中烧毁或深埋。药物使用上可选用波尔多液、多菌灵、硫菌灵、苯醚甲环唑等药剂。虫害主要有蚜虫、天牛、黄毛虫、梨小食心虫、桃蛀螟、椿象和介壳虫等。蚜虫，可利用生物防治，关键是保护和利用蚜虫的天敌，如瓢虫、草蛉等。注重预测预报，在虫口密度超过防治阈值时及时使用化学药剂防治。

（三）应用效果

1. 减肥减药效果

本模式与周边常规生产模式相比，可减少化肥用量 30%，化肥利用率提高 15% 左右；可减少化学农药防治次数 3 次，减少化学农药用量 30% 左右，农药利用率提高 5% 左右。

2. 成本效益分析

亩生产成本 4 000 元，亩产量 1 000 kg，亩收入 12 000 元，亩纯收入 8 000 元。

3. 促进品质提升

本模式下生产的枇杷，平均可溶性固形物在 13%～16% 以上，比常规模式高 2%。

（四）适宜区域

安徽省枇杷适宜区域。

（潘海发）

福建省云霄县枇杷化肥农药减施增效技术模式

一、云霄枇杷化肥施用现状

福建省云霄县是枇杷的传统产区，著名的中国枇杷之乡，枇杷是云霄农业的支柱产业，2019 年种植面积达 7 万亩，产量 4.5 万 t，全产业链产值 8 亿元，对当地农民的增收和脱贫致富发挥重大作用。云霄枇杷果实生长期处于冬半年，枇杷的亩产量一般为 600～750 kg，单果重在 50～60 g（早钟 6 号）、60～80 g（解放钟）、40～55 g（贵妃），当地农民为了追求更高的产量和更重的单果，常常过量施用化肥，特别是 N、P、K 大量元素肥，增加生产成本，引起土壤酸化，引发环境污染，甚至引起枇杷商品性和品质的下降。

（一）化肥施用量大，土壤酸化

目前，生产上普遍采取增施化肥来提高单果重和产量，云霄枇杷产区一般年施用肥料 5～6 次，化肥施用量为高浓度复合肥（15–15–15）150～250 kg/ 亩，碳酸氢铵 0～20 kg/ 亩，硫酸钾 0～20 kg/ 亩，过磷酸钙 0～20 kg/ 亩，硫酸镁 0～16 kg/ 亩，折合为纯氮 22.5～40.9 kg、五氧化二磷 22.5～40.9 kg、氧化钾 22.5～47.5 kg、镁 2.72 kg。在枇杷生产中，化肥过量使用，不仅造成土壤酸化，许多果园的土壤 pH 值在 5 以下，影响肥料吸收效果，盈余肥料流失引起的水体污染和富营养化等还对生态环境造成巨大威胁，而且由于劳动力老化和缺乏，化肥的施用方法以撒施为主，造成枇杷浮根，极易因天气而造成肥料流失和吸收不佳。

（二）化肥施用时期和肥料比例不合理，中微量元素缺乏

现枇杷的施肥比例为 N∶P∶K 为 1∶1∶（1~1.2），钾肥偏多，而且大量施用化肥造成土壤酸化，大量的主要元素施用抑制了中微量元素吸收，植株钙镁硼缺乏；在施肥时期上，不适当施肥，造成植株旺长冲梢，影响开花率。在 5—6 月有的果农复合肥施肥量达每株 1.5 kg，造成植株抽梢旺盛，肥料未能在 7—8 月消耗结束，让植株停止营养生长转入花芽分化，而影响开花率；9 月施用促花肥，应在花穗抽生 1~2 cm 以后进行施肥，有的农户依季节而在 8 月底就施用，遭遇雨季造成冲梢，影响开花率。

（三）化肥利用率低

由于劳动力老化和缺乏，化肥有机肥的施用方法以撒施为主，引起枇杷根系上浮，浮根造成根系吸收效果不佳，极易因天气骤变而造成水分吸收不平衡，生产上枇杷裂果严重。肥料易受到天气影响而流失，大量化肥在秋冬干旱季节施用，土壤湿度不够，影响了吸收效果，而且土壤酸化造成许多元素吸收不良，土壤的镁钙硼缺乏或处于临界，锰处于过量，由于锰过量而造成中毒，在 12 月底元月初容易易出现褐斑黄化落叶。2020 年产季因干旱、土壤酸化、元素拮抗等原因，再加上果实生长前期干旱，造成果实钙硼缺乏，果实裂果严重、果肉淡而无味、软，不耐贮运，严重影响枇杷经济效益。

（四）化肥施用成本高

化肥的施用成本，单株为 20~35 元，占枇杷总成本的 15%~25%，而云霄枇杷多年来的田头价为 5~6 元 /500 g，许多农户微利或只赚回成本，遭遇干旱天气和新冠肺炎疫情影响，难以保本，2020 年多数农户为亏本。

二、云霄枇杷农药施用现状

在枇杷生产中，病虫害是导致枇杷减产的重要原因。目前，枇杷病虫害防治的措施有化学防治和物理防治（套袋防虫）。在枇杷生产农药施用上局地存在的滥用乱用现象，不仅带来了严峻的环境问题，还制约着枇杷产业的健康发展，尤其是在枇杷花、枇杷叶的综合利用上，必须引起足够重视。

（一）常见病害及防治方法

1.叶斑病类

包括角斑病、胡麻斑叶枯病、灰斑病、轮斑病等。

（1）症状　①角斑病：只为害叶片，初期叶上出现赤褐色小斑点，后逐渐扩大，以叶脉为界，呈多角形，周围有黄晕，多数病斑可愈合成不规则形大斑。后期在病斑上长出黑色霉状小粒点，系分生孢子梗和分生孢子。为半知菌亚门枇杷尾孢霉 *Cercospora eriobotrya*e（Enjoji）Sawada。②胡麻斑叶枯病：以苗木发生为多，可侵染叶片和果实。发病初期叶面出现圆形暗紫色、边缘紫赤色的病斑，后期病斑成为灰白色或灰色，中央出现黑色小粒点（分生孢子器）。病斑大小 1～3 mm，初期病斑表面平滑，随后略变粗糙。叶背病斑淡黄色，病斑多时可愈合成不规则形大斑，叶干枯挂树上，叶脉上病斑为纺锤形，后期龟裂。果头发病时呈圆形、椭圆形紫色病斑，多病斑可愈合成不则形大斑。病原为半知菌亚门枇杷虫形孢 *Entomosporium eriobo* Takimoto。③斑点病：侵染叶片，病斑近圆形，缘发生呈半圆形。初为赤褐色小点，后逐渐扩大，中央灰黄色，外缘仍赤褐色，紧贴外缘处为灰棕色，上生黑色小点（即病原菌的分生孢子器），轮纹状排列。发生多时可愈合成不规则形大斑，引起叶枯。病原为属半知菌亚门枇杷叶点霉 *Phllosticta erlobotryae* Thuem.。④灰斑病：主要为害叶片，也可侵染果实。受害叶出现圆形至不规则形病斑，褐色至棕褐色，边缘为狭窄的黑褐色的环带，中央呈灰白色至灰黄色，上生黑色小点而稀疏，表皮干枯，易与叶肉脱离。多数病斑可愈合成不规则形大斑，后期病斑成灰白色，斑面出现暗灰色霉点（分生孢子梗及分生孢子）。果实被害，产生圆形、紫褐色、水渍状凹陷病斑，其上散生黑色小粒（分生孢子盘）。病原为半知菌亚门拟盘多毛孢菌 *Pestalotia eriobofolia* Desm.。

斑点病与灰斑病主要区别：前者病斑较小，后者病斑较大。前者上生黑色小粒较细，后者粗而疏。⑤轮纹病：为害叶片，多自叶缘先发病，病斑半圆形至近圆形，直径 3～7 mm，淡褐色至棕褐色，后期中央变为灰褐色至灰白色，边缘褐色，病、健部分界清晰，斑面微具同心轮，上生细小黑点，即病原菌的分生孢子器。受害后引起叶枯，削弱树势。轮纹病与灰斑病主要区别：前者为害叶片，病斑较灰斑大，且具轮纹，后者为害叶片和果实，斑面不具轮纹。病原为半知菌亚门壳二孢菌 *Ascochyta eriobotryae* Vogl.。

（2）发生规律　叶斑病类病害主要发生在夏梢期间，为害此时期抽生的新梢，特别是新梢期雨水多时发生较严重。

（3）防治方法　结果树夏梢喷药 1～2 次，幼龄树每次新梢喷药 1～2 次，用

50% 硫菌灵 500～600 倍液，或 50% 多菌灵 800～1 000 倍液，或敌力脱 1 500 倍液，或代森锰锌 600 倍液。

2. 炭疽病

（1）症状　主要为害果实，为果实成熟期一个主要病害，通常以湿度大，排水不良，土壤透气性差，氮肥施用过重的枇杷园发病重。先在果实上发生淡褐色水渍状病斑，后期病斑发展很快，病斑上发生小黑点，排列成同心轮纹状，迅速扩展，果面凹陷，腐烂。天气潮湿时会溢出淡红色黏质物（分生孢子）。依套袋材料不同，铝塑膜袋套袋，果实腐烂不干缩，极易感染相邻果实，牛皮纸袋则病果干缩或脱落。病原无性世代为果生盘长孢 *Joeosprium fructigenum* Berk，属半知菌亚门。

（2）发生规律　以菌丝体和分生孢子盘在病果，病枯梢上越冬。翌春遇适宜条件，产生分生孢子，借风雨、昆虫传播为害。发病时期一般为 3 月中下旬开始，春季温暖多雨年份发病多。在福建云霄晚熟品种发生较严重，果实有裂痕处容易感染，铝塑膜袋因袋子中湿度不易散发，病害较严重。

（3）防治方法　咪鲜胺 1 500 倍液，或苯醚甲环唑 2 000 倍液，或凯润 2 000 倍液，或百泰 1 500～2 000 倍液等。

3. 心腐病

（1）症状　为害果实，幼果期可见果实外观变黄色，纵径变短，提前转色，至转色期、成熟期依发病程度有逐渐加深的暗淡颜色直至褐变，切开果实可见果实心皮褐变，种子粘连一团，症状轻的采果后 2～3 d 果实褐变腐烂。

（2）发生规律　据推测，从花期开始感染潜伏，花期幼果期雨水多，发病重，亦有研究认为蓟马等伤口有利于感病。

（3）防治方法　防治方法与炭疽病相同。

4. 枝干腐烂病

（1）症状　为害主干、主枝和木栓化枝条，受害后出现不规则病斑，病健交界处产生裂纹，病皮红褐色，粗糙易脱落，且留下凹陷痕迹，随后病斑沿凹痕边缘继续扩展。未脱落病皮则连接成片，呈现鳞片状翘裂。受害皮层坏死以至腐烂，严重时可深达木质部，绕枝干一周，致使枝枯以至全树死亡。小枝梢受害，形成不规则病斑，引起落叶枯梢。后期病部可见黑色小点粒，即病原菌的分生孢子器。病原为半知菌亚门壳大卵孢菌 *Sphaeropsis malorum* Peek。

（2）发生规律　病菌以菌丝体和分生孢子器在树皮中越冬。夏季雨水多，条件适宜时，从皮孔和伤口侵入，长势差、杂草多的果园发病重。

（3）防治方法　代森胺300倍液，或乙酸铜800～1 000倍液，或硫酸铜钙600～800倍液浇主干分枝处。

5. 疫病

症状　为害果实，病果局部或全部呈现褐色，水浸状，病、健部无明显界限。病原为藻状菌亚门棕榈疫霉菌 *Phytopthoa palmivora* (Butl.)。

（二）常见虫害及化学防治方法

1. 橘小实蝇

（1）发生规律　每年发生9～12代，无明显的越冬现象，田间世代发生叠置。成虫羽化后需要经历较长时间的补充营养（夏季10～20 d；秋季25～30 d；冬季3～4个月）才能交配产卵，卵产于将近成熟的果皮内，每处5～10粒不等。每头雌虫产卵量400～1 000粒。卵期夏秋季1～2 d，冬季3～6 d。每年在4月中旬可见为害，冬季无霜年份，越冬虫源多，发生严重；幼虫孵出后即在果内取食为害，被害果可见针孔小点，有时有汁液泌出，随着幼虫发育，果实果肉糜烂无食用价值。

（2）防治方法　橘小实蝇为害多于4月中旬可见为害，因处于果实成熟期，果农只采用敌敌畏800倍液，或高效氯氰菊酯1 500倍液点喷果园杂草进行驱赶。

2. 螨类

有枇杷叶螨 *Eotetranvchus* sp. 和枇杷全爪螨 *Panonychus* sp.。

（1）发生规律

枇杷叶螨发生规律：为害枇杷叶片，呈黄色斑块，受害处常凹陷畸形，为害花序造成花序萎蔫，幼果。年发生15～17代，以卵和成螨在枝条裂缝及叶背越冬，3—4月枇杷春梢抽发后，即迁移至新梢上为害。1年中春梢、秋梢抽发期为害最为严重。枇杷叶螨营两性生殖，也有孤雌生殖现象，但后代多为雄螨。卵多产于叶片及嫩枝上，以叶片主脉两侧较多，被害叶片呈黄色斑块，受害片常凹陷畸形，凹陷处常有丝网覆盖，虫即活动和产卵于网下。

枇杷全爪螨发生规律：成虫、若螨为害枇杷叶片，被害叶片叶面呈灰黄色小斑点，严重时全叶灰白，造成落叶，为害花序影响坐果。全爪螨通常在6—7月干旱的季节及 11 月至翌年 2 月间发生，长期干旱月份，在老叶或荫蔽处的叶片基部 5 cm 处的叶表常可发现黄色小斑或螨体出现。

（2）防治方法　哒螨灵 2 000 倍液，或 5% 氟虫脲 1 500 倍液，或噻螨酮 2 000 倍液，或阿维菌素 1 500 倍液。

3.蓟马

（1）发生规律　枇杷蓟马主要为害各种花、嫩叶和果实。近来花蓟马在枇杷上为害渐趋严重，10—11 月在花部大量滋生，并侵害花及幼果。为害花时，常锉吸花瓣汁液，影响授粉及花器发育。为害幼果时造成果实表皮粗糙疤痕影响商品价值。

（2）防治方法　为确保果实不受蓟马为害，可在开花期、幼果期开始施药防治，应用啶虫脒 1 500～2 000 倍液，或吡虫啉 1 500～2 000 倍液，或乙基多杀菌素 2 000 倍液。

4.黄毛虫

（1）发生规律　主要为害嫩芽、嫩叶，也能为害幼果。

（2）防治方法　高效氯氰菊酯 1 500 倍液。

三、云霄枇杷化肥农药减施增效技术模式

（一）核心技术

本模式的核心内容主要包括"改良土壤＋合理施肥＋绿色防控＋改良套袋技术＋机械化"。

1.改良土壤，合理施肥

针对目前枇杷园土酸化，枇杷株施土壤调理剂 1 kg 或每 2 年株施石灰 2 kg，施用时间为采果后的夏季或秋季浅松土时施用，通过增施石灰等，调节土壤 pH 值为 6 左右。增施有机肥，8 月中下旬提前进行拉沟断根促花，待花穗大小 1 cm 即可用有机肥进行回填，株施优质有机肥 15 kg。减少化肥施用次数，年施 4 次，采后肥为复合肥（15-15-15）0.5 kg＋尿素 0.5 kg 撒施；壮梢肥复合肥 0.2～0.3 kg＋硫酸钾 0.1～0.2 kg，施用时间为 6 月上中旬；壮花肥复合肥 1 kg＋0.3 kg 氧化镁，可结合回填有机肥时施于沟底，施用时间为大部分花穗大小 1～2 cm 时；壮果肥疏果套袋前后进行，约在元旦，株施复合肥 1 kg＋硫酸钾 0.2 kg，穴施。根外追肥：8 月中下旬根据植株物候和雨水，观察枝条成花情

况，若末枝梢未停止生长，喷施 0.4% 磷酸二氢钾 +0.1% 硼砂 2～3 次促花；花期、幼果期叶面喷施氨基酸钙 1 000 倍液加 0.1% 硼砂 2 次。

2.橘小实蝇、炭疽病绿色防控

对晚熟品种，改铝塑膜袋套袋为牛皮纸袋或 3～4 层报纸袋套袋，套袋时扎紧果袋，做到密封，防治橘小实蝇进入袋子，防治炭疽病果再次感染相邻果实。3 月下旬在果园悬挂黄板，诱杀橘小实蝇。加强果园水分管理，在花期、幼果期增加氨基酸钙 1 000 倍液、硼砂 1 000 倍液 2 次，结合花果期喷药进行，防止裂果，减少伤口，减少炭疽病。

3.机械化耕作

主要是挖穴机深施肥料，吸引根系往深处生长，提高肥料水分的吸收效果，减少裂果，改善品质。

（二）生产管理

调查果园土壤的 pH 值，有条件可在 10 月采集叶片进行叶片营养诊断。根据 8—9 月的降水情况和物候，决定植株的花芽分化调控。准备好果园的灌溉水与设备，保证秋冬开花坐果和果实发育。采用悬挂黄板等方法，观察果园病虫发生情况，及时进行精准防治。根据采收期的天气，合理控制果实成熟度，减轻不良天气造成的损失。

（三）应用效果

1.减肥减药效果明显

本模式与周边常规生产模式相比。可减少化肥使用量 15%，化肥利用率提高 8%，减少化学农药防治次数 1～3 次，减少化学农药用量 10%，农药利用率 5%，橘小实蝇为害率控制在 1% 以下（晚熟种），炭疽病为害率控制在 1.5%（晚熟种）。

2.成本效益分析

亩成本 7 200 元，亩产量 1 600～2 000 kg，亩收入 9 600～12 000 元，亩均纯收入 3 000 元左右。

3.促进品质的提高

本模式下生产的枇杷，平均固形物为 9.5%（早钟 6 号）、12%（贵妃），比常规提高 1%～2%，商品果然率提高 5%，售价提高 1～2 元 /kg。

（四）适宜区域

云霄县及周边产区。

（陈天佑）

湖南省津市市枇杷化肥农药减施增效技术模式

一、枇杷化肥施用现状

枇杷，别名芦橘、金丸、芦枝，蔷薇科枇杷属植物。成熟的枇杷味道甜美，营养颇丰。作为一种特色传统水果，枇杷的种植历史悠久，但由于其种活容易、种好难以及果品保存期短等问题，枇杷在津市市多为散户小面积种植，农户栽培技术不高，为了获得更高的产量，常常过量施用化肥与农药，不仅增加种植成本，引发环境污染，甚至还造成枇杷产量和品质的下降。

（一）化肥施用过量

目前，生产上为提高产量，普通枇杷园的化肥施用量大，每公顷施尿素 $1\,200\sim2\,000$ kg/hm^2、复合肥 $2\,000\sim2\,500$ kg/hm^2、硫酸钾 $500\sim1\,000$ kg/hm^2、过磷酸钙 $1\,500\sim2\,000$ kg/hm^2。过量施用化肥会使土壤团粒结构遭到破坏，造成土壤板结，产量下降。化肥的大量使用，还造成土壤部分有益菌生物死亡。

（二）化肥利用率低

氮肥利用率只有 30%～50%，磷肥的利用率 10%～25%，钾的利用率也只有 50% 左右。化肥大量使用使果品品质下降。由于作物不仅仅需要氮、磷、钾，同时还需要钙、铁、锌、硒等许多微量元素，而化肥一般成分比较单一，长期使用化肥易使作物营养失调，从而导致作物内部转化合成受阻，导致作物品质下降。

二、枇杷农药施用现状

在枇杷生产中，病虫害是导致减产和枇杷果实商品率下降的重要原因。目前，防治枇杷病虫草害的措施有化学防治、物理防治、生物防治和农业防治等，其中，化学防治因高效便捷、省时省力，仍是当前的主要防治手段。但枇杷生产过程中农药滥用、乱用现象十分普遍且长期存在，不仅带来了严峻的环境问题，还制约了枇杷产业的健康发展。

目前，枇杷主要害虫有黄毛虫、舟形毛虫、黄毒蛾、蓑蛾、刺蛾等，生产上一般用高效氯氰菊酯、啶虫脒等防治。

枇杷主要病害有以下几种。

1. 炭疽病

（1）症状　主要为害幼苗、叶片及果实。严重影响枇杷种植的产量，造成经济损失。幼苗受害后，使叶片大量枯死脱落，严重时，苗木全株枯死。叶片受害，形成圆形至近圆形的叶斑，病斑后期中央灰白色，边缘暗褐色，直径 3～7 mm，扩展后可互相愈合成大斑。果实受害后，在果上形成圆形、淡褐色、水渍状的病斑，后期病斑凹陷，病部生有粉红色的颗粒，为病原菌的分生孢子团。

（2）发生规律　有的年份发生较多，尤以育苗期受害较重。果实成熟期遇暴风雨或果实受害虫为害重，该病易严重发生。

（3）防治方法　抽梢期、花期和幼果期是炭疽病侵染的主要时期，要进行喷药保护，视天气和发病情况，每隔 10～15 d 喷 1 次药。常用药剂有 1∶1∶200 波尔多液，或 50% 多菌灵可湿性粉剂 500～600 倍液，或 70% 甲基硫菌灵可湿性粉剂 800～1 000 倍液，或 75% 百菌清可湿性粉剂 500～600 倍液。

2. 疮痂病

（1）症状　病害发生后，果实呈现褐色锈状病斑，有时也会出现果实表面丛生暗黄色茸。叶受害会在叶脉出现褐色长形茸斑，茎受害后也会出现和果实一样的症状，只是病斑是长形的，主要发生在嫩茎上，茎老化会消失。

（2）发生规律　主要为害果实，还会为害叶片、茎，发生普遍。

（3）防治方法　在没有发病时可以每个月喷洒 1 次波尔多液或是百菌清来预防发病。发病初可以使用 50% 的多菌灵来防治，重在改善症状。在果实生长期间发病后要使用 70% 代森锰锌可湿性粉剂 500 倍液，或 50% 福美甲胂可湿性粉剂 600 倍液进行喷雾保护防治，半个月喷洒 1 次，连续 2～3 次。

3.花腐病

（1）症状　干腐型花轴表皮变褐，病斑沿花轴逐渐向整个花序扩展，花轴变褐部分至花序皱缩干枯呈萎蔫状。湿腐型花序发病，病斑灰褐色，病蕾变褐枯死，花受侵害时，部分花瓣变褐色皱缩腐烂，湿度大时，上面常有灰色的霉状物出现。

（2）发生规律　花穗期雨水多湿度大、气温高是发病的主要因素。

（3）防治方法　50%多菌灵500倍液，或70%甲基硫菌灵800倍液，或40%百可得2 000～3 000倍液加72%农用硫酸链霉素5 000倍液，或10%苯醚甲环唑3 000倍液，或80%代森锰锌600倍液，在防治期各喷药1次。

4.叶斑病

（1）症状　叶斑病包括斑点病、角斑病和灰斑病，主要为害叶片，引起早期落叶，使树势衰弱。灰斑病还为害果实，引起果实腐烂。

（2）发生规律　该病为真菌性病害，病菌多从嫩叶气孔或果实皮孔及伤口侵入。在温暖潮湿环境易发生，1年可多次侵染，梅雨季节发病严重。

（3）防治方法　搞好排水、修剪和清园，改善环境条件，增强树势，提高抗病力。春、夏、秋梢抽生初期喷70%甲基硫菌灵800～1 000倍液，或50%多菌灵800～1 000倍液，隔10～15 d再喷1次。

三、枇杷化肥农药减施增效技术模式

（一）核心技术

枇杷化肥农药减施增效技术模式主要包括以下几个方面。

1.优良品种

品种选择在津市表现较好的大五星、白玉等品种，大五星为大果型品种，果粒可达100 g，完熟后可溶性固形物可达20%左右，市场接受度高。

2.减施化肥、增施有机肥

通过增施有机肥，从而大量减少化肥的施用，每年肥料施入的主要是300～600 kg/hm^{2}的水溶肥与2次足量的有机肥。

第1次是采果后施足采果肥，用富硒生物有机肥2 250 kg/hm^2，使枇杷及时恢复树势，提高树体抗性。同时，深施采果肥，有利于改良土壤环境、更新根系萌发新根。

第2次是10月底施基肥，用专用有机肥6 000 kg/hm²，使树体积累营养物质，促进花芽生理分化，同时为翌年花果生长打好营养基础。

3. 采用水肥一体化提高肥料利用率

每年主要通过水肥一体化设备施入水溶肥300～600 kg/hm²，分2次施入。再在枇杷生长期配合水肥一体化施水加入少量尿素作为追肥等。水肥一体化设备能在枇杷施肥后保持土壤湿润，大大地提高了肥料的利用率，同时也节省了人工成本。

4. 病虫害绿色防控

主要通过苏云金杆菌搭配戊唑醇、咪鲜胺、宁南霉素来防治病虫害，防治效果好，防治时间比施用普通农药长。其中，苏云金杆菌是一种微生物源低毒杀虫剂，用于防治直翅目、鞘翅目、双翅目、膜翅目，特别是鳞翅目的多种害虫。

枇杷果实成熟前通过套袋来防治病虫害，比常规不套袋栽培减少3次以上化学农药防控。

采用杀虫灯等物理防治方法，在枇杷生产基地每25亩配备1个杀虫灯来防治虫害。

（二）应用效果

1. 减肥减药效果

本模式与周边常规生产模式相比，减少化肥用量50%以上；减少化学农药防治次数3～5次，减少化学农药用量25%～41%。

2. 成本效益分析

亩生产成本12 000元，亩均产量1 000 kg，亩收入可达20 000元，亩均纯收入10 000元左右。

3. 促进品质提升

本模式下生产的枇杷，平均可溶性固形物在15%以上，比常规模式高4%～5%。

（三）适宜区域

津市市及周边产区。

（李树举、段慧）

四川省枇杷化肥农药减施增效技术模式

枇杷是四川省极具特色的优势特色水果产业之一，主要分布于四川龙泉山脉（双流区、龙泉驿区、仁寿县、简阳市）、川南（泸州、宜宾）、川西北高海拔区（阿坝州、广元市、南充市）、川西南地区（石棉、康定）及攀西地区（德昌、米易）等区域，全省枇杷栽培面积约 60 万亩，产量约 40 万 t，在农村经济发展、带动贫困山区脱贫致富及乡村振兴中占有重要地位。在促进枇杷增产增收的同时，化肥农药的大量使用造成土壤板结、酸化、农药残留等问题日益突出，严重影响到了枇杷产品质量安全及农业生态环境安全。因此，需要加快改变传统施肥施药方式，在稳产、增产前提下，大力推行枇杷化肥农药减施增效技术模式，实现枇杷产品质量安全、农业生态环境保护的协调发展，促进枇杷产业节本增效、提质增效。

一、枇杷化肥施用现状

为了迅速获得产量，提高经济效益，四川枇杷种植基地使用肥料以化学肥料为主，有机肥使用量偏少。纯氮磷钾施用量为 30.3～86.7 kg/ 亩，平均值为 50.2 kg/ 亩，施用氮磷钾比例平均值即 N∶P_2O_5∶K_2O 为 1.32∶1∶0.77，施肥量与植株吸收氮磷钾比例不匹配，普遍存在氮肥和磷肥施用量偏多，钾肥施用量偏少等问题，种植基地之间的施用量差异较大，总体而言，缺乏氮磷钾的合理配施。化肥施用有撒施、沟施、穴施、淋施等多种方法，以撒施为主，肥料利用率不足 30%。

二、枇杷农药施用现状

四川枇杷生产过程中施用的农药主要针对叶斑病、干腐病、花腐病、蚜虫、红蜘蛛、实心虫等"三病三虫"进行防治。杀虫杀菌剂的主要种类有有机硫类杀菌剂（代森锰锌、甲基硫菌灵）、三唑类杀菌剂（三唑酮、戊唑醇、己唑醇）、甲氧基丙烯酸酯类（嘧菌酯、吡唑醚菌酯）、烟碱类（吡虫啉）、拟除虫菊酯类杀虫剂（高效氟氯氰菊酯）等，生物农药使用率偏低，常规年施药次数6～10次，每亩药剂用量2.5～3.5 kg，农药的施用次数和使用量偏高。由于四川气候类型多样，枇杷栽培区域分布广泛，栽培区域间、种植基地间用药量和用药次数差异较大，攀西地区及川西北高海拔区用药次数一般为6～7次，龙泉山脉、川南、川西南等区域一般为8～10次。

三、枇杷化肥农药减施增效技术模式

（一）核心技术

本模式的核心内容包括"优良品种＋营养配方施肥＋土壤地力培肥＋病虫害绿色防控"。

1. 优良品种

在四川地区表现突出的品种有大五星、龙泉1号、早钟6号等，其中，大五星、龙泉1号为晚熟品种，早钟6号为早熟品种。

2. 营养配方施肥

采用建园时重施有机肥，生长期管道灌水与施肥相结合的肥水一体技术措施，提高肥水利用效率，节省施肥用工，防治土壤板结，提高枇杷产量和品质。

3. 土壤地力培肥

通过在枇杷行间种植三叶草、苕子、紫花苜蓿、黑麦草和鼠茅草等，大力推广行间生草以及将果园修剪后的枝叶粉碎还田于树盘，起到提高土壤有机质、保墒的作用。

4. 病虫害绿色防控

通过运用频振式杀虫灯、性诱剂、糖醋液等物理措施和释放壁蜂、赤眼蜂、扑食螨等生物措施减少枇杷园农药投入和喷药次数，提高病虫害绿色防控水平。同时，以枇杷生产上重要的"三病三虫"（叶斑病、干腐病、花腐病、蚜虫、红蜘蛛、实心虫）为防控重点，开展虫情测报、病情监测，以理化诱控、"灯、板、带"为主的防控措施，动态控减病菌和虫口基数，并配合科学用药控制病虫暴发成灾。

（二）生产管理

1.果园地选择

选择交通方便的地方建园，以深厚肥沃，pH值6～6.5的微酸性土壤为最好；坡地建园时坡度应小于30°，按等高线开成向内倾斜的梯田，并且合理规划道路和排水系统。

2.土壤改良

枇杷为浅根系，定植前对土壤进行深翻改土或壕沟压绿或大穴压绿，将苗木定植于沟上或大穴上，以后每年向外扩穴深翻压绿，以提高土壤透气性和肥力，引根深入土中，增强根系生长，扩大根群分布，使植株生长健壮，增加抗风力。对平地或黏性土，每2～4行开沟排水，沟宽40 cm，深50～60 cm。

3.定植

按（3.5～4）m×4 m株行距挖定植穴、定植穴长宽高均为80 cm×80 cm×80 cm，穴内施腐熟有机肥如鸡牛猪粪20～25 kg和土拌匀，回填出地面15～20 cm，定植时间为10月至翌年3月。种植时将苗放于定植点上，前后对齐，扶植根系，填土压实，封土到嫁接口，嫁接口需高于地面2～4 cm。

4.土肥水管理

推行种植绿肥和行间生草，种植的间作物应与大五星枇杷无共性病虫害的浅根、矮秆植物，以白三叶、紫花苜蓿、苕子和禾本科黑麦草、鼠茅草等，适时刈割翻埋于土壤或覆盖于树盘。每年7—8月结合秋施基肥深翻扩穴。从树冠外围滴水线处开始，逐年向外扩展，挖环状沟或平行沟，沟宽50 cm，深30～60 cm。土壤回填时混入有机肥，然后充分灌水；根据园地土壤大、中、微量元素含量丰缺和枇杷营养特点，重施有机肥（堆肥、厩肥、沼气肥、绿肥、作物秸秆肥、农家肥、商品有机肥等），合理使用化肥，全年化肥施用不超过3次；推行营养配方施肥技术。幼果迅速膨大期、果实成熟期如遇干旱以及秋施基肥时应充分灌水，推行灌溉施肥技术。

5.整形修剪

采用主干分层形树形，干高40～60 cm，第一层和第二层分别选留3～4个主枝，层间主枝交错均匀分布；第三层选留 2～3 个主枝；层间距为 70～100 cm，每个主枝配置 2～3 个侧枝，呈顺向排列。树高 1.8～2.4 m。采用春季、夏季、秋季修剪相结合的修剪方式，春季修剪在 2—3 月进行，以轻剪为主。幼年树采取抹嫩梢的方法抹去多余的梢，选留方向、位置适宜的梢。成年结果树通过疏梢减少枝梢数，使结果枝组充实健壮。对大年树的结果枝进行疏删，保持全树生长枝与结果枝的比例为 2：（3～4）；夏季修剪在采果后，夏梢抽发前进行。老树重剪，壮旺树轻剪。疏除密弱枝、病虫枝、穿堂乱形枝、光秃枝；回缩衰老枝、延伸过长的下垂枝；秋季修剪在现蕾后进行。剪除病虫枝、密生枝、徒长枝、下垂枝，调整结果枝与营养枝的比例。

6. 花果管理

枇杷花期为 10 月，成熟期四川攀西地区为 12 月至翌年 4 月，龙泉山脉、川南地区为 4—6 月，川西北高海拔区域为 7 月。疏果从疏花开始，花穗现蕾伸长时，只留基部 10 朵花而将上部的摘除。也可留花于花穗的一侧，以便将来套袋。经幼果期落果后，于果实横径有 1.5 cm 时定果。大果型品种（如解放钟）留果 2～3 枚，中大型品种（如大五星）留果 3～4 枚，中型品种（如早钟 6 号、龙泉 1 号）留果 4～5 枚。疏果定果之后即可套袋，通常是用报纸做成纸袋，将果串整个套入袋中，袋口用钉书机锁定。

7. 果实采收

枇杷果实成熟前 15～20 d 膨大最快。开始变黄时酸味很浓，果皮呈橙红色时即是成熟。挂树过久糖酸都会缓慢下降，并且果皮皱缩，采收必须及时。采果时应手拿果柄，用剪刀留 15 mm 剪下，轻放入筐中。要尽可能保存果粉与果毛，避免机械损伤。

8. 病虫害防治

（1）农业防治　因地制宜，选择抗性品种和砧木；科学整形，合理修剪，保持树冠通风透光良好；冬季清园，剪除病虫枝、清除枯枝落叶、翻树盘、地面覆盖、科学施肥、合理负载等措施增强树势，抑制或减少病虫害的发生。

（2）物理防治　根据病虫害生物学特性，采取糖醋液、黑光灯、频振式杀虫灯、树干缠草把、粘虫板和防虫网等方法诱杀害虫。

（3）生物防治　保护瓢虫、草蛉、捕食螨等天敌；利用有益微生物或其代谢物，如利用昆虫性激素诱杀。

（4）化学防治　根据防治对象的生物学特性和为害特点，在病虫测报的基础上，使用与环境友好，高效、低毒、低残留的农药，并交替使用农药。提倡使用生物源农药、矿物源农药。禁止使用剧毒、高毒、高残留和致畸、致癌、致突变农药。使用化学农药时严格控制施药量与安全间隔期，并遵照国家有关规定。

（三）应用效果

1. 减肥减药效果

本模式与周边常规生产模式相比，全年生育期内减少化肥用量 26.5%，化肥利用率提高 20.6%，年均减少化肥农药使用次数 3～4 次，减少化学农药使用量 18.6%，农药利用率提高 13%。枇杷重要的"三病三虫"（叶斑病、干腐病、花腐病、蚜虫、红蜘蛛、实心虫）发生率控制在 10% 以下。

2. 成本效益分析

与传统模式相比，该技术平均每株减少肥料成本 3.78 元（传统肥料每年化肥投入成本按 600 元 / 亩计），合计 159 元 / 亩；每株减少农药成本 1.42 元（传统农药每年投入按 320 元计），合计 59.52 元 / 亩；亩减少人工用量 5 个，亩人工投入减少 500 元（人工按照 100 元 / 个计），化肥农药减施增效 718.52 元 / 亩。本模式下枇杷亩生产成本 4 500 元，亩产量 1 250 kg，亩收入 12 500 元，亩纯收入 8 000 元。

3. 促进产量和品质提升

与传统模式相比，通过行间生草，枝叶还田覆盖，提高土壤有机质 1.2%；枇杷亩产量达 1 250 kg，比传统亩产量提高 12.4%，商品果率达 87.4%，比传统模式提高了 12.5%，平均可溶性固形物为 15.6%，比传统模式提高了 0.9%，产量和品质显著提升。

（四）适宜区域

四川省枇杷主产区。

（祝进、陶炼）

云南省永善县枇杷化肥农药减施增效技术模式

一、枇杷化肥施用现状

枇杷是云南省永善县传统的经济作物，作为重要农业支柱产业和脱贫致富发展产业，在促进当地枇杷种植区农民增加收入和扩大就业等方面发挥着重要作用。枇杷生长期中，当地枇杷果农为了追求更高的产量，常常过量施用化肥和不合理用肥等，不仅增加种植成本，还引发环境污染，甚至造成枇杷产量和品质的"双降"。

（一）化肥施用量大

目前，生产上种植户普遍采取增施化肥以获得高产。据调查，永善县多数枇杷产区化肥施用量为尿素 75～150 kg/hm²、过磷酸钙 150～180 kg/hm²、高浓度复合肥（18-6-28）1 200～1 500 kg/hm² 或硅谷复合肥（18-8-26）750～1 125 kg/hm²。在枇杷生产中，化肥尤其是氮肥的过量施用不仅造成枇杷种植区土壤质量和枇杷品质的逐渐下降，加之浅表施肥方式树体根系吸收少，导致盈余肥料流失引起的水体污染和富营养化等还对生态环境构成威胁。

（二）化肥利用率低

在枇杷生产中，化肥当季利用率较低，不足 27%。分析导致永善县枇杷化肥利用率低的原因，主要包括：①肥料品种不同。同类元素肥料品种不同，肥料利用率则不同，如碳酸氢铵利用率为 27%、尿素为 35%、硫酸铵为 45%。②施肥方式不科学。例如碳酸氢铵深施覆土利用率为 40%，但表施就只有 25%。一般来说，表层施用肥效利用率低，会比深施下降 15%～30%。③施肥结构不合理，氮、磷、钾比例失调。目前，有些农民仍按传统的经验施肥，存在着严重的盲目性和随机性，看到产量下降就加大化肥用量。④土壤含水量不同。土壤含水量对肥料利用率的影响大，在一定的田间持水量范围内，肥料利用率随土壤水分减少而降低，但水分过多时会造成肥料的淋溶，肥效也会降低，其中，一部分由于淋失、挥发或被土壤固定而成为作物不可利用的形态。

二、枇杷农药施用现状

在枇杷生产中，病虫草害是导致减产和品质下降的重要原因。目前，防治枇杷病虫草害的措施有化学防治、物理防治、生物防治和农业防治等。其中，化学防治因高效便捷、省时省力，仍是永善县枇杷种植户当前的主要防治手段。但枇杷生产过程中农药滥用、乱用现象十分普遍且长期存在，不仅带来了严峻的环境问题，还制约了枇杷产业的健康发展。

（一）农药施用量大

当地果农对化学农药的长期单一、大剂量和大面积施用，极易造成害虫产生抗药性，导致防治效果下降甚至失效，继而导致用药剂量逐渐增加，形成"虫害重—用药多"的恶性循环。同时，过量农药在土壤中残留能造成土壤污染，进入水体后扩散造成水体污染，或通过飘失和挥发造成大气污染，严重威胁生态环境安全。

（二）农药依赖度高

在永善县枇杷种植区，目前防治枇杷瘤蛾采用1.8%阿维菌素2 000～3 000倍液喷雾；枇杷梨小食心虫防治采用天王星乳油6 000～8 000倍液，或50%杀螟松乳油1 000倍液，或25%苏脲1号1 000倍液，或95%巴丹可溶性粉剂3 000倍液，或20%灭扫利乳油3 000～5 000倍液，或2.5%功夫乳油2 500～3 000倍液，或1.8%阿维菌素2 000～3 000倍液喷雾。

（三）施用技术及药械落后

农民在长期种植枇杷过程中虽然总结出一些施药经验和办法，但施药方式不够科学合理。同时，当地个体果农主要采用一家一户的分散式防治手段进行病虫草害防治，且多选用小型手动喷雾器等传统药械，因药械设备简陋、使用可靠性差等，导致药液在喷施过程中常出现滴漏、飘失、喷洒不均等情况，其利用率降低。

三、枇杷化肥农药减施增效技术模式

（一）核心技术

本模式的核心内容主要包括"有机肥＋配方平衡施肥＋绿色防控"。

1. 有机肥＋配方平衡施肥

有机肥＋配方平衡施肥采用"畜禽粪污→堆肥（沤肥）→有机肥→（有机肥＋微生物菌剂＋水溶肥）入田"的技术模式，有机肥选用腐熟羊粪或牛粪，微生物肥料海藻菌肥微生物菌剂（有效活菌数≥5×10^8/g，总养分（N+P$_2$O$_5$+K$_2$O）≥5%，有机质≥45%，含海藻活性成分，40 kg/包），有机水溶肥选用大量元素水溶肥料（N-P$_2$O$_5$-K$_2$O：12-6-32+TE，总养分≥50%，20 kg/包）。当年7—8月亩施有机肥550 kg和亩施微生物菌剂80 kg；翌年1—2月亩施大量元素水溶肥40～50 kg。

2. 绿色防控

生产中提倡绿色防控，挂频振式太阳能杀虫灯，挂黄板，诱杀成虫。采用低毒、低残留、高效农药、生物农药等进行防治。禁止施用国家明令禁止的中毒、高毒、剧毒农药。

（二）生产管理

加强栽培管理，适时做好清园工作，多施有机肥，增施磷钾肥，增强树势则抗病性强，控制速效氮肥使用量，防止徒长，对生长过旺枝蔓适当修剪，使枇杷园通风降湿，抑制发病，适时用药防治。雨季要做好排水工作，干旱时则要及时灌溉。

（三）应用效果

1. 减肥效果

本模式与周边常规生产模式相比，可减少化肥用量20%，化肥利用率提高3%。可减少化学农药防治次数1次，减少化学农药用量32.3%，农药利用率提高7.2%。地下害虫为害率控制在3%以下。

2. 成本效益分析

亩均生产成本1 200元，亩均产量1 100 kg，亩均收入4 400元，亩均纯收入3 200元。

3. 促进品质提升

本模式下生产的枇杷，平均糖分在 9% 以上，比常规模式高 1%。

（四）适宜区域

永善县年平均温度 12 ℃以上的地区。

（张锴）

蓝莓化肥农药施用现状及
减施增效技术模式

辽宁省蓝莓化肥农药减施增效技术模式

一、蓝莓化肥施用现状

蓝莓果实较小，单果重 0.5～2.5 g，果肉细腻，甜酸适口，风味独特。蓝莓果实营养含量相当丰富，是公认的集营养与保健为一体的特色水果。截至 2018 年年底，辽宁省栽培面积 6 134 hm²，其中，设施蓝莓栽培面积达 1 067 hm²，占辽宁省栽培总面积的 17.4%。

辽宁地区蓝莓化肥的施入主要以复合肥和硫酸铵为主，复合肥主要以氮、磷、钾比例为 1∶1∶1 的复合肥居多。追肥时期一般为萌芽期与幼果发育期，个别生长衰弱的园区，采收结束后追加 1 次。施肥量一般为每亩复合肥 10～50 kg，硫酸铵 10 kg 左右。一般沟施或撒施，施肥深度 10 cm 左右，个别有滴灌条件的果园采用滴灌施肥。

二、蓝莓农药施用现状

随着辽宁省温室蓝莓商业化种植面积和年限的增加，病虫害逐步凸显并加重，成为影响蓝莓生产健康发展的限制性因素。露地蓝莓病害主要有灰霉病、茎基腐病，其他病害较少；虫害主要有蚜虫、蛴螬。2012 年开始，温室栽培迅猛发展，枯枝病、炭疽病、溃疡病等病害逐年加重，且多种病害复合发生，对植株为害加大。据生产调查，2018—2019 年大连、丹东、葫芦岛等市种植基地，因雨后枯枝病防治不当，致使植株死亡率达 10%～20%，受病株达到 30%～50%，严重影响产量和产业发展。虫害增加蓟马、果蝇等。近些年来，蓟马为害加大，影响新梢生长和花芽形成。

蓝莓病虫害发生的原因主要有：①间作不当，造成交叉侵染，引发新的病害。一些种植户或企业，间作农作物时疏于管理，未及时进行病害防治，严重时病害侵染到蓝莓。2019 年，绥中某基地发生花生炭疽病，且传染到蓝莓叶片，其症状和花生病症极其相似。②种植基地对病害认识不到位，没有形成较科学的防控技术体系，极易造成病害突发；小的农户，对病虫害认知水平有限，缺乏病虫害防治意识。尤其是采后修剪、新梢萌发后、雨季生长阶段，极易造成枯枝病、灰霉病、炭疽病流行。③种植模式与生产技术管理不兼容，易导致病害发生。近年来，很多种植南高丛品种，都采用小苗密植栽培模式，增加前期产量，但因修剪等管理不科学，易导致病害发生。

三、蓝莓化肥农药减施增效技术模式

（一）核心技术

1. 主要优良品种

（1）斯巴坦　极早熟，果实扁圆形，呈深蓝色，果粉少，果穗疏松，果肉白，肉质硬，耐贮藏，酸甜适口，有香味，种子少，适于鲜食，树势直立，生长旺盛，丰产性好，对土壤和栽培管理要求较严格。

（2）奥尼尔　树势强，开张型。果实大粒，较甜，香味浓。早熟种，果肉质硬。果蒂痕小、速干，耐贮运。低温要求时间 400～500 h，属短低温品种，适于温室速成栽培。耐热品种，丰产。

（3）蓝丰　中熟，树体生长健壮，树冠开张，抗寒能力强，丰产，且连续丰产能力强，果实大，淡蓝色，果粉厚，肉质硬，果蒂痕干，具清淡芳香味，未完全成熟时略偏酸，风味佳，属鲜果销售优良品种。

（4）瑞卡　半高丛，早熟，树体生长旺盛、直立，适应性极强，果穗大而松散，丰产能力强，果实暗蓝色，果粉较多，果实硬度大，耐贮藏。

（5）伯克利　树体高大、健壮，树冠开张，丰产。中熟品种，果实淡蓝色、果粉厚、特大，果穗较疏散，质硬，耐贮运，清淡芳香味，果蒂痕中，风味佳，品质优良，适于鲜食。容易栽培，花后管理不当容易造成落果现象。

（6）北陆（半高丛）　适应性极强，极丰产，树势旺盛，基生枝萌发较多，单株花粉量多，是优良的主栽及授粉品种。早熟，果圆形，中等蓝色，果粉少，果柄短，果穗密，果肉白色，甜酸适口，种子少，适于鲜食，亦可加工。果皮较薄，果蒂痕大、湿，不耐贮运。

2. 施肥技术

（1）氮磷钾大量元素肥料　蓝莓具有一定的抗旱性，兔眼蓝莓的抗旱性最强，半高丛蓝莓强于高丛蓝莓，矮丛蓝莓最弱。蓝莓有较强的耐淹水能力，耐涝性较强的为高丛蓝莓，其次为半高丛蓝莓，最弱的为矮丛蓝莓。蓝莓施肥的种类以 N：P：K 为 1：1：1 的复合肥为宜，一般的施肥量为 120～500 kg/hm²。高丛蓝莓适宜的土壤 pH 值为 4～5.2，以 pH 值 4.5～4.8 为最好；当 pH 值在 5 以下时，施用尿素较好，因为在酸性较强的环境下，尿素可以被转化为铵态氮，当 pH 值在 5 左右时施用硫酸铵效果较好。

（2）中微量元素肥料　蓝莓虽然对钙的需求量不高，但叶面喷施 Ca^{2+} 浓度 140 mg/L 与 175 mg/L 的糖醇螯合钙，能显著提高蓝莓株产，增加蓝莓单果质量、纵横径及果实硬度，显著增加果实可溶性固形物和可溶性糖含量，显著降低果实可滴定酸的含量及霉变率，而喷施 Ca^{2+} 浓度 70 mg/L 的糖醇螯合钙，除硬度、可溶性固形物含量显著高于对照，可滴定酸含量、霉变率显著低于对照。

蓝莓对铁的需求量较高，通过叶喷 $FeSO_4$、土施 $FeSO_4$、叶喷 $FeSO_4^+$ 柠檬酸、叶喷螯合铁（EDTA 铁钠）4 种施肥方式，蓝莓植株叶片净光合速率、蒸腾速率、气孔导度、胞间 CO_2 浓度的变化均表现为叶喷 EDTA 铁钠＞叶喷 $FeSO_4^+$ 柠檬酸＞叶喷 $FeSO_4$＞土施 $FeSO_4$＞CK。即叶喷 EDTA 铁钠的效果最好，土施 $FeSO_4$ 的效果最差。

蓝莓对锰的需求也较高，植株缺锰时，叶片出现均匀的失绿斑纹，影响蓝莓生长，施肥时可适当添加硫酸锰，或叶面喷施 0.5% 硫酸锰。

（3）配方施肥　配方施肥能有效提高土壤中的水解氮、有效磷、速效钾含量；施用酸性肥料，可以降低土壤 pH 值；最佳施肥组合（N：P：K）配比是 2：1：1，施肥方案为：N 20～24 g/株，P_2O_5 10～12 g/株，K_2O 10～12 g/株（折合 N 80～96 kg/hm²，P_2O_5 40～48 kg/hm²，K_2O 40～48 kg/hm²）。

3. 病虫害综合防治

（1）主要病害及防治方法

枯枝病为温室蓝莓生产中头号病害，流行性和破坏性较强，严重影响蓝莓产量和品质。主要有葡萄座腔菌、乌饭树拟茎点霉、棒状拟盘多毛孢、可可毛色二孢及假可可毛色二孢等。病菌为害蓝莓叶面、嫩枝、枝条和主干，通过花芽、皮孔、气孔和伤口侵染寄主维管束组织，先从叶片边缘或中间部位侵染，形成病斑，数量不等，呈不规则扩散，严重时叶片变黄、枯萎；病菌扩展嫩枝上，引起嫩枝枯死，感病枝条的木质部组织变褐色或黑色，在病斑处产生大量的分生孢子器。从整株来看，病原菌表现为从枝条上部向下沿维管束组织侵染至主干，若不及时防治，叶片、枝条快速侵染，若控制不住则整株死亡。温室升温1周后，枝条萌动至展穗期为病发期，枝条的花芽顶部或新生嫩梢叶片出现黑色斑点，并向下侵染，致枝条枯死；露地阶段从采后修剪的新梢萌发开始到8月末是主要病发期，尤其在雨季后晴天，高温高湿天气极易感病，若防治不科学，会造成毁灭性灾害。生产中以预防为主，建立健全防控机制。

蓝莓灰霉病病原为灰葡萄菌，为温室蓝莓主要间发性病害，可为害蓝莓的果实、叶片及果柄。初期多从嫩叶叶缘或叶尖开始，形成"V"形病斑，逐渐向内扩展，形成灰褐色枯斑，病斑背面产生灰色霉层；被感染的果实呈水渍状，软化腐烂，并有霉状物。湿度大时病菌快速向周围传播。病发期温室阶段集中在展穗期、花期、果实第一速长期；露地阶段从采后修剪新梢萌发开始到8月中旬。一般在湿度大、光照条件差时易发生，如温室低温寡照，露地连续阴天或雨后易发病。

炭疽病近年来逐渐成为温室的主要病害。辽宁省部分地区的蓝莓炭疽病是由尖孢炭疽菌和胶孢炭疽菌侵染所致，主要为害叶片和新梢。病菌从叶缘或中间部位侵入蓝莓叶片，并侵染枝条，初期产生水渍状病斑，病斑逐渐扩展为圆形或不规则形，呈褐色，后期有的呈灰白色；病健交界处有红色晕圈，叶片病斑背面有红褐色霉状物；枝条病斑的中心开裂，偶尔表面着生黑色的小黑点，枝条萎蔫或枯死，但不导致整株植株死亡（与枯枝病的区别）。病发期在温室阶段主要出现在萌芽期，为害花芽和果枝，如及时预防，为害性不大。该病主要发生在采后修剪新梢萌发后，即7—8月高温、多雨季节，高温、湿度条件有利于该病害流行。

茎基腐病主要为害根茎或近地表枝干部位，主要由土传病害引起。由于温室精细化管理，该病为害不大，只在定植初期偶有发生，喷施恶霉灵即可防治。

枯枝病、灰霉病和炭疽病是温室蓝莓三大病害，为害严重。生产中表现为2种或3种病害兼容发生，尤其在雨后晴天表现更为明显。建立病害防治技术机制，病害防治一定要坚持以预防为主，以农业防治、物理防治为主，在此基础上科学用药，尽量使用生物制剂和低毒低残留农药，减少污染，生产安全产品。另外在蓝莓生长关键时期，加强肥水管理，增强树势，提高树体抗逆性。在病害突然出现时，可采用药物控制。防治枯枝病的药剂如叶枯唑、中生菌素或四霉素、咪鲜胺等；防治灰霉病的药剂如嘧霉胺、异菌脲、腐霉利等；防治炭疽病的药剂如咪鲜胺、吡唑醚菌酯等，可根据病害发生情况，选取防治不同病害的药剂交替喷施。温室阶段，以预防为主，采取烟剂熏蒸方式，即在升温结束后、露嘴至展穗期和花前1周，采用腐霉利、百菌清、速克灵等或复合型烟剂熏蒸。尤其是温室高湿寡照环境下，首选烟熏剂防治。在新梢生长季，以药剂防治为主，每2周喷药1次。雨后必须喷药防治。一旦发病，立即喷药防治，1周1次，连续喷施2～3次。药剂按说明书施用。花期和果实采摘期不施药剂。

（2）主要虫害及其防治方法

近年来，蓟马为辽宁温室蓝莓的主要害虫，且有扩大趋势。蓝莓蓟马成虫为金黄色，体长1 mm左右，个体小、易隐藏、繁殖快。在温室新梢生长期为害较重，影响果实生长。尤其在采后修剪新梢抽生到新梢"黑尖"生长阶段最为关键，一旦为害，叶片畸形，枝条顶梢坏死，茎呈铁锈木栓化；花芽分化期将影响花芽形成及膨大。蓟马还传播病毒，导致出现蓝莓病毒病（如鞋带病毒等），给蓝莓生长带来严重影响。露地蓝莓蓟马随着温度升高，数量开始增长；随着气温下降、雨水增多，蓟马数量呈现下降趋势。蓟马的防治关键在预防，在展穗期、果实膨大期进行异丙威烟剂熏蒸处理2～3次，或结合叶面肥药物喷施防治2次。在采后修剪、夏剪新梢萌发后喷施药剂防治，嫩梢生长期7～10 d喷施1次，新梢木质化后2周1次，可结合喷施叶面肥同时防治病害。药剂可选啶虫脒、乙基多杀菌素悬浮剂、呋虫胺可溶粒剂、阿维菌素稀释、苏云金杆菌、绿僵菌、白僵菌按推荐量交替喷施。

蛴螬在辽宁为害蓝莓较重。蛴螬啃食蓝莓根系，严重时蓝莓只剩主根；为害初期植株生长势缓慢，高温时段整株出现萎蔫现象，随着虫害加重，叶片发黄、枯萎，直至整株死亡。温室蓝莓蛴螬为害有2个时期：升温后随地温提升，幼虫开始活动，在花期和果实膨大期达到高峰；露地生长阶段在8—9月为害较重。蛴螬防治关键时期为花芽膨大期、果实采摘后或采后修剪，一般8月中下旬。可采用灌根和施肥时添加颗粒长效药剂防治。药剂有毒死蜱乳油、辛硫磷、绿僵菌、白僵菌等。另外，有机肥施入前要高温发酵腐熟，减少虫卵的来源，同时建议每年在关键期进行根检和虫害监测。

（二）生产管理

1. 低温促眠管理

露地蓝莓可以通过越冬得到正常的休眠，温室栽培也需要达到一定需冷量满足休眠要求，需冷量达不到要求会导致萌芽不整齐和生长结果不良问题。"北陆"花芽需冷量 1 008 h，"斯巴坦"花芽需冷量 912 h，"泽西""伯克利"花芽需冷量 960 h，4 个品种叶芽需冷量较花芽多 96 h，温室蓝莓生产上以满足叶芽需冷量来判断蓝莓休眠是否满足。如果蓝莓未达到需冷量可以通过低温促进休眠。

温室蓝莓在 10 月中下旬，当夜间温度在 0～7 ℃时，白天放下帘布，进行低温弱光促眠操作，傍晚将温室帘布卷起，打开通风口，使温室的温度范围保持在 0～7 ℃，连续 1 个月左右就可以满足蓝莓的休眠要求。

2. 温湿度管理

设施蓝莓升温后可通过揭开保温材料的多少或程度逐步升温，萌芽期温度控制在 18～22 ℃，夜间温度保持在 7～10 ℃。土壤相对湿度达到 60%～70%，空气湿度控制在 70～80%。土壤可用黑色地膜覆盖，保持土壤湿度和降低空气湿度。建议在温室建立蓄水池，将地下水晾晒后再进行浇灌，避免水温过低对蓝莓根系的刺激，还可以提高土壤温度。开花前 1 周浇催花水。开花期的白天温度应该保持在 23～25 ℃，夜间不低于 8～13 ℃。开花期适宜湿度为 50%～60%。花后要浇 1 次透水，以保证坐果后果实膨大对水分的需求。果实膨大期白天温度控制在 22～25 ℃，不超过 28 ℃，夜温 10～15 ℃，湿度 60%～70%。果实成熟期加大昼夜温差，提高果实品质。果实采收完毕之后，如果外界温度逐渐上升，可逐渐撤除薄膜。当外界日平均温度达到 15～20 ℃时，便可揭掉棚膜，辽宁南部在 5 月上旬，沈阳以北地区在 5 月中下旬，揭膜后管理与露地相似。秋季温室温度要高于露地，以保证秋季及时停长及花芽分化。

3. 修剪管理

露地和设施蓝莓可在休眠期至树液流动前进行修剪。注意树形的培养，主要使用疏枝、短截、回缩等方法。疏除内膛枝、交叉枝、过密枝、病虫枝以及枝条未成熟部分。适当调整花芽数量，根据品种特性，依据果枝长短进行修剪，疏除密、弱、细果枝，长果枝（≥20 cm）剪留 6～8 个花芽，中果枝（10～20 cm）剪留 4～5 个花芽，短果枝（≤10 cm）剪留 2 个花芽。花芽膨大期继续完成休眠期没有完成的修剪工作，重点对花芽过多的枝条进行疏除。采收后修剪主要是疏枝、短截、回缩。疏除过密枝、内膛枝、病弱枝、直立枝。对当年生枝进行短截，通过短截更新结果枝（组）。对多年生枝进行回缩，回缩一部分大枝和过长的结果枝，将结果母枝回缩到1～2年生枝。修剪时间为果实采收后的6月，可根据品种、栽培模式确定具体的修剪时间。温室蓝莓夏季修剪的任务是摘心和短截，主要目的是通过打破顶端优势，促进枝条下部芽的萌发，增加枝条数量。在萌发的新梢长至15～25 cm进行摘心，根据枝条生长情况一般进行2～3次。对于从株丛基部当年抽生的基生枝，通过对其摘心可以培养成为新的结果主枝。部分长势较旺盛的植株摘心后，抽生新枝较多，导致树体郁闭，需要通过疏除部分枝条，改善树体通风透光。早秋修剪在白露前后1周内，对没有及时停长的基生枝条、粗大老枝下部发生的徒长枝摘心，剪去没有完全木质化的部分。通过这次修剪可以促进剪口以下芽发育成花芽。

4. 花果管理

温室蓝莓花期应进行人工授粉或蜜蜂授粉，最好选择蜜蜂授粉与人工授粉相结合的方法。每个400 m² 温室大棚内可以在开花期放置1个蜂箱，蜜蜂在11 ℃即可开始活动，最活跃时为16～29 ℃。白天温度不可过高，温度过高，会影响蜜蜂授粉。在蓝莓初花期，可以进行花穗整形，通过将长势差的花序疏除来提高结果后果穗整齐度。为了提高蓝莓坐果率，可以在花期喷施硼肥、壳聚糖、赤霉酸等促进坐果；花后新梢旺长期可以喷施铁肥、锰肥、锌肥等，果实膨大期可以喷施以钾钙为主的叶面肥，改善果实硬度来提高果实品质。为防止病虫害发生可以在开花前喷施保护性药剂，如遇低温可以喷施几丁聚糖等提高抗性。蓝莓果实颜色开始发白到变为蓝紫色后，再需10 d就可成熟。蓝莓的果实成熟期不一致，需要进行分批采收，可持续3～4周。果实成熟盛期一般3～4 d采收1次，适宜的采摘时期是在晴天早晨至中午高温之前，也可以在下午气温下降以后采收。采收后要及时做好分级和包装工作，作为鲜果销售的要冷库预冷后再进行运输。

5. 施肥管理

基肥作为长效性肥料能为蓝莓生长发育提供多种养分，基肥以秋施最好。秋施基肥的时间一般在8月下旬至9月上旬。采取沿着行向挖施肥沟的方式施肥，注意隔年轮换，保证根系的营养需求。施肥沟深度30～40 cm，宽度30 cm

左右，长度以定植行南北长度决定。肥料选用优质腐熟的农家肥，如猪粪、牛羊粪等，盛果期每株施有机肥 2～3 kg，可根据树龄、植株大小及产量适当调节用量。

追肥主要有 2～3 次。生长势弱或前一年未进行秋施肥的蓝莓，萌芽前可施入硫酸铵，成年大树每棵树的使用量是 50～100 g。开沟施入，施肥沟宽 20～25 cm，沟深 10～15 cm。花后果实膨大期可进行第 2 次追肥，以硫酸铵和硫酸钾型复合肥为主，复合肥氮磷钾比例为 2：1：2 为宜，成年大树每棵树使用量是 100～250 g。第三次追肥为果实采收后，为了恢复树势，促进花芽分化，保证翌年产量，可适当追肥，仍以硫酸铵和硫酸钾型复合肥为主，复合肥氮磷钾比例为 2：1：1 为宜，成年大树每棵树的使用量是 100～200 g。为了促进坐果、果实发育、叶片生长良好，可在不同时期叶面补充 0.2% 硼砂、0.3%～0.5% 磷酸二氢钾、0.5% 硫酸亚铁、0.5% 硫酸镁等肥料。在蓝莓的施肥过程中可以使用沼气肥、绿肥、生物有机肥、微生物菌剂、有机无机复合肥、无机复合肥和叶面肥等。禁止使用城市垃圾对蓝莓进行施肥，并且禁止单独使用硝态氮肥。

6. 病虫害防治

防治原则一般以预防为主、综合防治。主要防治方式有农业防治、生物物理防治以及化学防治。其中，以农业防治为主，生物物理防治和化学防治为辅。蓝莓的农业防治采用了预防控制为主的防治理念，对蓝莓的病枝、病叶等生病区域进行剪除，并对肥料和水分进行合理控制，保证蓝莓的生长平衡。化学防治要严格控制用药剂量，掌握毒性较低、残留物较低的原则，并在蓝莓采收前 4 个星期禁止使用农药，保证蓝莓的绿色生长以及味道的纯正。

7. 土壤调控

定植前一年结合整地施入硫黄粉 130～195 g/m^2，调节 pH 值 4.8～5.5 为最适合生长酸碱度，可以选择草炭、腐烂的松树皮、农家肥等作为调节土壤的合适有机质，也可选择蛭石、珍珠岩、秸秆等调节土壤容重。土壤翻耕深度 20～25 cm，整好地进行起垄，高 25～30 cm，株行距（2～2.5）m×（1～1.5）m。

土壤覆盖有机物如锯末、腐殖质土、松针、树皮、作物秸秆等进行地表覆盖，不仅可以增加土壤有机质和肥力、改善土壤质地结构，还可以调节土温和保温、保持土壤水分、防止水分快速蒸发造成土壤 pH 值升高或土壤板结，促进根系生长，抑制杂草生长，防止冻害、病害，降低管理成本。

（三）适宜区域

适宜环渤海湾区域的蓝莓生产。

（刘秀春、王兴东）

黑龙江省蓝莓化肥农药减施增效技术模式

蓝莓果实中富含维生素 E、花青素等特殊营养物质，具有抗衰老、抗氧化、抗疲劳、防癌、降"三高"和养眼、预防心脑血管疾病等多种保健功能，国际市场需求潜力巨大。黑龙江省境内的长白山、完达山、大小兴安岭等山脉中蕴藏着丰富的蓝莓等小浆果资源。全省发挥资源优势，积极发展蓝莓种植，并于 2010 年制定《黑龙江省蓝莓产业发展规划》推动以蓝莓为重点的小浆果产业开发，并在伊春、大兴安岭等地建立育苗及试验示范基地，建成全国闻名的"友好万亩蓝莓基地"。近年来，哈尔滨、黑河、七台河等地的蓝莓生产也快速发展，全省已形成了以伊春市为中心的蓝莓产业带。伊春蓝莓、大兴安岭野生蓝莓已成为中国地理标志产品，全省人工种植蓝莓面积超过 5 万亩。

一、蓝莓化肥施用现状

随着蓝莓栽培规模的扩大和年限的增加，蓝莓产量和质量产生下降趋势，主要原因是增酸补肥用量提高，过量和不合理施肥，引发成本增加和环境污染，造成蓝莓生长发育不良，果实质量和耐储性下降。

（一）硫黄调酸用量及方法不合理

蓝莓种植调节土壤 pH 值是关键的管理措施，主要用硫黄粉调节，用量根据土壤的缓冲力而定。一般在定植前一年挖好栽植沟，把提前 4 个月以上调好的酸性土壤（pH 值 4.2～5）混拌好放入栽植沟中，栽苗后施用酸性肥料以保持土壤酸度。栽植行间采用碎松树皮、草炭、锯末与硫黄粉混合覆盖，可以提高土壤调酸的效果。目前生产中多数使用全园调酸，硫黄施用量大，酸性缓冲能力差，造成土壤污染严重，植株长势衰弱，硫黄流失引起水体污染和对生态构成为害。

（二）化肥施用量不合理，利用率低

蓝莓生产中，使用营养平衡肥居多，缺乏需肥期和需肥量的科学调配，营养利用率不高。前期钾肥用量大，后期磷钾肥供应不足，主要导致营养生长和生殖生长的矛盾，造成叶果比不合理，花芽分化营养失衡，导致当年果实发育不良和花芽形成不完全现象严重。

（三）施肥成本高，效果差

2019 年，黑龙江省蓝莓平均亩产量 523 kg，平均亩产值 7 845 元左右。每亩平均投入成本为 2 800 元。其中，用于化学肥料成本大约 900 元，占总成本的 32%，极大地挤压了种植蓝莓的利润空间，严重影响了农民种植的积极性。

二、蓝莓农药施用现状

蓝莓根腐病、灰霉病等病害及叶面害虫红蜘蛛、地下害虫逐渐发生严重，对蓝莓的健康生长造成了为害。生产过程中多以借助化学农药来治理病虫害，由于农药频繁使用，不注意安全间隔期，致使病虫产生抗药性，用药量趋于增加，严重影响蓝莓的品质和产量，降低农户种植效益，阻碍了蓝莓产业绿色高质量发展。

蓝莓生长期间最常见的病害有根腐病、叶枯病、枝枯病、灰霉病等；虫害主要有红蜘蛛、蓟马、金龟子、果蝇等。由于病虫的毁灭性为害，当地莓农惯用的还是单一使用大剂量化学药剂。部分产区已经造成病虫害抗性普遍形成，导致喷药防治效果下降，继而导致用药量逐渐增加形成病虫害高发，用药量增加的恶性循环。同时，也造成周围水体和大气污染，严重为害生态环境安全。并且，蓝莓产区防治地下害虫多使用毒死蜱、克百威等中高毒农药，药力强，药效快。但对有益生物的杀灭性强，容易造成虫害再度爆发。

另外，蓝莓种植多为林业发展多种经营产区，开发种植时间短，经验不足，运用的技术模式不科学。当地多采用小型喷雾器一家一户分散防治，缺乏联防机制。加之林区其他树种混杂，搭配不合理，病虫害交叉传染严重，也为病虫害高发创造条件。

三、蓝莓化肥农药减施增效技术模式

（一）核心技术

本模式的核心内容主要包括"优良品种＋配方平衡施肥＋绿色防控"技术模式。

1.优良品种

选择适宜当地气候条件，抗寒力强，产量高，品质好的品种。矮丛蓝莓品种的美登，半高丛蓝莓品种北陆、北村、北蓝、圣云等为主，北高丛品种蓝丰、都克适合三、四积温带种植。

2.配方平衡施肥

为保证蓝莓正常生长发育，必须根据土壤养分状况合理施肥。根据土壤养分测定结果，进行配方施肥。蓝莓栽植后，每年测定一次土壤养分含量，监测土壤养分变化情况，为科学合理施肥提供依据。

（1）底肥　为了增加土壤肥力和有机质含量，栽植前整地可同时添加腐熟的草炭每亩1 000 kg或腐熟猪粪2 000 kg。

（2）根际追肥　蓝莓栽植后第2年，于6月上中旬株施50 g硫酸铵或20 g尿素，结合地表覆盖压在覆盖物下面。立秋前后进行第2次追肥，化肥与基肥结合施用，株施硫酸钾型复合肥35 g，草炭1 kg或有机肥2 kg。第3年要增加施肥量是前一年的1～2倍，5月末至6月初株施硫酸铵80 g，立秋前后第2次追肥，株施硫酸钾型复合肥50 g，草炭2～3 kg或有机肥4～5 kg，以增强树势，为第4年开始结果打下基础。幼树追肥量不宜过多，以防止树体徒长。5年以后成龄树每年施肥2次，第1次在开花至幼果期，选用氮磷钾比例为1∶1∶1，株施硫酸钾复合肥50 g，促进开花和果实膨大。第2次在果实采收后期，结合秋季耕翻施肥，株施腐熟草炭2～3 kg，或腐熟农家肥4～5 kg加硫酸钾型复合肥50～100 g。有机肥施用时要遵循保证局部，保证根系，集中分层的原则，充分发挥有机肥的肥效，可采用环状沟施和放射状沟施。

（3）叶面追肥　结合植物生长调节剂混喷，效果更好。叶面喷肥应严格控制浓度，防止肥害发生。较适宜的浓度为磷酸二氢钾0.2%～0.3%、尿素0.2%～0.3%、硫酸亚铁0.3%。

3. 病虫害绿色防控

严格遵循"预防为主，综合防治"植保工作方针，强化绿色植保理念，实施病虫害绿色防控技术，提升蓝莓果品质量，保护生态环境。

（1）农业防治　通过耕翻、修剪、科学施肥、适时浇灌排水、覆盖、除草等措施，切实增强蓝莓树体对有害生物的抗性。合理修剪可改善蓝莓园通风透光和树体营养状况，抑制潮湿或郁闭条件下的病虫害的发生；对有病虫枝叶及残枝落叶要及时清除，减少病虫源。增施腐熟有机肥和微生物菌肥及矿物中微量元素，配方施肥，多施饼肥和钾肥，健壮树体。对恶性杂草可采取人工除草，保留一定数量有利于天敌栖息，维持生物多样性。

（2）物理防治　一是采用杀虫灯诱杀，在蛴螬成虫发生为害期，利用成虫的趋光性，每15～20亩果园安装1盏频振式杀虫灯诱杀成虫；二是采用性诱剂诱杀成虫，每2～3亩设置1个诱捕器，安装1个诱芯；三是采用粘虫板诱杀，黄色粘板主要诱杀有翅蚜、烟粉虱等害虫，蓝色粘板主要诱杀蓟马等害虫，每亩平均放置20～30片。

（3）生物防治　一是以虫治虫，利用赤眼蜂、丽蚜小蜂、烟蚜茧蜂等防治害虫；二是以菌治虫，应用 Bt 可湿性粉剂、浏阳霉素乳油、虫螨克乳油等生物杀虫剂杀虫；三是以抗生素治病，应用武夷菌素、农抗 120、新植霉素等抗生素防控病害，减少化学农药的用量。

（4）化学防治　在积极应用各种农业、物理、生物防治病虫害的同时，根据病虫害发生与为害特点，科学应用安全、高效、低毒、低残留的化学农药。使用农药时根据病虫预报，做到适时精准防治，对症下药，严格农药使用浓度、方法和安全间隔期。

（二）生产管理

1. 园址选择

选择地势平坦，排灌方便，土质疏松肥沃，土层深厚，富含有机质的沙壤土建园，最好选择附近有森林覆盖的林间地块。

2. 土壤改良

一是土壤 pH 值调节，需在栽苗前 4 个月以上进行，当土壤 pH 值大于 5.5 时，需施 200～300 目硫黄粉进行调酸，使 pH 值调到 4.5 左右为宜，硫黄用量，如土壤原始 pH 值 5.5 调至 4.5，沙壤土硫黄粉用量 26 kg/ 亩，壤土 79 kg/ 亩，黏土

120 kg/亩；二是添加有机物料，土壤有机质含量低于 5% 时，需添加有机物料改善结构，可用烂树皮、腐苔藓、腐松针、农作物碎秸秆、菌糠等，有机质含量增加至 8%～12%。苗木栽植后用恶霉灵与嘉美红利 1 000 倍液淋根（灌根）2～3 次，杀菌生根效果好。

3. 苗木选择

选择根系发达，分枝多，枝条粗壮，无病、无机械损伤的健壮植株建园，最好选择 3～4 年生大苗定植。

4. 实施标准化栽培管理

依据具体情况采取相应的栽培技术，严格按照蓝莓栽培技术标准实施规范化管理，以促进植株健康生长，提高抗逆能力，减少病虫害发生与为害。

（1）定期检测土壤 pH 值　种植 3 年以上的蓝莓基地，需定期检测土壤 pH 值。如果 pH 值反弹，需要施用硫黄粉再调节。

（2）增施有机肥　根据土壤状况和植株生长发育情况，可增施发酵的草炭、腐熟的鸡粪、猪粪、各种饼肥等优质有机肥，于秋季施基肥，追肥一般在花前和果实膨大期分 2 次进行。

（3）水分管理　生长季节要保持土壤湿润，雨季要尽快排出积水。成龄果园在萌芽期、新梢速生期、果实速生期、防寒前灌水。多雨季节，要在汛前对土壤较深的中耕 1 次，雨季要抓紧雨天间隙对土壤进行中耕，以增加土壤通透性。地势较低的地块要及时排水。

（4）中耕除草　幼树期，每年进行 6～8 次中耕除草，一般掌握行间深，株旁浅的原则。成树期，除草次数减少，以拔大草为主。

（5）整形修剪　矮丛蓝莓采用周期性平茬措施，每 4～5 年进行 1 次。半高丛栽植后定干，树干高 20～30 cm，促进分枝并控制树体长势。成龄树疏除弱枝，回缩优势枝组和大枝，培养好 1～3 年生结果后备枝组，留好 4～5 年生结果枝组。

（6）促进木质化　果实采收后，每隔 7～10 d 叶面喷施磷酸二氢钾 500 倍液 2～3 次，提高树体的木质化程度。

（7）埋土防寒　入冬防寒前 10 d 浇透封冻水，埋土厚度为树体上 12～15 cm，要埋严盖实。

（8）鸟害防治　对鸟害为害严重园区可架设防鸟网。

（三）应用效果

1. 减肥减药效果

本模式把蓝莓平衡施肥技术和病虫害绿色防控技术有机结合，既减少了化肥和农药的使用量和使用次数，还提升了蓝莓的产量、质量和综合效益。与周边常规生产模式相比，减少化肥用量的30%～40%，减少化学农药防治次数2～3次，每亩节约成本270元左右。病虫为害率控制在5%以下。

2. 成本效益分析

该技术模式应用地块主要集中在伊春友好万亩蓝莓示范园和哈尔滨阿城、通河等蓝莓主产区，总应用面积1.5万亩。以半高丛蓝莓为例，平均亩产量557 kg，亩收入8 912元，平均亩生产成本3 014元，亩纯收入5 898元，比常规管理模式每亩增效853元，提高了16.9%。

3. 品质分析

本模式下生产的蓝莓，果实含糖量、花青苷、维生素C等养分含量明显增加，可溶性固形物含量最高可达14.3%，糖酸比最高为3.831，花青苷含量最高达128.361 mg/100 g，维生素C含量最高为0.327 mg/100 g，可溶性总糖含量最高可达11.324%。

（四）适宜区域

黑龙江省蓝莓产区。

（刘海军、杨春梅）

安徽省蓝莓化肥农药减施增效技术模式

一、蓝莓化肥施用现状

蓝莓是安徽省新兴的特色经济作物，全省种植面积约10万亩。蓝莓作为高效经果林产业，在助力产业增收致富等方面发挥着重要作用。然而，生产中局部产区果农为了获得更高的产量，常常过量施用化肥，不仅增加了成本，造成蓝莓品质下降，还给土壤环境造成污染。

（一）化肥施用量偏大

目前，生产上化肥施用主要为高浓度氮磷钾三元复合肥（15-15-15）100～200 kg/亩，化肥偏过量施用不仅造成蓝莓品质的逐渐下降，肥料流失引起的水体污染，还对生态环境构成较大威胁。

（二）化肥利用率低

蓝莓化肥利用率低的原因，主要包括：一是蓝莓属寡营养植物，其生长和结果所需的养分较少，过量化肥带来的多余营养，树体无法吸收，同时，蓝莓是灌木类果树，树体生长所需的养分远低于乔木类果树；二是安徽省蓝莓产区的降水量较大，如果施肥方法不当，尤其是地面撒施，雨水冲刷往往会造成化肥大量流失，加大面源污染。

（三）化肥施用成本高

调查显示蓝莓每亩肥料购置成本就达600多元，施肥人工成本约200元，这大大降低了果农的利润。

二、蓝莓农药施用现状

安徽是蓝莓新产区，病虫害尚不严重，由于灌木遮阴较少，所以蓝莓园中草害普遍存在。病害方面，一是生理性病害，主要有缺素性黄化，原因多是由于pH值偏高（pH＞6），易引起铁等微量元素吸收受阻所致；二是侵染性病害，有根茎腐病零星发生，老果园多见，叶斑病、灰霉病老苗未移栽的多见，炭疽病、溃疡病成点片发生，僵果病、枝枯病、病毒病随着种植时间增长也会陆续发生，虫害方面，一是木蠹，3年以上老果园普遍发生，局部较重；二是果蝇，结果园发生，是影响果品产量和质量的重要因素；三是毒刺蛾、夜蛾等鳞翅目和叶蝉、飞虱、蚜虫等同翅目害虫以及叶螨发生。杂草方面，主要有狗牙根、狗尾草、马唐、牛筋草、白茅草、铁苋菜、藜、苘麻、苍耳、小酸浆等。目前，防治蓝莓病虫草害的措施有化学防治、物理防治、生物防治和农业防治等。其中，化学防治因高效便捷、省时省力，为局部地区的主要防治手段。

（一）农药施用量大

化学农药的长期单一、大剂量和大面积施用，极易造成害虫产生抗药性，导致防治效果下降，进而导致用药剂量逐渐增加，形成恶性循环。同时，过量农药在土壤中残留能造成土壤污染、水体污染和大气污染，严重威胁生态环境安全。

（二）施用技术及药械落后

蓝莓是近年规模化发展的特色经济作物，目前主要还是沿用传统的防治手段进行病虫草害防治，且多选用小型手动喷雾器等传统药械，因药械设备简陋，药液在喷施过程中常出现滴漏、飘失等情况，其利用率降低。

三、蓝莓化肥农药减施增效技术模式

（一）核心技术

本模式的核心内容主要包括"优良新品种＋配方平衡施肥＋绿色防控＋全园覆盖＋水肥一体化的滴灌设施"。

1.优良品种

品种选择在安徽地区表现较好的绿宝石、天后、圣蓝、温莎等优新品种，特点是抗性好、优质、丰产。

2.平衡施肥

施用无机有机复混的蓝莓专用配方肥，其中，菜籽饼或畜禽粪便等发酵腐熟有机肥占比 60%、氮磷钾三元复合肥占比 40%；秋冬季基肥以有机肥为主，春季追肥以复合肥为主。亩施用有机肥 300 kg、氮磷钾三元复合肥 100 kg。同时，适时补充中微量元素肥，以叶面喷施为主。

3.有机物调酸

采用泥炭、腐殖酸、松针、木屑等天然酸性物料，用于土壤调酸，既能达到长效降低土壤酸度的目的，又能较大幅度增加土壤有机质的含量，不仅有利于蓝莓植株的生长，也有助于蓝莓果实品质的提高。

4.绿色防控

通过安装频振式黑光诱虫灯诱杀金龟子、蛾类等趋光性害虫，用粘虫板粘杀叶蝉、蚜虫等有翅类害虫，用性诱剂诱杀果蝇等，用糖醋液诱捕其他蛾类害虫。

5. 全园覆盖

不使用除草剂，用松针、锯屑或秸秆等有机物在垄上覆盖，防草、保温、隔热；用覆草布或银黑膜全园覆盖，在减少草害的同时，可大幅度减少除草用工，实现节本增效。

6. 全园水肥一体化

果园安装自动、半自动的滴灌系统，施用氮磷钾水溶肥，其中，高丛蓝莓和兔眼蓝莓用氮磷钾平衡性水溶肥，每亩用 10 kg 水溶肥兑水 30～50 L，充分溶解后，通过水肥药一体化设施均匀施入，每隔 10～15 d 施 1 次，从而实现减肥、减药和节水的目标。

（二）生产管理

起垄栽培，施足底肥，追肥采取穴施、条施或半环状沟施；病虫防治除特殊要求外，一般在清晨或傍晚喷施。

（三）应用效果

1. 减肥减药效果

本模式与周边常规生产模式相比，减少化肥用量 15%～30%，化肥利用率可提高 25%；可减少硫黄粉使用量 50%，减少化学农药防治次数 3 次，减少化学农药用量 30% 左右，农药利用率提高 5% 左右。

2. 成本效益分析

平均亩产量 1 000 kg，亩生产成本 5 000 元，亩收入 20 000 元，亩纯收入 15 000 元。

3. 促进品质提升

本模式下生产的蓝莓鲜果，与常规模式下生产的鲜果内在口感提升明显，平均可溶性固形物含量在 12.5% 左右，比常规模式高 1.5%。

（四）适宜区域

安徽省蓝莓适栽区。

（胡勇、康启中）

湖南省蓝莓化肥农药减施增效技术模式

一、蓝莓化肥施用现状

蓝莓属杜鹃花科越橘属多年生落叶或常绿灌木，是具有较高经济价值的果树。我国是从 20 世纪 80 年代开始引种，湖南省对蓝莓的引种栽培目前尚属于起步阶段，为调整农业产业结构，促进林业产业发展，2008 年开始陆续从大连、贵州等地引种种植。

鉴于蓝莓经济价值高，且对土壤理化条件要求相对苛刻，因此，栽培管理特别是水肥管理水平相对较高。通过对主要蓝莓基地的调查发现，全省蓝莓生产中，有机肥使用量较大，而化肥使用量相对较小。有机肥以枯菜、发酵牛粪等为主，化肥以复合肥为主。施肥也分基肥和追肥，基肥一般在 9—10 月采用沟施或穴施的方式进行。主要为菜枯、牛粪和复合肥混施。菜枯施用量约 150 kg/亩（2 400 元/t）、牛粪为 600～700 kg/亩（250 元/t）、复合肥 100 kg/亩（5 400 元/t）左右，加上人工费，成本可控制在 1 225 元/亩。追肥一般在 2 月，萌芽前进行。也是以菜枯、牛粪和复合肥为主。施用量为基肥的 1/2 左右，成本约 688 元/亩。全年施肥成本为 1 913 元/亩。由此可见，湖南省大部分蓝莓园在施肥管理上以有机肥为主、化肥为辅，化肥的种类以复合肥为主，但蓝莓为寡营养植物，化肥施用量比实际需求量大，造成肥料浪费和一定的肥害。

二、蓝莓农药施用现状

调查显示，湖南蓝莓园的病虫害为害相对较轻，主要病害为灰霉病；主要虫害有天牛、木蠹蛾、金龟子（蛴螬）以及果蝇等。在防病上，主要采用冬季清园，喷洒石硫合剂等；在防虫上主要采用杀虫灯、糖醋液以及土施生石灰等方式。

三、蓝莓化肥农药减施增效技术模式

（一）核心技术

本模式的核心技术是在现有病虫害绿色防控的基础上采用"测土配方施肥技术"。

蓝莓属于寡营养植物，对磷、钾、钙、镁需求量较低，与其他果树相比，树体内氮、磷、钾、钙、镁含量很低。蓝莓对施肥反应敏感，生长过程中不施肥会导致不开花，或者花芽发育不良，产量低，果实质量差；施肥过多也容易造成减产，肥料过多易使植株生长受抑制进而毒害甚至死亡。在蓝莓种植区域常会出现肥害现象，施肥不当引起的蓝莓生理生长出现变化，轻者蓝莓枝条叶片萎蔫，生理功能紊乱，重者全株落叶，枝条枯萎死亡。其原因主要是种植过程中不了解蓝莓的需肥特点，盲目使用过多肥料或者施肥引起的。因此，在蓝莓生产中测土配方施肥显得尤为重要。相关研究发现，蓝莓叶片营养元素标准值范围为氮 1.8%～2.1%，磷 0.12%～0.4%，钾 0.35%～0.6%，钙 0.4%～0.8%，镁 0.12%～0.25%。

该模式下，每 2～3 年，取蓝莓园土样和叶片样本进行营养元素测定和土壤 pH 值测定，以确定具体的施肥种类和施肥量。一般情况下，蓝莓园基肥以有机肥或生物有机肥为主，如菜枯施用量约 150 kg/ 亩、牛粪为 700 kg/ 亩；尿素（N≥46%）为辅（2 000 元 /t），25～30 g/ 株，施肥时间 9—10 月。追肥时间在 2 月萌芽前，以复合肥为主（N：P：K=1：1：1），20～30 g/ 株。

（二）生产管理

在病虫害的防控上，继续坚持目前的绿色防控措施。即在防病上，主要采用冬季清园，喷洒石硫合剂等，在防虫上主要采用杀虫灯、糖醋液以及土施生石灰等方式，如果遇较为严重的病虫害可考虑木霉菌可湿性粉剂、白僵菌、苏云金杆菌等生物菌剂进行防控。

（三）应用效果

1. 减肥效果

该模式下，有机肥和复合肥用量都大量降低。有机肥只在基肥中施用，化肥的施用量也从全年的 150 kg/ 亩降低到不足 10 kg/ 亩。

2. 成本效益分析

该模式主要是缩减肥料，特别是复合肥的使用。以株行距 2 m×2 m 折算每亩（167 株）需肥量为每年施有机肥 850 kg（535 元）、尿素 4.2～5 kg（10 元）、复合肥 3.34～5 kg（27 元），加上人工费（300 元），全年施肥成本 872 元，节省成本 1 041 元。在该施肥模式下，株产可保持在 5 kg/ 株以上，即亩产 835 kg/ 亩以上。在确保产量的同时，也能保证高品质，减少肥害。

（四）适宜区域

适宜湖南省内山地等蓝莓生产区。

（丁伟平）

云南省建水县蓝莓化肥农药减施增效技术模式

一、蓝莓化肥施用现状

蓝莓是云南省建水县近年发展的重要经济作物，目前栽种面积约 12 000 亩，作为农业生产中特色水果产业，在促进当地水果种植区农民增加收入和扩大就业等方面发挥着重要作用。蓝莓生长期长、生物量大，当地果农为了获得更高的产量，常常过量施用化肥，不仅增加种植成本，还引发环境污染，甚至造成蓝莓产量和品质的"双降"。

（一）化肥施用量

目前，生产上普遍采取增施化肥以获得高产和高收益。建水县蓝莓种植区化肥施用量为平衡型水溶肥（17-17-17）945～1 182 kg/hm^2、高钾型水溶肥（10-6-34）180～240 kg/hm^2、高氮型水溶肥（30-10-10）60 kg/hm^2。折合纯量为 N 196.65～236.65 kg/hm^2、P$_2$O$_5$ 177.45～221.34 kg/hm^2、K$_2$O 221.85～282.54 kg/hm^2。在蓝莓生产中，化肥尤其是氮、磷肥的过量施用不仅造成蓝莓土

壤质量和蓝莓品质的逐渐下降，盈余肥料流失引起的水体污染和富营养化等还对生态环境构成一定威胁。

（二）化肥利用率

蓝莓作为寡肥性果树，本身需肥量不大，在建水县蓝莓生产中，有大棚种植和露天种植两种种植模式，大棚种植属定量给肥，肥料利用率为 40% 以上，露天种植土壤有机质含量较高肥料利用率为 35% 以上。

（三）化肥施用成本

据相关调查显示，每公顷蓝莓的平均生产成本为 21 000 多元，其中，肥料成本就达 500 多元，占总成本的 35% 以上，加上人工成本较高，蓝莓果农利润空间较小。

二、蓝莓农药施用现状

在蓝莓生产过程中，病虫草害是导致减产和果实品质下降的重要原因。防治蓝莓病虫草害的措施有化学防治、物理防治、生物防治和农业防治等，其中，化学防治因高效便捷、省时省力，仍是建水县当前的主要防治手段。但部分地区在蓝莓生产过程中存在的农药滥用、乱用现象，不仅带来了严峻的环境问题，还制约了建水县蓝莓产业的健康发展。

（一）农药施用量大

果农对化学农药的长期单一、大剂量和大面积施用，极易造成害虫产生抗药性，导致防治效果下降甚至失效，继而导致用药剂量逐渐增加，形成"虫害重—用药多"的恶性循环。同时，过量农药在土壤中残留能造成土壤污染，进入水体后扩散造成水体污染，或通过飘失和挥发造成大气污染，严重威胁生态环境安全。过多使用化学农药造成蓝莓产量和品质下降，威胁到蓝莓的农产品质量安全，进而影响食用者的身体健康。

（二）农药依赖度高

目前，建水县为害蓝莓的主要有蚜虫、金龟子、地老虎，一般采果结束后用氯氰菊酯类药防治，即蓝莓害虫防治措施单一化现象严重，由于选择性差，部分农药在杀灭害虫的同时杀灭大量田间有益生物，导致蓝莓田间生物多样性遭到破坏，自我调节能力降低，病虫害继而再度发生。病害主要有炭疽病、锈病、灰霉病等。

（三）施用技术及药械落后

建水县作为蓝莓的特色种植区，农民在种植蓝莓过程中虽然总结出一些施药经验和办法，但施药方式不够科学合理。同时，果农主要采用一家一户的分散式防治手段进行病虫草害防治，且多选用小型手动喷雾器等传统药械，因药械设备简陋、使用可靠性差等，导致药液在喷施过程中常出现滴漏、飘失等情况，其利用率降低。

三、蓝莓化肥农药减施增效技术模式

（一）核心技术

本模式的核心内容主要包括"优良品种 + 配方平衡施肥 + 绿色防控 + 机械化"。

1. 优良品种

品种选择在适推地区表现较好的兔眼系列和南高系列等品种，特点是果实品质优，挂果量、糖分适中，耐贮运。

2. 配方平衡施肥

施用无机有机复混的蓝莓专用配方肥或按方施肥，增施生物有机肥及含腐殖酸液体肥，培肥地力，提高肥料利用率。

3. 绿色防控

通过性诱剂开展田间诱杀；在田间布控诱捕器诱杀果蝇、地下害虫等害虫。

4. 生产过程部分机械化操作

主要包括机械挖塘移栽蓝莓苗、使用电动担架式高速打药机、蓝莓生产过程中行间机械除草操作，使用人工采摘收获蓝莓果实。

（二）生产管理

1. 定植蓝莓苗前的准备

定植在春季树体萌芽阶段或秋季进行，定植前按照 0.5 m × 0.5 m × 0.4 m 的长宽高标准挖好定植穴，定植时行间距为（0.6～1.5）m ×（2～2.5）m，定植后覆土，最后在定植穴附近覆盖 10～15 cm 的碎稻草等有机物。

蓝莓苗定植后浇透定根水，大面积栽培时，也可以在垄上开深 40 cm，宽 40 cm 的定植沟，并将有机物和肥料放入沟内混匀，然后将蓝莓苗放入、埋土到根茎部位，之后将垄面整平。

2. 培土施肥

蓝莓生长期内需进行 4 次施肥，萌芽期分 2 次进行施肥，间隔时间为 21～28 d，同时在果实转熟期与采收期前分别进行施肥。肥料以氮、磷、钾肥或尿素为主，氮磷钾的配比为 1∶1∶1，具体配比应根据实际情况进行调整。

3. 病虫防治

果蝇、蛴螬、蚜虫等虫害防治可使用太阳能杀虫灯、树上挂粘虫板和诱杀剂（甲基丁香酚）、生物农药（白僵菌、苏云金杆菌、苦参碱、印楝素）防治等。

防治炭疽病、灰霉病、根腐病、僵果病等病害应及时切除染病的枝条、根系；根据实际病症配制、喷施药剂。

4. 组织收获

兔眼系列蓝莓成熟期一般从 5 月中下旬开始持续到 8 月上中旬。南高系列蓝莓品种的成熟期为 4 月中旬至 6 月初。蓝莓果实成熟时正值盛夏，应避开雨天、晴天时早晚的露水，以及中午的高温时段采摘。可在阴天时延长采摘时间。注意过多的雨水会导致成熟的浆果开裂。供鲜食的果实最好由人工采摘。蓝莓果实较小，人工采摘比较困难，可用快捷方便的梳齿状采收器进行人工采收。

（三）应用效果

1. 减肥减药效果

本模式与周边常规生产模式相比，可减少化肥用量 10%，化肥利用率提高 5%；可减少化学农药防治次数 2～3 次，减少化学农药用量 30%，农药利用率提高 40%。地下害虫为害率控制在 1% 以下。

2. 成本效益分析

露地蓝莓亩生产成本 1 万～1.5 万元，亩产量 800 kg，亩收入 4 万元，亩纯收入 2.5 万～3 万元。规模化钢架大棚盆栽蓝莓工厂化生产，钢架大棚蓝莓亩生产成本 3 万～7 万元，亩产量 1 500 kg，亩收入 15 万元，亩纯收入 8 万～12 万元。

3. 促进品质提升

本模式下生产的蓝莓，平均糖分在 11% 以上，比常规模式高 2%。

（四）适宜区域

云南省红河州及周边地区。

（李智梅）

樱桃化肥农药施用现状及
减施增效技术模式

河北省秦皇岛市樱桃农药减施增效技术模式

一、樱桃种植农药施用现状

河北省秦皇岛市樱桃栽培面积 3 万余亩，随着栽培面积的扩大及栽培年限的增加，樱桃病虫害为害越来越严重，且种类不断攀升，严重损害了果农的经济利益。通过对一些樱桃园的调查发现，病毒病、根癌病、根颈腐烂病是三大主要病害，其中，老园区病毒病感染率 40%～50%，因根癌病与根颈腐烂病造成树体死亡率达 30%～40%。流胶病、褐斑病、细菌性穿孔病等病害也时有发生。红颈天牛、小蠹虫、桑白蚧等是严重为害樱桃枝干的害虫，这些害虫是毁灭性的，在秦皇岛市相关产区普遍分布。随着树龄的增长，为害逐年加重，成为严重制约樱桃产业健康发展的瓶颈。而该类害虫暴露时间短，几乎全年隐蔽在树皮下为害，介壳虫分泌蜡质覆盖虫体，化学防治难以奏效，一般使树体寿命缩短 7～8 年。梨小食心虫、山楂红蜘蛛、果蝇也是对新梢、叶片及果实为害非常严重的 3 类虫害，尤其是果蝇繁殖效率高、飞行速度快，可造成一夜之间大发生，为害程度可达 90% 以上，晚熟樱桃品种甚至达到 100%。

面对这些严重的病虫害，种植户不得已采用化学农药多次进行防治，然而一些虫害的防治难以奏效，并且在防治过程中造成产品与环境污染。

（一）常见病害及防治方法

1. 根癌病

发生规律及症状　根癌病由土壤中的根瘤土壤杆菌通过根或茎的伤口入侵后形成根瘤，在樱桃上为害最为严重，根癌病是一种绝症，无药可治。通过修剪、嫁接等途径传播。

防治方法　发现病株应销毁，防治传染；种植无病毒病苗木；育苗时应用 K84（根癌灵）拌种，苗木定植前蘸根实施免疫是最有效的方法。

2. 根颈腐烂病

发生规律及症状　树体感病初期不易察觉，2～3 年后，根颈部皮层才腐烂 1 周。感病树开花坐果后，树体进一步衰弱，雨季过后，发病严重的树，整株死亡。

防治方法　建立完善果园排灌系统，实行台式栽培；树盘撒石灰粉，树干涂白或喷石灰水；发现病树后，彻底刮除腐烂部位，用 50% 多菌灵 200 倍液涂抹，把病害部位暴露在空气中。同时，用 50% 多菌灵 500 倍液灌根，5 月和 7 月再处理 1 次。

3. 樱桃树流胶病

发生规律及症状　研究认为，流胶病由葡萄座腔菌等 7 种真菌引起，一般在虫害、冻害、机械损伤等处发生。病菌侵染当年不表现病症，但在翌年雨水多的 7—8 月却大量流出树胶。流胶后树体逐渐衰弱，甚至死亡。

防治方法　选抗性较强的砧木及品种。尽量减少各种伤口、虫口；雨季来临之前尽早夏剪；回缩修剪留桩。萌芽前，喷布 5 °Bé 石硫合剂。采果后，结合防治叶部病害，喷 3～4 次的 40% 的氟硅唑 4 000 倍液。树体发病后，刮去胶斑，涂抹 21% 过氧乙酸 5 倍液；对流胶处涂刷高浓度杀菌剂有治疗作用，如多菌灵、戊唑醇等药剂。

4. 樱桃褐斑病

发生规律及症状　褐斑病主要为害甜樱桃叶片，也为害新梢和果实。发病初期，感病的树体容易造成树势衰弱，冬季更容易受到冻害。初次防治关键期为 6 月中旬，7 月下旬进入发病高峰。病害严重发生易引起早期落叶。

防治方法　冬春季要彻底清理枯枝落叶，有效清除病原的侵染源；萌芽前，树体喷洒 1∶1∶200 波尔多液。采收后喷施 2～3 次杀菌剂，例如 70% 代森锰锌可湿性粉剂 500 倍液，或 50% 多菌灵可湿性粉剂 800 倍液等。

5. 樱桃细菌性穿孔病

发生规律及症状　病菌在上年受害的枝条上越冬，春季出芽展叶时随风雨传播到新的叶片、新梢上引起发病。高温、多雾或多雨、树势弱、排水不良、偏施氮肥等容易发病。

防治方法　秋后清园，枯枝落叶烧毁并深埋。加强栽培管理，合理整形，通风透光，降低果园湿度。喷药防治，芽前喷 5°Bé 石硫合剂，展叶后喷代森锰锌、叶枯唑等效果很好。

6. 樱桃病毒病

发生规律及症状 病毒病是一种绝症，无药可治。树体感染病毒后导致叶片与果实畸形、产量降低、树体衰弱甚至整株死亡；通过修剪、嫁接等途径传播。

防治方法 发现病株立即销毁，防治传染；应加强树体管理，提高树体抗性，合理负载。种植无病毒苗木。

（二）常见虫害及防治方法

1. 红颈天牛

发生规律及症状 红颈天牛2～3年发生1代，主要以各龄幼虫在甜樱桃枝干内越冬。甜樱桃萌动后越冬幼虫开始活动为害，主要在皮层下和木质部为害，严重的造成主枝或主干中空，树势衰弱、死枝或整株死亡。7—8月为成虫羽化盛期，羽化后的成虫将卵产于树干或主枝基部的缝隙或翘皮中，卵经7～8 d孵化成幼虫开始蛀入韧皮部为害，后逐渐深入到木质部，并向外咬一个排粪孔。当年不断蛀食到秋季，入冬后幼虫开始冬眠。

防治方法 人工挖除幼虫或捕杀成虫，树干发现新鲜虫粪时，及时用刀挖出幼虫并杀死；在成虫孵化前将主干和主枝涂白以防成虫产卵。6月上旬成虫产卵前，将石硫合剂渣或白涂剂涂抹在树干及主枝基部粗翘皮处。红颈天牛成虫对糖醋有趋性，可用糖、醋、白酒、水按照5∶20∶2∶80的比例配制成糖醋液对其进行诱捕。在7月上旬成虫羽化期，将1/3糖醋液倒入容器中，悬挂于树荫下，距地面1.5 m，隔3～5 d添加1次液体。

熏杀幼虫，5—9月均可进行熏杀。当发现有较粗大而多的虫粪排出时，应及时用铁丝掏出虫粪，塞入蘸敌敌畏500倍液的棉球或1 g磷化铝药片，然后用泥将虫孔密封，以杀死深入木质部的幼虫。药剂防治，7—8月成虫羽化盛期及幼虫孵化期，在1.5 m以下的枝干上，喷施毒死蜱或2.5%高效氯氟氰菊酯3 000倍液，10 d后再喷1次，以杀灭初孵幼虫。

2. 桑白蚧

发生规律及症状 多年生树较重，1年发生2代，4月下旬产卵，5月上旬孵化，5月中下旬为第1代孵化盛期，8月上旬为第2代若虫期，这两个时期为防治关键时期。

防治方法 树休眠时，用硬毛刷等刷虫，之后涂石灰水。药剂防治，发芽

前喷 5°Bé 石硫合剂；孵化盛期喷 48% 毒死蜱 1 500 倍液，或 4.5% 高效氯氰菊酯 2 000 倍液。

3. 小蠹虫

发生规律及症状　小蠹虫 1 年发生 2 代，均以幼虫在死枝皮下越冬，第 2 年 4 月下旬开始羽化，5 月、7 月中旬至 8 月上旬为羽化高峰期。新羽化的成虫，飞到树上，在树皮上蛀孔，通常是攀依在树皮皮孔或有粗糙皮的部位蛀食，导致被侵害的树皮布满蛀孔和流胶点。

防治方法　做好清园工作；药剂防治，采用触杀剂对枝干进行刷涂，例如施用氯氰菊酯，一般采用 100 倍液处理。

4. 梨小食心虫

发生规律及症状　梨小食心虫越冬代成虫一般在 4 月中下旬开始发生，5 月上旬达到高峰期，全年发生 4～5 代。第 1～2 代为害新梢，第 3～4 代梨小食心虫在着色期果上产卵、蛀果，进行为害。

防治方法　结合修剪，注意剪除受害枝梢。可在末代幼虫越冬前在主干绑草把，诱集越冬幼虫。翌年春季集中处理。梨小食心虫对糖醋液（蔗糖：醋酸：酒精）为 30：0.3：10 具有趋向取食习性，可诱捕大量成虫。化学防控，在孵化高峰期喷药，一般每代应施药 2 次，间隔 10 d，效果较好药剂为甲维盐、高效氟氯氰菊酯等。

5. 山楂红蜘蛛

发生规律及症状　1 年发生 6～9 代，以受精雌成螨在树皮缝隙以及落叶、枯草等处越冬；翌春果树萌芽时，开始出蛰上树为害芽和新展叶片，9 月天气转凉开始蛰伏越冬。

防治方法　防治关键时期，花序分离期出蛰盛期，谢花后第 1 代卵盛期，麦收前群体数量爆发期，麦收后为害盛期。有效药剂为噻螨酮、哒螨灵、阿维菌素、三唑锡等。

6. 果蝇

发生规律及症状　果蝇以蛹和成虫在 20 cm 土下越冬，在果实近成熟时开始将卵产于果皮下，被害果在取食点周围迅速开始腐烂，并引发真菌、细菌或其他害虫的二次侵染为害，加速果实的腐烂。

防治方法　15% 原糖液与黑板诱杀；果实膨大期开始喷施高效氯氰菊酯，间隔 5～7 d 连喷 2 次，对斑翅果蝇具有显著的防治效果。

二、樱桃农药减施增效技术模式

（一）核心技术

1. 抗性砧木

选择在试推地区表现较好的抗性砧木，例如吉塞拉 6 号抗根瘤病。

2. 优良品种

选用生长壮、抗性强、丰产性好的樱桃品种，例如五月红、玲珑脆、砂蜜豆等。

3. 配方平衡施肥

施肥的原则是以有机肥为主，化肥为辅，实行配方施肥，提高土壤肥力和土壤微生物活性。所施用的肥料对果园环境和果实应无不良影响。

4. 绿色防控

人工捕捉：通过人工捕捉消灭红颈天牛与小蠹虫的幼虫、金龟子的成虫；用刷子清除枝干上的桑白蚧。

诱杀：通过黄蓝板扑杀蚜虫与果蝇；通过性诱剂降低果蝇、梨小食心虫的为害；通过杀虫灯诱杀金龟子、果蝇等。

糖醋液诱捕：通过糖醋液诱捕果蝇、梨小食心虫、金龟子等成虫。

释放天敌：利用中华甲虫蒲螨防治小蠹虫、天牛和桑白蚧等。

果蝇防治：利用微生物杀虫剂短稳杆菌防治果蝇安全有效。

果园生草：通过果园生草，增加果园生物多样性，保护利用自然天敌，充分发挥生态调控和自然天敌在果园病虫害控制中的作用，使一些害虫处在自然控制之下，不使用或少使用化学农药。

（二）生产管理

1. 建园

（1）园地选择　樱桃建园宜选择在排、灌水良好，不易受冻害、晚霜侵害的地段。以壤土与沙壤土为好，土壤无盐碱。易遭受霜冻的地段最好进行设施栽培。

（2）选苗与定植　新建园必须用根系发达，枝条充实，芽体饱满，无病虫害的优质壮苗。定植时剪平断根，用 3 倍根癌宁蘸根后栽植。栽植前挖深 80 cm、宽150 cm的栽植沟，挖出的土与腐熟后的牛羊粪混合后回填浇水沉实，将栽植行整成平台式高垄。栽后立即灌水、定干，定干高度80～90 cm，剪口涂油漆或凡士林保护。

2. 树形选择

改良纺锤形为较为理想的树形，定干90 cm，基部3主枝，并着生1～2级侧枝。主枝上部围绕中心干均匀分布10～15个单轴水平延长枝。该树形光照好，产量高，维持结果期长，乔化、矮化砧木均适合。

（1）幼树期整形修剪　改良纺锤形整形方法，定植后留80～90 cm定干，抠除第2～5芽，并定向刻芽新梢15～20 cm开角，秋季将枝条拉至90°。翌年，对中干和主枝剪截抠芽后，在中干上间隔20 cm左右，留1个主枝。继续开角拉枝。第3年春，强壮主枝可缓放不剪。根据着生位置，培养大、中、小各类枝组。生长期，对生长过旺的中干和主枝，及时摘心控制。第4年，注意培养紧凑、健壮的结果枝组，并及时更新复壮。树高达到3 m左右落头开心。过旺的主枝及时环剥控制生长，衰弱主枝及时复壮。

（2）盛果期修剪　盛果期树的修剪任务是：维持健壮树势、调整树体结构；逐年清理过多临时辅养枝，改善通风透光条件；及时更新复壮结果枝组，维持盛果期年限。

3. 肥水管理

（1）施肥　基肥于9月中下旬施入，幼龄园一般每亩施优质土杂肥2 000 kg，或生物有机肥500 kg加过磷酸钙50 kg，穴施或沟施。成龄园每亩施优质土杂肥4 000 kg，或生物有机肥800 kg，加过磷酸钙100 kg，沟施。同时，每年施入硼、锌、铁等微量肥2～5 kg。追肥可于发芽前、谢花后、果实膨大期和采果后4个时期进行。发芽前以氮肥为主，谢花后氮、磷、钾配合使用；果实膨大期以钾肥为主；采果后氮、磷、钾配合使用，也可随浇水冲施磷酸二氢钾等肥料。根外追肥，萌芽前喷1次尿素50倍液；谢花后喷1次锌钾钙宝1 000倍液；果实膨大期喷磷酸二氢钾300倍液。

（2）水分管理　灌水以微喷和滴灌为宜。土壤含水量要求在田间最大持水量的60%左右。发芽前灌1次小水；生理落果后和果实膨大期如土壤水分适宜，可不灌水；硬核期要保证水分供应，以免造成大量落果。每次施肥后要及时灌水。雨季要及时排水。

4. 花果管理

（1）花期管理　采取人工辅助授粉和果园放蜂等措施提高坐果率。花期放蜂可于花前按 200 头／亩的标准释放角额壁蜂，结合初花期喷 300 倍硼砂加 250 倍 PBO 可有效提高坐果率。

（2）果实管理　开花前疏除弱花序和过多花蕾，节约养分。生理落果后疏果，根据树势强弱，每个花束状果枝留果 3～4 个，疏除小果、畸形果和过密果。于果实膨大期及时排水，避免因降雨使土壤水分剧增而增加裂果。

5. 病虫害防治

根据甜樱桃主要病虫害的发生为害特点，全年喷药 6～7 次。萌芽前喷 3～5 °Bé 石硫合剂，铲除越冬病虫害。5 月上旬喷 4.5% 高效氯氰菊酯 2 000 倍液，防治介壳虫等各种害虫。6 月下旬喷 70% 代森锰锌 700 倍液加 41.5% 高效氯氰菊酯 3 000 倍液，防治叶片穿孔病和各种虫害。7 月上中旬喷 25% 灭幼脲 1 500 倍液，防治潜叶蛾等虫害。发生流胶病时可刮除胶体，涂树康或双氧水防治。如发生根癌病，可先将病瘤刮除干净，然后涂 30 倍根癌宁防治。落叶后及时清理果园，清除枯枝、落叶、病果、杂草等，集中埋入地下，减少病虫越冬基数，并进行主干涂白（生石灰 12 份、石硫合剂或硫黄粉 2 份、食盐 1 份、水 40 份）。

6. 果实采收贮藏

根据不同品种和成熟早晚分期采收。及时采收达到商品成熟标准的合格果实，并按市场要求及不同品种、不同规格等进行分级和包装。不能及时进入市场的果实经预冷后及时入库保鲜贮藏。

（三）应用效果

1. 减药效果

本模式与周边常规模式相比，减少化学农药防治次数 2～3 次；减少化学农药用量 30%～40%；病虫为害控制在 10% 以下。

2. 成本效益分析

亩均成本 0.5 万元，亩均产量 750 kg，亩均收入 2.25 万元，亩均纯收入 1.75 万元。

3. 促进品质提升

本模式下生产的樱桃，平均可溶性固形物在 18% 以上，比常规模式高 2%～3%。

（四）适宜区域

秦皇岛市及周边樱桃产区。

（赵艳华）

辽宁省露地甜樱桃农药减施增效技术模式

一、樱桃种植农药使用现状

辽宁省甜樱桃栽培面积约 2.1 万 hm^2，生产中存在农药用量大、使用方法不科学、利用率不高，造成成本增加、残留超标、环境污染等问题。为实现国家农药使用量零增长目标，开展了农药减量技术探索。在确保樱桃产量和品质不下降的前提下，开展准确的预测预报，提高药效，减少农药施用次数。适时开展低毒、低残留化学药剂防治，现在推广模式是年使用农药的次数 4～6 次，土施有机肥 1～2 次，追施化肥 3～5 次。

（一）常见病害及防治方法

1. 樱桃叶斑病

（1）症状　主要为害樱桃叶片，发病初期形成针头大的紫色小斑点，以后扩大，有的相互接合形成圆形褐色病斑，上生黑色小粒点，最后病斑干燥收缩，周缘产生离层，常由此脱落成褐色穿孔，边缘不明显，多提早落叶。

（2）发生规律　病菌在被害叶片上越冬，翌年温湿度适宜时产生子囊和子囊孢子，借风雨或水滴传播侵染叶片。此病在 7—8 月发病最重，可造成早期落叶，落叶严重的会导致树体在 8—9 月间形成开花现象，或冬季遭受严重的冻害。

（3）防治方法　加强综合管理，改善通风透光条件，增强树势，提高树体抗病能力。树体萌芽前彻底清除枯枝、落叶、剪除病枝，予以集中烧毁，消灭越冬菌源。谢花后至采果前，喷 1～2 次 70% 代森锰锌可湿性粉剂 800 倍液，或 50% 多菌灵可湿性粉剂 800 倍液，采果后，田间湿度大时或进入雨季时，喷 1～2 次

10% 多抗霉素可湿性粉剂 1 000～1 500 倍液。

2. 樱桃灰霉病

（1）症状　主要为害幼果、叶片或成熟果实，初侵染时病部水渍状，果实变褐色，后在病部表面密生灰色霉层，果实软腐脱落，并在表面形成黑色小菌核。

（2）发生规律　病菌以菌核及分生孢子在病果上越冬，樱桃展叶后随水滴、雾滴和风雨传播侵染。

（3）防治方法　及时清除树上和地面的病叶病果，集中深埋或烧毁。落花后田间湿度大时，及时喷布 50% 速克灵可湿性粉剂 2 000 倍液，或 10% 多抗霉素可湿性粉剂 1 000～1 500 倍液，或 70% 代森锰锌 700 倍液，或 20% 异菌·多菌灵悬浮剂 800～1 000 倍液，或 50% 多菌灵 1 000 倍液，或 50% 扑海因可湿性粉剂 1 000～1 500 倍液，或 65% 抗霉威可湿性粉剂 1 000～1 500 倍液。

3. 樱桃根瘤病

（1）症状　主要发生在根颈、根系及嫁接口处。发病初期，病部形成灰白色瘤状物，表面粗糙，内部组织柔软。病瘤增大后，表皮枯死，变为褐色至暗褐色，内部组织坚硬，木质化，大小不等，大者直径 5～6 cm，小者直径为2～3 cm。病树长势衰弱，产量降低。

（2）发生规律　病原细菌在病组织中越冬，大都存在于癌瘤表层，当癌瘤外层被分解以后，细菌被雨水或灌溉水冲下，进入土壤，通过各种伤口侵入寄主体内。传播媒介除水外，还有昆虫。土壤湿度大，通气性不良有利于发病。土温在18～22 ℃时最适合癌瘤的形成。中性和微碱性土壤，较酸性土壤发病轻，菜园地发病重。

（3）防治方法　土壤栽植，多施有机肥，提高土壤透气性。选用无癌瘤的苗木栽植，栽植前用 0.5～1 °Bé 石硫合剂蘸根（蘸上药剂后立即栽植以免烧根），或用根癌宁（K84）生物农药 30 倍液蘸根 5 min。选用抗病力较好的吉塞拉以及马哈利樱桃作砧木。

4. 樱桃细菌性穿孔病

（1）症状　主要为害叶片、新梢和果实。叶片受害后，初呈半透明水渍状淡褐色小点，后扩大成圆形、多角形或不规则形病斑，直径为 1～5 mm，紫褐色或黑褐色，周围有一淡黄色晕圈。湿度大时，病斑后面常溢出黄白色黏质状菌脓，病斑脱落后形成穿孔。

（2）发生规律　病菌在落叶或枝梢上越冬。病原细菌借风雨及昆虫传播。一般园内湿度大、温度高和春、夏雨季或多雾时发病重，干旱时发病轻。通风透光差，排水不良，肥力不足，树势弱，或偏施氮肥，发病重。加强综合管理，改善通风透光条件，增强树势，提高树体抗病能力。

（3）防治方法　萌芽前彻底清除枯枝、落叶、剪除病枝，予以集中烧毁，消灭越冬菌源。发芽前喷1次5°Bé石硫合剂，或45%晶体石硫合剂30倍液；花后及时喷72%农用链霉素可湿性粉剂3 000倍液，或90%新植霉素3 000倍液；采果后如有发生可喷1∶1∶100硫酸锌石灰液均有良好的防治效果。

5. 櫻桃流胶病

（1）症状　主要为害枝干。櫻桃流胶病的病原目前尚不清楚，多数认为是生理病害。患病树自春季开始，在枝干伤口处以及枝杈夹皮死组织处溢泌树胶。流胶后病部稍肿，皮层及木质部变褐腐朽，腐生其他杂菌，导致树势衰弱，严重时枝干枯死。

（2）发生规律　櫻桃流胶病的发生与树势强弱、冻害、涝害、栽植过深、土壤黏重、土壤盐碱严重、霜害、冰雹、病虫为害、施肥不当、修剪过重等有关。树势过旺或偏弱，冻、涝害严重，土壤黏重通气不良，乙烯利、赤霉素等激素使用浓度过高等发病就重；反之，树体健壮，无冻害，土壤通气性好，降水量适中，发病就轻或不发病。

（3）防治方法　选择透气性好、土质肥沃的沙壤土或壤土栽植櫻桃树。要避免冻伤和日灼，彻底防治枝干害虫，增施有机肥料，防止旱、涝灾害，提高树体抗性，修剪时要减少大伤口，注意生长季修剪，避免秋、冬修剪，避免机械损伤。对已发病的枝干，要及时彻底刮治，并用生石灰10份、石硫合剂1份、食盐2份和植物油0.3份加水调制成保护剂，涂抹伤口，或用21%过氧乙酸原液涂抹伤口。

6. 櫻桃皱叶病

（1）症状　属类病毒病害。有遗传性，感病植株叶片形状不规则，往往过度伸长、变狭、叶缘深裂、叶脉排列不规则、叶片皱缩，常常有淡绿与绿色相间的不均衡颜色，叶片薄、无光泽、叶脉凹陷，叶脉间有时过度生长。皱缩的叶片有时整个树冠都有，有时只在个别枝上出现。明显抑制树体生长，树冠发育不均衡。花畸形，产量明显下降。

（2）发生规律　通过嫁接、授粉或昆虫染病。病毒病是影响甜樱桃产量、品质和寿命的一类重要病害。对于病毒病和类菌原体病害的防治，目前尚无有效的方法和药剂。

（3）防治方法　隔离病原和中间寄主。一旦发现和经检测确认的病树，实行严格隔离，若数量少时予以铲除，防治的关键是消灭毒源，切断传播途径。

（二）常见虫害及防治方法

1. 二斑叶螨

（1）发生规律　二斑叶螨以成螨和若螨刺吸嫩芽、叶片汁液，喜群集叶背主叶脉附近，并吐丝结网于网下为害，被害叶片出现失绿斑点，严重时叶片灰黄脱落。1 年发生 8～10 代，世代重叠现象明显。以雌成螨在土缝、枯枝、翘皮、落叶中或杂草宿根、叶腋间越冬。当日平均气温达 10 ℃时开始出蛰，温度达 20 ℃以上时，繁殖速度加快，达 27 ℃以上时，干旱少雨条件下发生为害猖獗。二斑叶螨为害期是在采果前后，8 月发生为害严重。从卵到成螨的发育，历期仅为 7.5 d。

（2）防治方法　清除枯枝落叶和杂草集中烧毁，结合秋春树盘松土和灌溉消灭越冬雌虫，压低越冬基数。在害螨发生期用 1.8% 齐螨素乳油 4 000 倍液，或 15% 辛·阿维乳油 1 000 倍液防治。发生严重时，可连续防治 2～3 次。

2. 桑白蚧

（1）发生规律　桑白蚧以雌成虫和若虫群集固定在枝条和树干上吸食汁液为害，叶片和果实上发生较少。1 年发生 2～3 代，以受精雌成虫在枝条上越冬，翌年树体萌动后开始吸食为害，虫体迅速膨大，并产卵于介壳下，每头雌成虫可产卵百余粒。初孵化的若虫在雌介壳下停留数小时后逐渐爬出，分散活动 1～2 d 后即固定在枝条上为害。经 5～7 d 开始分泌出绵状白色蜡粉，覆盖整个体表，随即脱皮继续吸食，并分泌蜡质形成介壳。

（2）防治方法　发芽前喷 5 °Bé 石硫合剂，或 99% 绿颖乳油以及 99.1% 敌死虫乳油 100～200 倍液防治。结合修剪，剪除有虫枝条，或用硬毛刷刷除越冬成虫。采收后喷布 28% 蚧宝乳油 1 000 倍液，或 40% 速蚧杀乳油 1 000 倍液防治。

3. 卷叶蛾

（1）发生规律　1 年发生 2～3 代。花芽开绽时，幼虫开始出蛰，幼虫为害嫩芽、嫩叶及花蕾。展叶后缀连叶片为害并在两叶重叠处或卷叶中化蛹。卵产于叶片背面。卵期6～7 d。9月中下旬幼虫陆续作茧越冬。成虫有趋光性和趋化性，对果汁液、糖醋液及酒糟水均有较强的趋性。

（2）防治方法　发芽前，彻底刮掉树上翘皮，及时烧毁，消灭越冬幼虫。发芽前用拟除虫菊酯类杀虫剂1 000倍液在剪口、锯口及翘皮处涂抹，杀死茧中越冬幼虫。出蛰期结合防治山楂叶螨可在花序分离期喷药，选用的药剂有10%氯氰菊酯乳油2 000倍液，或20%阿维·灭幼脲可湿性粉剂1 500～2 000倍液。

4. 天幕毛虫

（1）发生规律　1年发生1代，樱桃展叶后，以完成胚胎发育的幼虫在卵壳中越冬。幼虫从卵壳中钻出，先在卵环附近吐丝张网并取食嫩叶嫩芽。白天潜居网幕内，晚间出来取食。一处叶片食尽后，再移至另一处为害。幼虫期6龄左右，虫龄越大，取食量越大，易暴食成灾。近老熟时分散为害。幼虫老熟后，在叶背面或杂草中结茧化蛹，蛹期12 d左右，羽化后在当年生枝条上产卵。

（2）防治方法　结合冬剪，剪除卵环带出园外烧毁。在幼虫为害期及时发现幼虫群，人工捕捉或喷药防治。药剂防治可喷布20%氰戊菊酯乳油2 000倍液，或2.5%溴氰菊酯乳油2 500倍液。

5. 梨小食心虫

（1）发生规律　1年发生3～4代，以老熟幼虫在树皮缝内和其他隐蔽场所做茧越冬。早春4月中旬越冬幼虫开始化蛹，5月中下旬第1代幼虫开始为害。为害樱桃的是第2～3代幼虫，出现在7月上旬至9月上旬，为严重为害期。露地幼树和苗圃地幼苗发生为害较重，雨水多，湿度大的年份有利成虫产卵，发生为害加重。

（2）防治方法　在被害新梢顶端叶片萎蔫时，及时摘掉有虫新梢，带出园外深埋。在各代成虫发生期，用糖醋液诱杀成虫，每亩挂碗5～10个。当诱蛾量达到高峰时，3～5 d后是喷药防治适期，可选用30%桃小灵乳油2 000倍液，或25%灭幼脲3号悬浮液1 500倍液，或10%氯氰菊酯乳油2 000倍液防治。

6. 绿盲蝽

（1）发生规律　1年发生3～5代，以卵在剪锯口、断枝、茎髓部越冬。露地早春4月上旬越冬卵开始孵化，5月上旬开始出现成虫，并产卵繁殖与为害。绿盲蝽有趋嫩趋湿习性，无嫩梢时则转移至杂草及蔬菜上为害。

（2）防治方法　清除杂草，降低园内湿度。发现新梢嫩叶有褐色斑点时，可喷施 10% 吡虫啉可湿性粉剂 3 000 倍液，或 2.5% 扑虱蚜可湿性粉剂 2 000 倍液。

7. 蛴螬类害虫

（1）发生规律　越冬蛴螬于春季 10 cm 处土壤温度达 10 ℃左右时开始上升至土壤表层，地温 20 ℃左右时，主要在土壤内 10 cm 以上活动取食，秋季地温下降至 10 ℃以下时，又移向深处的不冻土层内越冬。

（2）防治方法　结合松土翻树盘，捡出幼虫集中消灭。发现幼苗萎蔫时，将根茎周围的土扒开捕捉幼虫。虫口密度大的苗圃地，每亩用 5% 辛硫磷颗粒剂约 2 kg，播种时进行沟施，勿与种子接触。发现为害，采用灌药方法防治，可用 50% 辛硫磷乳油 1 000 倍液灌注根际，每株用药液 200 ml 为宜。

二、甜樱桃农药减施增效技术模式

（一）核心技术

本模式的核心内容主要包括"优良品种 + 准确的预测预报 + 生态土壤改良技术 + 计量化肥水配施技术 + 绿色防控"。

1. 优良品种

选择红灯、美早、萨米脱、佳红、雷尼、先锋、艳阳等适于露地栽培的品种，表现为丰产、裂果率低。

2. 准确的预测预报

使用农药时坚持"预防为主、综合防治"的原则，提高药效，减少农药施用次数。

3. 生态化土壤改良技术

通过深翻改土、增施生物有机肥，使其土壤结构及肥力得到明显改善，土壤活土层由原来 40 cm 左右，增厚到 50 cm 以上，土壤有机质含量增加 0.1%～0.3%，吸收根量明显增加，改善土壤根系生长发育的生态环境。

4. 计量化肥水配施技术

根据树龄和产量定时、定量、肥水配施。充分利用鸡粪、草炭、秸秆、锯末等，在保证碳氮比（25～30）∶1 的条件下，应用生物有机肥，按每产 50 kg 果计算，用量为生物有机肥 10 kg、尿素（含量 46%）0.62 kg、磷酸二铵（含 N 18%、P_2O_5 46%）0.39 kg、硫酸钾（含量为 50%）0.35 kg、钙镁肥料 2 kg。春季施用总量的 1/3，秋季施用总量的 2/3。

（二）生产管理

甜樱桃采果前基本不用药。萌芽期喷一遍 5 °Bé 石硫合剂加 300 倍硼砂溶液，可铲除越冬病虫，提高坐果率。可在盛花期（4 月下旬）喷 1 次 70% 代森锰锌 500 倍液，10% 吡虫啉可湿性粉剂 2 000～3 000 倍液等药，也可防治蚜虫、桑白蚧、卷叶虫等樱桃树常见虫害。果实采收后，全园喷施多抗霉素 500 倍液加 70% 代森锰锌 1 000 倍液，或 13% 阿维螺螨酯（1% 阿维菌素及 12% 螺螨酯）1 000 倍液等防治叶斑病、褐腐病等病害及红蜘蛛等虫害，间隔 10 d 连喷 2 次。6 月中下旬、7 月下旬再喷 2 次杀菌剂和杀虫剂，完成全年树体的病虫害防治。

秋施基肥施用的最佳时期为初秋，于 8 月上旬，亩施 8 m^3 腐熟的牛粪、鸡粪、羊粪等混合的农家肥，采用条状沟施肥法进行土壤施肥。第 1 年在树盘外围的两侧各挖 1 条深 30～40 cm，宽 30 cm，长约树冠的 1/4 的半圆形沟，翌年施树冠的另两侧，或在树盘外围挖圆形沟，将有机肥和化肥与土拌匀后施入，并覆土盖严。萌芽期追肥，萌芽初期采用放射沟施肥法进行施肥。从距树干 50 cm 处向外开始挖 6～8 条放射状沟，沟深、宽 10～15 cm，沟长至树冠的外缘，施入速效性化肥或生物有机肥，施后覆土盖严。开花后、果实硬核期及转色期随水冲施 3～4 次氮磷钾复合肥，花后以氮磷钾（15-15-15）平衡肥为主，主要补充氮素满足坐果及抽枝展叶的营养需求；硬核期以高磷为主，主要满足根系生长的需要；转色期以高钾为主，提高果实甜度，每次亩施 5 kg。采果后结合叶面喷肥灌水，分别喷施 0.3% 磷酸二氢钾和 800 倍氨基酸钙溶液以及奥普尔液肥，保护叶片，促进光合作用。

（三）应用效果

1. 减药效果

露地樱桃采用铺设防草布、膜下滴灌等措施，降低病害发生；采用性诱剂测报梨小食心虫与防治相结合；推进杀虫灯、诱虫带、金纹细蛾性诱剂诱捕器和害虫诱捕器等新型产品控制果园害虫为害；应用赤眼蜂和白僵菌进行生物防治；蚜虫防治采用诱蚜板与喷布高效低毒农药相结合；卷叶虫防治采用留枝密度与喷布高效低毒农药相结合；红蜘蛛防治与扩大天敌数量、杀卵与杀成虫相结合；7 月上旬至 8 月重点防治早期落叶病，降低病虫果率。

2. 成本效益分析

采取物理防治措施、生物防治措施与化学防治相结合的综合防治技术，年用药次数对比常规防治减少 2 次，减量 30%，病虫畸形果率控制在 5% 以下。按每产果 100 kg，施生物有机肥 10 kg，纯氮 0.8 kg、磷 0.4 kg、钾 0.8 kg，春季（5 月下旬）施用总量的 1/2，秋施（8 月下旬）1/2，并加入 0.8 kg 有效钙，同时每亩施入腐熟有机肥 3 000 kg。

3. 促进品质提升

由于采用了生态化土壤调控技术，树体生长发育良好，枝条粗壮，叶片营养含量高，树体抗寒力增强，无冻害现象。7～9 年生树平均亩产稳定在 1 000 kg 左右，优质果率达到 95% 以上。

（四）适宜区域

辽宁省大连市瓦房店以南适种地区。

（张琪静、李军）

山东省临朐县樱桃化肥农药减施增效技术模式

一、樱桃生产化肥施用现状

樱桃是山东省临朐县的支柱产业之一，对临朐县农民增收、扩大就业方面发挥着重要作用。樱桃种植效益高，生长量大，果农为了增加果个，增加效益，往往过量施用化肥，不仅增加种植成本，还会造成环境污染、土壤酸化，导致樱桃品质下降。

（一）化肥施用量大

果农跟风施肥现象严重，普遍过量施用化肥增产，临朐县樱桃化肥施用量为：秋施基肥施用平衡复合肥盛果期树 1～2 kg/ 株，幼树 0.25～1 kg/ 株；盛果期树花后平衡复合肥 1～1.5 kg/株；硬核期高钾复合肥 1～1.5 kg/株；采果后"月子肥"高磷钾复合肥 1～2 kg/株；在硬核后、"月子肥"和秋施基肥施用钙镁磷肥和微量元素肥 0.5～1 kg/株。化肥施用严重过量，造成土壤酸化、利用率低、水土污染、果实品质下降等。

（二）化肥利用率低

由于大量施用化肥，造成土壤酸化，化肥利用率低，利用率不足 35%，而美洲、欧洲等发达国家化肥利用率可达到 60% 以上，通过对果树叶片、果实检测精准施肥进而可以提高化肥利用率。

（三）化肥施用副作用

山东省临朐县从 20 世纪 90 年代开始种植樱桃，近年来发展迅速，目前有樱桃接近 10 万亩，其中，保护地栽培 4 万多亩，樱桃成为临朐县主要的支柱产业，大量施用化肥增加了成本，造成了浪费和环境污染，降低了樱桃品质，对临朐樱桃可持续发展造成不利影响。

二、樱桃生产农药施用现状

随着樱桃面积增大，生产中病虫害逐渐增多，目前防治樱桃病虫害的措施有化学防治、物理防治、生物防治、农业防治等，以化学防治为主，由于广大果农对防治知识欠缺，造成农药的过量施用和滥用、乱用现象严重，污染了环境，增加了病虫害的抗药性，制约了樱桃的健康发展。

（一）农药施用量大

长期大量施用农药，容易造成病虫害抗药性，特别是叶螨、炭疽病、褐腐病、褐斑病、灰霉病、花腐病等，长期施用单一农药，导致剂量加大，防治效果降低，防治成本增加等问题。同时造成农药在土壤中残留，污染土壤和水质。

（二）化学农药依赖性高

在病虫害防控中，应该以防为主，防治结合，但在实际防控中，化学农药依赖性高，防治措施单一，生物农药施用量少，物理防控不及时，大量有益生物和病虫害天敌被杀死，导致生物多样性遭到破坏，自我调节能力降低，病虫害抗药性加大，病虫害个别年份泛滥，造成秋后大量落叶，花芽分化不良，樱桃产量降低。

（三）农药利用率低

果农施用农药不够科学，喷药时方式不够合理，喷药设备落后，喷药水滴大，农药雾化程度低，造成农药用量大，效果差，喷布不均匀，有漏喷现象，病虫害反复传播感染，农药利用率低。例如叶螨防治中，没喷到的个别枝叶螨大发生，从而造成全园叶螨发生，重新喷药防治，增加了用工量和农药成本。

三、樱桃化肥农药减施增效技术模式

（一）核心技术

本模式的核心技术内容主要包括"适合当地的优良品种＋平衡配方施肥＋绿色防控＋全程机械化"。

1. 适合当地的优良品种

选择适合保护地栽培的美早、先锋、拉宾斯、布鲁克斯、萨米脱等品种，特点是丰产性好，品质高。

2. 配方平衡施肥

增加有机肥的施用，优化土壤结构，平衡土壤 pH 值，提高化肥利用率，同时增加钙镁磷肥和微量元素肥用量，平衡施肥，提高樱桃果实品质，氮磷钾复合肥减少到盛果期 2.5～3 kg/ 株，充分腐熟的有机肥 25 kg/ 株以上，有机肥以秋施基肥为主，施肥时间为 8 月底至 10 月上旬，开沟施肥，钙镁磷肥和微量元素肥同时施用；复合肥主要分花前、花后、硬核后、采果后（月子肥）等，放射沟施用，施肥后立即浇水。

3. 病虫害绿色防控

以防为主，防治结合，多用生物农药，减少化学农药用量，用药有茨木霉菌、春雷霉素、苦参碱、苏云金杆菌、石硫合剂、波尔多液等生物、菌类和无机杀菌杀虫剂，喷药时加保护性杀菌剂，例如代森锰锌、代森锌、代森联、丙森锌、多宁等，防止病害侵染。

4. 全程机械化

主要包括喷药机、开沟机、选果机、水肥一体化和保护地栽培自动卷帘机、自动开风机、光照补光灯等。

（二）生产管理

1. 园址的选择与规划

櫻桃是经济价值很高的果树，为了获得良好的经济效益，要求从选择园址开始，即要高标准、严要求地建园。

2. 品种选择与配置

（1）品种选择　从品种上首先要求发展最优良的品种，做到高起点，苗木繁殖不要重复育苗，以使根系发达。在发展樱桃时要考虑市场的需要，根据不同地点，选择不同品种。

（2）配置授粉品种　櫻桃属异花授粉品种，自花授粉结实率低，只有个别品种如拉宾斯、先锋、黑珍珠自花结实，但最好还是配授粉树。所以生产上发展果园时一定要配置授粉树。

在成片的樱桃园中，授粉树种不能少于1/3，授粉品种要求2种以上。

3. 栽植密度与方式

（1）栽植密度　栽植密度要考虑到立地条件、砧木种类、品种特性及管理水平。一般立地条件好，乔化砧品种生长势强，栽培密度要稀一些；山地果园、矮化砧、品种生长势弱则栽植密度就密一些。

（2）栽植方式　栽植方式根据地形而定。一般采用南北行，通风透光，可以进行宽行密植，便于机械化操作，省工省力。

4. 栽植时期和方法

（1）栽植时期　栽植时期分为秋季栽植和春季栽植。

（2）起垄栽植　櫻桃特别怕涝，为了防止内涝，利于排水，并保证根系土壤通气，可以用小挖或者深翻犁起垄，垄顶整平，形成宽1～1.5 m垄顶，垄高20～40 cm，将树种在垄的中央。这种方法不但有利于排涝，保证根系处不积水，同时表土增厚，特别有利于幼树的生长。

（3）栽植　栽植时按株行距要求，挖一个与根系大小相适应的小穴，树苗放在穴中，使根系伸展，而后填上疏松的表土，埋土后稍提苗，使根系四周与土壤密接，再踏实，整树盘，浇水，而后树周培土堆，防止风把树刮歪。

（4）地膜覆盖　北方地区常常春季干旱，樱桃栽植后，浇水非常费工，同时灌水会降地温，减少土壤的空隙度，不利于根系生长。在树盘覆盖地膜，两边用土压好。

5.修剪

修剪是调整树冠结构和更新枝类组成的技术措施。一般分为冬季修剪和生长季修剪，主要手法有短截、疏枝、回缩、甩放、除萌、摘心、拉枝、拿枝、环剥（刻）、刻芽等。

樱桃一般采用纺锤形、丛状形、小冠疏层形、篱壁形、UFO形等，根据不同砧木、品种、地块等确定不同树形。

6.浇水

适时浇水。樱桃浇水，要根据其生长发育中需水的特点和降雨情况来进行。在北方一般春季比较干旱，要浇好萌芽水、花后水、膨大水、采果后水、越冬水，其他浇水视干旱情况而定。

及时排水。樱桃树最怕涝，在栽植时采用高垄栽植，可以防止受涝，对于泛涝地，要求行间中央挖排水沟，沟中的土堆在树干周围。形成一定的坡度，使雨水流入沟内，顺沟排出。整个樱桃园要注意排涝，避免积水。

7.施肥

樱桃不同树龄和不同时期对肥料的要求不同，3年生以下的幼树，树体处于扩冠期，营养生长旺盛，这个时期对氮需要量多，应以氮肥为主，辅助适量的磷钾肥，促进树冠的形成；4～6年生初果期树，应以施有机肥和复合肥为主，做到控氮、增磷、补钾，主要抓好秋施基肥和花前追肥；7年生以上盛果期树，除秋施基肥、花前追肥外，要注重采果后追肥和增施氮肥，防止树体结果过多而早衰。

施肥坚持的原则是：有机肥集中施用，速效肥尽量均匀施用，做到少量多次，或者施用控释肥、缓释肥。

8.花果管理

花期授粉，樱桃大多数品种需要异花授粉，即使有一定自花授粉能力的品种也是异花授粉结实率高。因此建园时必须配置授粉树，同时还必须由昆虫或人工辅助授粉。

9.病虫害防治

（1）发芽前3月中下旬发芽前喷5 °Bé 石硫合剂或者硫黄粉、清园药，适当晚喷，有效杀灭越冬病虫和卵，降低病虫基数。

（2）花前喷100～150倍PBO控长，同时加腐霉利或异菌脲等防止灰霉病发生。

（3）展叶后至4月下旬喷70%代森锰锌600～800倍液，或50%异菌脲1 000～1 500倍液，或10%多氧霉素1 000～1 500倍液，或多宁、10%吡虫啉3 000倍液，或22.4%螺虫乙酯1 000倍液，或25%灭幼脲3号1 000倍液，或甲维盐等。预防穿孔病、叶斑病、早期落叶病、褐腐病、炭疽病、绿盲蝽、金龟子、桑盾蚧、苹果小卷叶蛾等。各药交替使用。

（4）硬核后、采果后各喷尼索朗或四螨嗪或乙螨唑或螺螨酯，70%代森锰锌600～800倍液，或50%异菌脲1 000～1 500倍液，或10%多氧霉素1 000～1 500倍液，或者腐霉利、三唑类杀菌剂、多宁、必备、科博、波尔多液等保护剂，6月下旬喷1.8%阿维菌素3 000倍液，或50%多菌灵600～700倍液或菊酯类、酰胺类、甲维盐等杀虫剂和25%灭幼脲3号1 000倍液或者菌类制剂。防治红蜘蛛、穿孔病、叶斑病、落叶病、炭疽病、苹果小卷叶蛾、梨小食心虫等。各药交替使用。

（5）8—9月喷10%吡虫啉3 000倍液，或啶虫脒、噻虫嗪、10%氯氰菊酯2 000～2 500倍液和氯虫苯甲酰胺、甲维盐等。三唑类杀菌剂或者生物菌类药剂可防治樱桃落叶病、叶斑病、穿孔病，苹果小卷叶蛾、刺蛾、舟形毛虫、梨花网蝽、小叶蝉等。

（三）应用效果

1. 减肥减药效果

本模式与周边常规生产模式相比，减少化肥用量30%左右，化肥利用率可提高15%；减少化学农药防治次数3次，可减少化学农药用量30%，农药利用率可提高35%，病虫害为害控制在10%以下。

2. 成本效益分析

亩均生产成本5 000元，亩均产量1 000 kg，亩均收入15 000元，亩均纯收入10 000元。

3. 促进品质提升

本模式下生产的樱桃平均可溶性固形物在15%以上，比常规高4%。

（四）适宜区域

潍坊市及周边樱桃产区。

（王玉宝）

山东省烟台市福山区樱桃化肥农药减施增效技术模式

一、樱桃生产化肥施用现状

樱桃产业已发展成为山东省烟台市福山区特色主导产业，成为全区农民收入的重要来源。全区樱桃面积 11 万亩，总产量超过 8 万 t，产值突破 10 亿元。尽管该区樱桃生产管理技术相对来说已经比较成熟，但不合理施肥问题仍比较突出，化肥施用总量和强度偏高，造成土壤酸化，有机质含量低，导致个别园片出现果个变小、品质下降等问题，主要表现在以下几方面。

（一）施肥结构不合理

生产中存在重化肥、轻有机肥的现象。目前，樱桃园土壤管理的主要问题是有机肥施用量明显不足。由于有机质含量低，往往出现果个变小、品质下降、冻害加重、缺素症增多、病毒病加剧等问题。化肥用量相对较多，造成部分园片土壤酸化，保水保肥能力较差。

（二）施肥时期存在盲目性和随意性

樱桃的需肥时期与其生长发育时期密切相关。有的果农不是根据樱桃的需肥特点施肥，而是以资金、劳动力等人为因素和天气降雨情况确定施肥时期，因而达不到施肥的预期目的，有时还会适得其反。有的果农将樱桃秋施基肥推迟到翌年春季施用，由于养分不能及时转化分解被根系吸收，减少了树体营养积累，影响花芽形成，导致树体衰弱，开花、坐果和果实发育不良，降低品质。

（三）施肥方法不当，造成肥料浪费

果农施肥时，有的施肥深度过浅，造成养分挥发浪费；有的肥料未施在根系集中分布区，不利于根系吸收，降低了肥料利用率，特别是磷肥因移动性差，不利于肥效发挥；有的施肥点偏少或未与土壤充分搅拌，肥料过于集中，造成土壤局部养分浓度过高，常易产生肥害。

二、樱桃生产农药使用现状

在樱桃生产中，由于成熟较早、果实发育期较短，病虫害防治压力相对较轻，农药使用量较少。目前，防治樱桃病虫害的措施有农业防治、化学防治、生物防治、物理防治、植物检疫5种方法，其中，化学防治因防治谱广、作用快、效果好、使用方便等优点，仍是当前的主要防治手段。农民在生产中虽然总结出一些施药经验和办法，但仍有部分果农不按照农药安全使用准则施药，盲目加大使用剂量、增加使用次数，造成害虫产生抗药性，导致防治效果下降，继而导致用药剂量不断增加，形成"虫害重—用药多"的恶性循环。同时，当地个体农户主要采用一家一户的分散式防治手段进行防治，且药械设备简陋，导致药液在喷施过程中常出现滴漏、飘失等情况，农药利用率低。

三、樱桃化肥农药减施增效技术模式

（一）核心技术

本模式的核心内容主要包括"树下覆盖、行间生草+平衡施肥+水肥一体化+病虫害绿色防控"。

1.果园树下覆盖、行间生草

树盘覆盖无纺布，可抑制杂草、提高地温、减少积水。行间生草能够稳定根层土壤温湿度条件，利于根系生长，同时提高土壤有机质含量和改善果园小气候，达到提高果实产量和品质的目的。生草制所选草类应以自然生草和豆科草本为宜。

2.平衡施肥

平衡施肥要坚持有机无机相结合，并以有机肥为主，运用测土配肥技术，制定科学合理的肥料配比。根据樱桃的需肥特点，分期分批施入肥料。基肥最佳施用期为9月，可施入全部有机肥，氮肥和磷肥占年施用总量的70%，钾肥占年施用总量的40%，以利于树体贮藏和积累养分；春季樱桃萌芽开花前可追施氮肥和磷肥总量的15%，钾肥总量的50%，以促进果树春梢和果实生长；夏季果实采收后可追施氮肥和磷肥总量的15%，钾肥总量的10%，以补充树体营养，促进花芽分化。施肥方法采取环状或放射状沟施，施肥深度20~30 cm。同时，配合施用中、微量元素肥料。

3. 水肥一体化

在有较好水浇条件的樱桃园推广水肥一体化技术，利用管道灌溉设施将肥料定量施入樱桃园，具有定量、及时、省工、节水、提高肥料利用率等优点。

4. 病虫害绿色防控

以农业和物理防治为基础，生物防治为核心，按照病虫害的发生规律和经济阈值，科学使用化学防治技术，有效控制病虫为害。通过剪除病虫枝，深埋枯枝落叶，刮除树干老翘皮，科学施肥等措施抑制病虫害发生。根据害虫生物学特性，采取安装杀虫灯、粘虫板、粘虫带、糖醋液等方法诱杀害虫。根据防治对象的生物学特性和为害特点，允许使用生物源农药、矿物源农药和低毒有机合成农药，有限度地使用中毒农药，禁止使用剧毒、高毒、高残留农药。

具体操作要抓好休眠期、萌芽期、花果期和采后期四个时期。休眠期：彻底清园，以减少病虫发生基数，消灭越冬病虫。同时，加强树体保护，对剪锯口和刮皮处，涂以杀菌剂或油漆，防止病害感染。干枝期：在 3 月中下旬全树普喷一次 5°Bé 石硫合剂或多菌灵 200 倍液。有草履蚧发生的地片，应在 3 月中旬幼虫低龄时，加喷 1 次农地乐或乐斯本 1 000 倍液进行防治。花果期：主要病虫害是金龟子、绿盲蝽、桑白蚧。金龟子药剂防治较难，主要措施就是人工捕捉和安装频振式杀虫灯诱杀。绿盲蝽可在发生初期喷扑虱蚜或菊酯类农药进行防治。桑白蚧 5 月中旬左右使用农地乐和乐斯本，使用倍数为 1 000～1 200 倍，必要时间隔 10 d 左右再喷 1 次。采后期：是多种病虫混发季节，有褐斑穿孔病、潜叶蛾、二斑叶螨、梨网蝽等。对穿孔落叶病，应在樱桃采摘后立即喷波尔多液等量式 200 倍液进行防治，连续 2～3 次。后期可喷喷克或大生 600 倍液。对于虫害，可根据发生种类和程度，选用灭扫利、吡虫啉、灭幼脲、虫酰肼、阿维菌素、蛾螨净等进行防治。提倡药剂混用，实行病虫兼治。

（二）应用效果

1. 减肥减药效果

本模式与周边常规生产模式相比，可减少化肥用量 20%；可减少化学农药防治次数 2 次，减少化学农药用量 25%。

2. 成本效益分析

亩均生产成本 3 700 元，亩均产量 800 kg，亩均收入 12 800 元，亩均纯收入 9 100 元。

（三）适宜区域

烟台市及周边樱桃产区。

（吕杰玲）

云南省玉溪市红塔区樱桃化肥农药减施增效技术模式

一、樱桃生产化肥施用现状

樱桃是云南省红塔区山区重要的高原特色经济作物，作为山区群众的重要农业支柱产业，在促进当地群众增加收入和有效解决农村剩余劳动力、扶助低收入家庭发展生产、拓宽增收渠道等方面起了重要的作用。樱桃素有"春果第一枝"的美称，果实色泽艳丽，营养丰富，4月至5月初成熟上市，采收期短，成熟期恰逢鲜果上市的空当，因而价格高，经济效益高，发展前景好。当地樱农为了获得更高的产量，常常以增施化肥来增加产量，不仅增加种植成本，还引发环境污染，甚至造成产量下降。

（一）化肥施用量大

目前，生产上普遍采取增施化肥以获得高产和高收益。以研和街道可官社区9组玉溪金樱会樱桃产销合作社所在地为调查对象，通过调查发现，多数樱区化肥施用量为尿素300～375 kg/hm²、高浓度复合肥（15–15–15）750～825 kg/hm²，折合为N 250.5～297 kg/hm²、P_2O_5 112.5～124.5 kg/hm²、K_2O 112.5～124.5 kg/hm²。在樱桃生产中，化肥尤其是氮肥的过量施用不仅造成樱桃土壤质量和樱桃品质的逐渐下降，多余肥料流失引起的水体污染，还对生态环境构成威胁。

（二）化肥施用成本高

红塔区2020年樱桃销售价为15 000元/t，按1.687 5 t/hm²的平均产量计算，每公顷收入253 125元。据调查显示，每公顷的平均生产成本为16 175元，其中肥料成本就达 12 375 多元。

二、樱桃生产农药施用现状

在樱桃生产中，病虫害是导致减产的重要原因。目前，防治樱桃病虫害的措施主要化学防治和农业防治等方法进行，其中，化学防治快速高效、使用方法简便，不受地域限制和季节限制，便于大面积机械化防治、省时省力，是红塔区樱桃病害的主要防治措施。但樱桃生产过程中用药单一现象十分普遍且长期存在，不仅带来了严峻的环境问题，还制约了樱桃产业的健康发展。

（一）农药施用单一

当地樱农对化学农药的长期单一施用，使某些害虫产生不同程度抗药性等缺点。导致防治效果下降，用药剂量逐渐增加，同时，过量农药在土壤中残留能造成土壤污染，进入水体后扩散造成水体污染，或通过飘失和挥发造成大气污染，严重威胁生态环境安全。

（二）农药依赖度高

在红塔区，目前防治樱桃害虫、地下害虫等主要用高氯氟氰菊酯、辛硫磷颗粒剂、石硫合剂等化学农药，即樱桃病虫害防治用药单一化现象严重，害虫产生抗药性，由于选择性差，部分农药在杀灭害虫的同时杀灭大量有益生物，导致生物多样性遭到破坏，自我调节能力降低，病虫害继而再度暴发。

（三）施用技术及药械落后

红塔区的山区作为樱桃种植主产区，农民在长期种植樱桃过程中虽然总结出一些施药经验和办法，但施药方式不够科学合理。同时，当地樱桃主要采用一家一户的分散式防治手段进行病虫草害防治，且多选用小型手动喷雾器等传统药械，因药械设备简陋、使用可靠性差等，导致药液在喷施过程中常出现滴漏、飘失，不环保，操作人员易中毒等情况，其药效较低。

三、常见病虫害及防治方法

（一）常见病害及防治方法

1.甜樱桃褐斑病

症状　主要为害叶片。初期在嫩叶上形成具有深色中心的黄色斑，病斑边缘逐渐变厚并呈黑色或红褐色，病斑近圆形、浅黄褐色至灰褐色，边缘紫红色。常多斑愈合，并随着中心生长、干化和皱缩，最终脱落形成孔洞。病斑上具黑色小粒点，即病菌的子囊壳或分生孢子梗。有时也可为害新梢，病部可生出褐色霉状物。

发生规律　病原以菌丝体或子囊壳在病叶上或枝梢病组织内越冬，第2年春产生子囊孢子或分生孢子，借风雨或气流传播，进行初侵染和再侵染。树势衰弱、湿气滞留或夏季干旱发病重。

防治方法　发病初期用50%甲基硫菌灵可湿性粉剂800倍液，或75%百菌清可湿性粉剂600倍液，或15%三唑酮可湿性粉剂800倍液叶面喷施。

2. 甜樱桃叶斑病

症状　该病主要为害叶片，也为害叶柄和果实。叶片发病初期，在叶片正面叶脉间产生紫色或褐色的坏死斑点，同时在斑点的背面形成粉红色霉状物，后期随着斑点的扩大，数斑联合使叶片大部分枯死。有时叶片也形成穿孔现象，造成叶片早期脱落，叶片一般5月开始发病，7—8月高温、多雨季节发病严重。

发生规律　致病菌在病残落叶上越冬。翌年4—5月，病残体形成子囊和子囊孢子，随风雨传播，造成侵染，尤其夏季降雨多的年份，或地势低洼、枝条郁闭的果园发病严重。潜育期1~2周，表现症状后产生分生孢子，借风雨侵染。

防治方法　发病初期70%甲基硫菌灵可湿性粉剂800倍液，或75%百菌清可湿性粉剂600倍液，或50%多菌灵可湿性粉剂800倍液叶面喷施。

3. 甜樱桃细菌性穿孔病

症状　发病初期叶片上出现半透明水渍状淡褐色小点，扩大成紫褐色至黑褐色圆形或不规则形病斑，边缘角质化，周围有水渍状淡黄色晕环。病斑干枯，病、健交界处产生一圈裂纹，病斑脱落形成穿孔。有时数个病斑相连，形成1个大斑，焦枯脱落而穿孔，其边缘不整齐。果实染病形成暗紫色中央稍凹陷的圆斑，边缘水渍状。天气潮湿时，病斑上常出现黄白色黏质分泌物；干燥时，病斑及其周围常发生小裂纹，严重时产生不规则大裂纹，裂纹处常被其他病菌侵染而引起果腐。枝条染病后，一是产生春季溃疡斑，发生于上年已被侵染的枝条上，春季当新叶出现时，枝梢上形成暗褐色水渍状小疱疹块，可扩展至1~10 cm，但宽度不超过枝条直径的1/2，有时可造成枯梢现象，春末表皮破裂，病菌溢出，开始蔓延；二是产生夏季溃疡斑，夏末在当年嫩枝上产生水渍状紫褐色斑点，多以皮孔为中心，圆形或椭圆形，中央稍凹陷，最后皮层纵裂后溃疡。夏季溃疡斑不易扩展，但病斑多时，也可致枝条枯死。

发生规律　病菌在落叶或枝条病组织（主要是春季溃疡病斑）内越冬。翌年随气温升高，潜伏在病组织内的细菌开始活动。甜樱桃开花前后，细菌从病组织中溢出，借助风、雨或昆虫传播，经叶片的气孔、枝条和果实的皮孔侵入。叶片一般于 5 月中下旬发病，夏季如干旱，病势进展缓慢，8—9 月秋雨季节又发生后期侵染，常造成落叶。温暖、多雾或雨水频繁，适于病害发生。树势衰弱或排水不良、偏施氮肥的果园发病常较严重。

常用化学防治　发芽前喷 5 °Bé 石硫合剂或 1∶1∶100 波尔多液，或 30% 绿得宝胶悬剂 400～500 倍液。发芽后喷 72% 农用链霉素可湿性粉剂 3 000 倍液，或硫酸链霉素 4 000 倍液，或硫酸锌石灰液（硫酸锌∶消石灰∶水 = 1∶4∶240），每隔 15 d 喷洒 1 次，连续喷 2～3 次。

4. 甜樱桃根癌病

症状　也称甜樱桃根瘤病、冠瘿病、根头癌肿病。根癌病可发生在树体的多个部位，通常见于根颈、侧根及主根上、嫁接口处，又可发生在枝干上。病瘤为球形或不规则的扁球形，初生时乳白至乳黄色，逐渐变为淡褐至深褐色。瘤内部组织初生时为薄壁细胞，愈伤组织化后渐木质化，瘤表面粗糙，凹凸不平。

发生规律　甜樱桃根癌病的致病菌为根癌土壤杆菌。根癌病的发病机理是土壤中的根瘤农杆菌通过根系伤口侵入，在侵染部位形成肿瘤。根癌病菌主要存在于病瘤组织的皮层，在病瘤外层被分解、破裂之后，病菌进入土壤中，雨水和灌溉水均可使其传播。根癌病菌可在土中存活 1 年以上。地下害虫和线虫也可传播病菌，苗木带菌是远距离传播的主要途径。根癌病的发病期较长，6—10 月均有病瘤发生，以 8 月发生最多，10 月下旬结束。土壤湿度大有利于发病，土温 18～22 ℃、湿度 60% 最适宜病瘤的形成。土质黏重、排水不良时发病重，土壤碱性发病重，土壤 pH 值 5 以下时很少发病。

防治方法　加强果园管理，增强树势，提高果树抗病能力，是预防根癌病的根本方法。

5. 甜樱桃炭疽病

症状　炭疽病主要为害部位是果实和枝梢，尤其为害幼果最为严重。在桃树和李子树混栽区域有时互为感病，损失严重。幼果初期发病时果面呈褐色水渍状，随着果实膨大，病斑也扩大，呈红褐色，病斑圆形或椭圆形，并明显凹陷。

成熟果主要在果顶发病，病斑凹陷，有明显的同心环，在潮湿时病变处有朱红色小粒点（分生孢子盘）。嫩梢发病开始出现水渍状斑，并逐渐呈现出褐色的椭圆形、有时为不规则的病斑，病变与正常处交界明显，随着病斑渐大，嫩叶变黑且回缩萎蔫干枯。

发生规律　该病菌以菌丝在病梢组织、树上僵果中越冬。翌年3月上中旬至4月中下旬产生分生孢子，借风雨、昆虫传播，初侵染新梢和幼果。近成熟期如遇多雨年份，果实常发生该病。并在病果上形成大量分生孢子，5—6月再侵染。

防治方法　春季萌芽前（3月初）对树体喷洒3～5 °Bé 石硫合剂。于花前和花后分别用50%多菌灵可湿性粉剂800～1 000倍液和10%苯醚甲环唑800～1 000倍液交替喷施2次。在初果期和果实膨大期的45 d内，10%苯醚甲环唑800～1 000倍液，或80%代森锰锌600～800倍液，或70%甲基硫菌灵800倍液交替喷雾。

（二）常见虫害及防治方法

1. 蚜虫

发生规律　从出苗后的整个生育期均可受到蚜虫为害，但以花期为害最为严重。蚜虫多集中在植株幼茎、嫩叶及顶端幼嫩部位，造成植株生长停滞，减产。

防治方法　在为害严重时期可选用15%吡虫啉可湿性粉剂1 000倍液，或50%抗蚜威可湿性粉剂800倍液喷施。

2. 粉蚧

发生规律　该虫每年可发生3代，以成虫或者若虫在树的枝干粗皮缝中越冬，以树干上部东西向皮缝中最多。翌年4月下旬出蛰。第1代发生期在5月底至6月底，盛期为6月上旬。第2代发生期在7月初至8月上中旬，孵化盛期在7月中下旬。第3代（进入越冬代）于8月上中旬开始发生，孵化盛期约在9月初，约10月上旬可全部休眠越冬。第1～2代为害最重（6—8月）。第1代若虫期约28 d，雌成虫期约22 d，雄成虫期约10 d；第2代若虫期约27 d，雌成虫期约12 d，雄成虫期约3 d。第1～2代是为害甜樱桃的主体，为害的主要部位为嫩枝、叶片等。进入雨季后，其分泌物招致的霉菌可将叶片、果实及枝条染黑，影响产量。

防治方法　5月底至6月初用敌敌畏乳油1 000倍液防治；7月上中旬可用25%喹硫磷乳油1 000～1 500倍液加4.5%高氯2 000倍液防治。

3. 苹掌舟蛾

发生规律　苹掌舟蛾1年发生1代。以蛹在寄主根部或附近土中越冬。在树干周围半径0.5～1 m，深度4～8 cm处数量最多。成虫最早于翌年6月中下旬出现；7月中下旬羽化最多，一直可延续至8月上中旬。成虫多在夜间羽化，以雨后的黎明羽化最多。白天隐藏在树冠内或杂草丛中，夜间活动；趋光性强。羽化后数小时至数日后交尾，交尾后1～3 d产卵。卵产在叶背面，常数十粒或百余粒集成卵块，排列整齐。卵期6～13 d。幼虫孵化后先群居叶片背面，头向叶缘排列成行，由叶缘向内蚕食叶肉，仅剩叶脉和下表皮。幼虫的群集、分散、转移常因寄主叶片的大小而异。为害梅叶时转移频繁，在3龄时即开始分散；为害苹果、杏叶时，幼虫在4龄或5龄时才开始分散。幼虫白天停息在叶柄或小枝上，头、尾翘起，形似小舟，早晚取食。幼虫的食量随龄期的增大而增加，达4龄以后，食量剧增。幼虫期平均为31 d左右，8月中下旬为发生为害盛期，9月上中旬老熟幼虫沿树干下爬，入土化蛹。

防治方法　药剂为48%乐斯本乳油1 500倍液，或90%敌百虫晶体800倍液。

四、樱桃化肥农药减施增效技术模式

（一）核心技术

本模式的核心技术内容主要包括"优良品种＋配方平衡施肥＋果园套种绿肥"，同时重视绿色防控，科学剪枝。

1. 优良品种

选择在适推地区抗病性好、产量高，适合当地消费者需要的品种，例如红灯笼、小苹果等。

2. 配方平衡施肥

采用无机有机肥配合的施用方法，其中，氮磷钾养分含量分别为（N：P：K=15：15：15），施用量45 kg/亩、硫酸钾10 kg/亩、农家肥500～2 000 kg/亩。在冬季11月至翌年12月、开花结果前各施肥1次，每次施肥尽可能地浇水，促进肥效的发挥。花果期叶面施肥1～2次。

3. 绿色防控

重视冬季防治和剪枝工作，选用安全化学农药进行防控，控制用药量，并采用杀虫灯、悬挂性诱剂、粘虫板等生物防治。

4. 果园套种绿肥

果园套种绿肥，翻挖后还田，通透性良好，增加土壤有机质，改善土壤结构。

（二）应用效果

1. 减肥减药效果

本模式与周边常规生产模式相比，可减少化肥用量10%，化肥利用率提高3%；可减少化学农药防治次数1次，减少化学农药用量5%，农药利用率提高5%。产品质量得到提升，有利于发展绿色高效农产品。

2. 成本效益分析

亩均生产成本3 200元，亩均产量1 100 kg，亩均收入16 500元。

（三）适宜区域

红塔区及周边县区山区。

（董莉）

石榴化肥农药施用现状及
减施增效技术模式

安徽省石榴化肥农药减施增效技术模式

一、石榴生产化肥施用现状

石榴是多年生灌木或小乔木，耐旱、耐盐碱、耐瘠薄。石榴树对肥料的需求量不是很大，不需要大肥大水，生产中只需施足基肥，适时追肥。近年来，受石榴市场价格上涨的影响，在肥料施用量和施用方法上存在着一定盲目性和随机性，大量的肥料施入，既增加了投入成本，也易造成树体营养生长过剩，生殖生长减弱，导致产量和品质下降。

（一）化肥施用方法不当

果农在石榴生产中仅凭自身的种植经验对石榴树进行施肥，没有针对石榴不同生长期对各类元素的需求量进行施肥。出现重施化肥、轻施有机肥，氮肥施用过多，导致石榴树旺长等问题。此外，许多果农不重视施肥时间，忽略石榴需肥特点与规律，造成石榴树生长慢、产量低等问题。

（二）化肥利用率低

在石榴生产中，化肥当季利用率约为 50%，导致化肥利用率低的原因主要包括：一是化肥施用时间不当，未能在石榴不同生长期补充适当的元素，例如幼果期的石榴树应该重氮肥轻磷钾，而盛果期的石榴树应氮磷钾配合，高钾肥为主；二是肥料选择和搭配不当，没有多元化的选择肥料，以确保营养均衡，提高肥效。例如有机肥和菌肥混用，微生物肥和微量元素合理搭配，可以提高肥效和果品品质；三是施肥方式不当，绝大多数果农采取撒施或者埋土浅施的方法，易导致化肥挥发，容易被杂草吸收或被大雨冲溶流失。

二、石榴生产农药施用现状

石榴生产过程中，病虫害严重影响石榴果实品质和产量。在石榴生产中，对常见病虫害的防治有物理防治、化学防治以及生物防治。化学防治，因方便高效而被广泛采用。近年来，随着病虫害的加重和抗药性的增强，生产中对农药的使用量呈逐年增加的态势，农药残留也变得不可忽视，为石榴生产的可持续发展带来不利影响。

（一）农药施用量偏大

随着病虫害的加重和抗药性的增加，使化学防治效果下降甚至失效，继而导致用药剂量逐渐增加，形成"虫害重—用药多—虫害重"的恶性循环，为害生态环境安全。同时，部分地区农药偏高导致果实中农药残留增加，给食品安全带来隐患。

（二）重治疗轻预防，重化防轻综防

生产中果农不注重病虫害的早期防治，在大规模发病时，才进行化学治疗，忽略了综合防治技术，不仅加大了农药的使用量，而且防治效果不好，生产成本也越来越高。

（三）防治措施单一，病害产生抗药性

目前，石榴中主要病害是干腐病、软腐病、褐斑病等，果农在生产中主要使用甲基硫菌灵可湿性粉剂、戊唑醇悬浮剂、代森锰锌可湿性粉剂等常用杀菌剂，由于长期使用，导致病原菌产生耐药性，防治效果下降。

三、石榴化肥农药减施增效技术模式

（一）核心技术

本模式的核心内容主要包括"优良品种＋绿色防控＋平衡施肥"。

1. 优良品种

在怀远石榴产区，选择综合表现较好的晶花玉石籽、玛瑙软籽、玛瑙石榴等品种。在淮北石榴产区，选择综合性状优良的塔山软籽1号、塔山软籽2号、黄里软籽等品种。

2. 病虫害绿色防控

按"预防为主，综合防治"的原则，坚持农业、物理和生物防治为主，合理开展化学防治，并严格执行安全间隔期的有关规定主要采用以下方法。

（1）农业防治　因地制宜选用抗性品种，种苗调运要进行严格检疫，合理修剪，科学肥水管理，实行健身栽培；清洁田园，保持园区卫生；及时清除病虫枝

果，冬季剔除干枯的老翘树皮。

（2）物理防治　采用性诱剂、频振式杀虫灯、糖醋液等诱杀桃蛀螟等害虫，用黄板诱杀蚜虫等。对于太阳果病、果腐病可采用套袋、使用避雨棚等方法，降低发病率。

（3）生物防治　生物防控技术有以虫治虫、以菌治虫和以菌治菌。通常，采用园内生草保护自然天敌；人工释放姬蜂、赤眼蜂等天敌防治桃蛀螟；对桃蛀螟和桃小食虫可采用 8 000 IU/μl 苏云金芽孢杆菌悬浮剂 500～1 000 倍液进行喷雾处理。利用地衣芽孢杆菌、枯草芽孢杆菌等有益微生物制剂灌根或喷雾，减轻石榴干腐病、褐斑病的发生。

（4）化学防治　春季萌芽至开花期，选用石硫合剂、苯醚甲环唑等保护性杀菌剂，蚜虫若虫期宜用安全高效的杀蚜剂喷雾防治；幼果期，对于刺蛾等鳞翅目害虫低龄幼虫期选用安全、高效的杀虫剂喷雾防治；果实膨大至成熟期，宜用苯醚甲环唑等药剂在病害初发期喷雾防治；采果后，宜在清洁果园后及时喷施保护性杀菌剂进行保护，冬季进行树干涂白保护。

3. 平衡施肥

石榴施肥以农家有机肥为主，包括腐熟的人粪尿、牛厩肥、羊厩肥、猪厩肥、鸡粪、鸭粪等，配合适量的氮磷钾。施肥方法包括基施和追肥。基肥最适宜的施用时间是秋季果实采收后，幼树每株施肥量为 10～20 kg 的农家肥，加少量的氮肥，每亩施用量 500～1 000 kg 农家肥和 25 kg 左右的氮肥；进入盛果期的果园要增加有机肥的施用量，每亩施入 1 500 kg 左右的农家肥，施肥方式可以采取沟施或条施。石榴生长期，开花结果、果实生长、花芽分化都需要大量养分，需根据生长需要，适时追施速效肥。花前以氮肥为主，花期以复合肥为主，配施微量元素，一般常用的是 0.2%～0.3% 尿素、0.1%～0.3% 磷酸二氢钾、0.05%～0.2% 硼砂；果实膨大期可及时追施氮磷钾复合肥，施入量为每亩 2～5 kg，果实膨大期以磷钾为主，并补充少量微量元素，进行叶面喷施，以促进果实发育和形成良好果实品质。

（二）生产管理

1. 园地选择

石榴园应建在背风向阳的山地、丘陵地或平地，土壤 pH 值 6.5～7.5 的沙壤土或壤土。年平均温度在 15 ℃以上，绝对最低温度宜不低于 −17 ℃。

2. 品种选择

在适栽地区，选择综合表现较好的晶花玉石籽、玛瑙软籽、玛瑙籽、塔山软籽1号、塔山软籽2号、黄里软籽、青皮甜等品种。

3. 栽植方式与密度

为适应果园对机械化需求，宜采取宽行密株栽植方式，株行距为（3～4）m×（4～6）m。在坡度小于20°的园地，宜采取起垄栽培，垄高30～40 cm，垄宽2～3 m；在坡度大于20°的榴园地，宜采取建等高梯田栽植。

4. 果园生草

可在树冠下采用覆盖制，行间采用生草制。覆盖可采用园艺地布以及作物秸秆覆盖果园，作物秸秆覆盖厚度以10～15 cm为宜。可采取自然生草，也可选择苜蓿、紫云英、白三叶等进行人工生草。

5. 果实套袋

对果面蜡质比较薄或者容易发生日灼的品种，可通过套袋来减少病虫害的为害，改善果实外观品种。在盛花后50 d左右或果实横径达2.5～3 cm，果实颜色转亮以后，疏除畸形果、病虫果以及果面有缺陷的果实。喷施1次杀菌剂、杀虫剂混合液，建议喷多菌灵、代森锰锌、阿维菌素等高效、广谱的杀菌杀虫剂。待风干水汽后即可套袋。套袋时间以8:30—11:30和16:30—18:30为宜。着色品种可选用白色或蓝色硫酸纸袋，白色品种选用白色的硫酸纸袋或塑料膜袋。着色品种的果袋宜在采前10 d左右摘除。

6. 肥水管理

施肥应以基肥为主，追肥为辅。肥料应以有机肥为主，化肥为辅。基肥以有机肥为主，有机肥可选用商品有机肥或经充分腐熟的农家肥。追肥可采用速效肥或复合肥。基肥建议在采果后10～15 d施入，初果期每亩建议施肥量为500～1 000 kg，成年树为1 500 kg左右。催芽肥以氮肥为主，花肥、果肥以磷、钾肥为主。成年树催芽肥每亩用2～5 kg尿素或碳酸氢铵5～10 kg。花肥、果肥每亩施2～5 kg复合肥。根据树体营养状况和缺素情况，增施微量元素。

（三）应用效果

1. 减施效果

本模式与周边常规生产模式相比，可减少化学农药防治次数3～4次，减少化学农药用量20%～30%，农药利用率提高约5%。

2. 成本效益分析

亩生产成本约 5 000 元，亩产量 1 000~1 500 kg，亩收入 1.5 万~2 万元，亩纯收入 1 万~1.5 万元。

3. 促进品质提升

本模式下生产的石榴，优质果率达到 70% 以上。

（四）适宜区域

安徽省石榴产区及相似生态区。

（秦改花）

山东省枣庄市峄城区石榴化肥农药减施增效技术模式

一、石榴生产化肥施用现状

山东省枣庄市峄城区是石榴主产区，作为国内著名的石榴生产基地，被誉为"中国石榴之乡"。目前，峄城石榴栽培面积 13 万亩，年产量约 8 000 万 t，峄城石榴栽培面积和产量均占省内的 80% 以上。石榴产业作为峄城区的特色、优势产业和农业支柱产业，在促进当地农民增收和扩大就业方面发挥着重要作用。目前，峄城石榴田间管理上，尤其是在肥料和农药使用上，存在有机肥重视程度不够、施肥方法不当、农药施用技术落后等突出问题，导致在石榴的产量和品质未有效增加的前提下，石榴园管理成本居高不下，还引发了环境污染。

（一）有机肥施用量不足

有机肥具有改良土壤、培肥地力的作用，在增加作物产量，尤其是提高果实品质方面效果显著。通过石榴园调查发现，有机肥主要是选择腐熟后的鸡粪、羊粪、牛粪等畜禽肥，但施用量不足，普遍在 1~1.2 t/ 亩，施用量不足，影响了石榴的产量和品质。

（二）肥料施用方法不科学

石榴园肥料施用方法仍然采用传统的浅施为主，这种方法极易引起石榴树根系上浮，其抗旱、抗寒、抗倒伏等能力下降，石榴根结线虫病为害加剧，根系上浮后，土壤深层次的营养无法吸收，肥料利用率明显降低，流失的肥料引起水体污染和富营养化等对生态环境构成威胁。

二、石榴生产农药施用现状

在石榴生产中，病虫害是导致减产和品质下降的重要原因。目前，防治石榴病虫害的措施有化学防治、物理防治、生物防治和农业防治等，其中，化学防治因高效便捷、省时省力，仍是峄城区当前的主要防治手段。但石榴生产过程中农药滥用、乱用现象十分普遍且长期存在，不仅带来了严峻的环境问题，还制约了石榴产业的健康发展。

（一）农药施用方法不科学

通过石榴园调查发现，榴农对农药的长期单一、大剂量和大面积施用，极易造成害虫产生抗药性，导致防治效果下降甚至失效，继而导致用药剂量逐渐增加，形成"虫害重—用药多"的恶性循环。过量农药在土壤中残留造成土壤污染，进入水体后扩散造成水体污染，或通过飘失和挥发造成大气污染，严重威胁生态环境安全。例如防治蚜虫、桃小食心虫、蛾、蜡类的高效氯氰菊酯、功夫菊酯等广谱性杀虫剂用量过大，害虫慢慢产生了抗性，药效逐渐减弱。并且，广谱性杀虫剂同时也杀灭了大量有益生物，导致石榴园生物多样性遭到破坏，自我调节能力降低，病虫害继而再度暴发。石硫合剂的施用，个别石榴园还没有重视起来。

（二）农药施用技术及药械落后

峄城区作为传统石榴产区，榴农在长期种植石榴过程中，虽然总结出一些施药经验和办法，但施药方式不够科学合理，同时，当地个体榴农主要用一家一户的分散式防治手段进行病虫草害防治，没有采用统防统治方式进行，很容易发生未施药地块的病虫害扩散，影响防治效果。另外，施药时多采用小型手动喷雾器等传统药械，因药械设备简陋，使用可靠性差等，导致药液在喷施过程中常出现滴漏，飘失等情况，其利用率降低。

三、石榴化肥农药减施增效技术模式

（一）核心技术

本模式的核心内容主要包括"优良品种＋配方平衡施肥＋绿色防控"。

1.优良品种

品种选择在适推地区表现较好的秋艳、峄州红、青丽等品种，特点是籽粒大、出汁率高、抗裂果，早产丰产；青丽还具有抗旱特性。

2.配方平衡施肥

施用有机无机复混的石榴专用配方肥。按亩产 2 000 kg 石榴鲜果计算，树体每亩所需氮磷钾养分含量分别为 N 13 kg，P_2O_5 10 kg，K_2O 7 kg；有机肥年施肥量为 2 t，于树体落叶至封冻前施用完毕。另外，还要注重叶面肥的施用，作为土壤肥料的补充，结合农药进行。

3.病虫害绿色防控

石榴园病虫害防治方法强调"预防为主，综合防治"，主要以农业防治、物理防治、生物防治等绿色防治措施为主。充分发挥自然因素的控制作用，减少化肥、农药施用量，保护生态环境。要注意统防统治。农业防治上，通过植物检疫防止病虫害扩散，冬季清园减少病源基数；7—9月，通过合理整形修剪改善通风透光；7月，种植高粱、玉米等诱集作物消灭桃蛀螟、桃小虫源；全年适时养殖家禽啄食害虫。物理防治上，5月开始悬挂黄色粘虫板、蓝色粘虫板、黑光灯、糖醋液、诱捕器诱杀害虫；6月果实膨大期，果实套袋降低病虫害发生概率。生物防治上，利用有益天敌昆虫资源和能使石榴害虫致病的微生物，主要在6月开始防治，如寄生蜂类、潜叶姬小峰等寄生天敌，大草蛉、捕食螨、食蚜蝇等捕食性天敌。

（二）生产管理

1.栽植前准备

栽植前，对黏重的土壤通过掺沙进行改良，并进行深翻整地。选用假植苗或失水苗需提前浸水泡 24 h 再进行栽植。石榴栽植前定干，高度一般 1 年生苗为 60 cm 左右，2 年生苗为 70～80 cm，也可栽植后定干。

2.栽植时期

3月底至4月初的萌芽前进行。栽植密度：株行距为 3 m×4 m，也可在株间或行间临时增加植株株数，等到树冠相接出现郁闭时进行间移。

3. 栽植方法

栽苗时先挖 60 cm × 60 cm × 60 cm 的栽植坑，将苗木垂直放到坑中央使根系均匀分布，注意树行对直。填土时先在根系周围填入掺肥土壤，将根埋严实后轻提苗木，踩实土壤，继续填土埋苗，使根颈部比地面持平时，再将土壤踩实。在苗木四周培土做成水盘，立即充分灌水。

4. 施肥时期

幼树生长期，追施 2 次速效肥，第 1 次在生长期内株施尿素 50 g，第 2 次在 7 月底株施过磷酸钙 200 g 或磷酸二铵 100 g。结果期，基肥在果实采收后至封冻前施用，有机肥施肥量为 2 t/ 亩。追肥分为 5 月上中旬的花前肥，6 月下旬的果实膨大期追肥，9 月上中旬的采果前追肥。叶片喷肥，花期喷施 0.2% 硼砂、0.2% 磷酸二氢钾、0.2% 尿素，提高坐果率；6—8 月，多次喷施 0.3% 磷酸二氢钾 +0.2% 尿素，促进果实膨大，果形整齐，色泽艳丽，改善果实品质，提高一级果率，并促进花芽形成，为翌年丰产奠定基础。

5. 病虫害防治

11 月至翌年 3 月的休眠期，清除落叶杂草和杂灌木，刮除枝干老翘树皮，剪除病虫枝，摘虫茧、虫袋，摘拾树上地下僵果、病果，集中烧毁，减少果园越冬病虫害数量。树干涂白（生石灰 10 份、硫黄 1 份、食盐 0.6 份、水 30 份、植物油少量）。落叶后至封冻前，全园淋洗式喷 3～5 °Bé 石硫合剂，减少有害生物越冬源。萌芽前，对全树喷 3～5 °Bé 的石硫合剂，铲除越冬有害生物，降低病虫害发生基数。

4 月的春梢旺盛生长期，树冠中上部张挂黄色粘虫板诱杀蚜虫；1.8% 阿维菌素乳油 1 500～2 000 倍液喷洒树盘后浅锄，使药剂进入土壤，杀死桃小食心虫、根结线虫等在土壤表层的虫源。

5 月的盛花期，15% 的阿维·螺虫乙酯悬浮剂 2 000 倍液树冠喷雾防治介壳虫；树冠喷布 1∶1∶200 波尔多液防治真菌病害；园内挂黑光灯、糖醋液、诱捕器或粘虫板（蓝色或黄色）等诱杀蚜虫、桃蛀螟、蓟马等害虫的成虫。

6 月的落花至幼果期，25% 灭幼脲悬浮剂 2 000 倍液等防治桃蛀螟、桃小食心虫、巾夜蛾、黄刺蛾等鳞翅目害虫；甲基硫菌灵防治干腐病、褐斑病等真菌性病害；6 月下旬套袋，套袋前适时喷施百泰等杀菌剂和螺虫乙酯等杀虫剂。

7—8月的果实膨大期，60%百泰1 000～2 000倍液，70%甲基硫菌灵700倍液防治干腐病、褐斑病，25%灭幼脲悬浮剂8 00～2 000倍液，防治桃蛀螟、蓟马、介壳虫、桃小食心虫、柑橘小实蝇等；甲壳素加阿维菌素防治根结线虫；果园悬挂柑橘小实蝇性诱剂（甲基丁香酚＋敌百虫）诱杀雄成虫。

9—10月的果实成熟至落叶期，1.8%阿维菌素乳油800～1 000倍液进行喷雾，防治橘小实蝇、蓟马等害虫；及时更换诱杀橘小实蝇的诱捕器中的诱芯，减少橘小实蝇对成熟果实的为害；50%多菌灵500～800倍液防治干腐病、褐斑病、麻皮病等病害，采收前20 d停止用药。

4—10月的树体生长期，视病虫害严重程度适时用药，若不重，则不用喷药。

6. 果实采收

采收期的早晚，对石榴鲜果产量、品质、贮藏性能等均有很大影响。采收过早，产量低、品质差，加之温度较高，果实呼吸率高，耐贮性降低，采收越早，损失越大。采收过晚，容易裂果，降低贮运力、商品价值，且由于果实生长期延长，养分损耗增多，减少了树体贮藏养分的积累，树体越冬能力降低，影响翌年结果。适宜的采收期要从几个方面判断，即石榴的成熟度、采后用途、距市场远近、贮运条件、天气情况等。生产中，主要依据成熟期来确定采收期。正常年份，早熟品种一般在9月中旬成熟；中熟品种一般在9月下旬至10月上旬成熟；晚熟品种在10月中下旬成熟。石榴花期较长，坐果时间不集中，因此，采收要分期进行。具体采收时间的确定，无论鲜食还是加工，均应在石榴鲜果完全成熟、风味达到最佳时采收。采收时要充分考虑天气情况，晴朗天气，在露水干后采收最为适宜；阴雨天，一定要在雨前或雨后天气晴朗1～2 d采收；久旱、雨后，要及时采收，以减少裂果。总之，要保证采后石榴鲜果果面、萼筒内没有游离水的存在，以降低运、贮期间的果实腐烂率。

采收时应防止一切机械伤害，如指甲伤、碰伤、压伤、刺伤等。如果果实有伤口，微生物极易侵入，会降低其贮运性、商品价值。采果篮（或筐）底部、四周应用麻袋片、软纸衬好，防止磨伤果皮，并用细钢筋或木钩作成悬挂钩拴到篮（或筐）上，采果时便于在树干上悬挂，提高工作效率。采果人员应剪指甲、戴手套、穿软底鞋，防止刺伤果皮，踩坏树皮。石榴果梗粗壮，坐果牢固，即使果实充分成熟，果梗也不会形成离层。因此，采果时要用果枝剪采果，一手拿石榴，一手持剪，用剪子将果实从结果枝上紧贴胴部剪下。果梗不能留长，以免刺伤包装纸或其他果实。采时避免碰掉萼片，以免影响果实外观。剪下后将果实轻轻放入内衬有蒲包或麻袋片等软物的篮（或筐）内，切忌远处投掷。采果袋、采果篮（或筐）不能装得过满。采后及时上市的果实，果柄可留长些，并带几片叶，增加石榴鲜果观赏性。转换篮（或筐）、装箱时要轻拿轻放，防止碰掉萼片。采果时还要防止折断果枝，碰掉花、叶芽，以免影响翌年产量。

（三）应用效果

1. 减肥减药效果

本模式与周边常规生产模式相比，可减少化肥用量 50%，化肥利用率提高 10%；可减少化学农药防治次数 4 次，减少化学农药用量 40%，农药利用率提高 10%。为害率控制在 5% 以下。

2. 成本效益分析

亩均生产成本 1 000 元，亩均产量 1 500 kg，亩均收入 6 000 元，亩均纯收入 5 000 元。

3. 促进品质提升

本模式下生产的石榴，平均可溶性固形物含量在 15.5% 以上，比常规模式高 1%。

（四）适宜区域

山东省石榴产区。

（罗华）

河南省荥阳市河阴石榴化肥农药减施增效技术模式

一、河阴石榴生产化肥施用现状

河阴石榴是河南省荥阳市传统的地方特色水果品种，石榴产业是当地重要农业支柱产业，在促进农民增收和扩大就业方面发挥着重要作用。河阴石榴生长期长、生物量大，当地果农为了获得更高的产量，常常过量施用化肥，不仅增加种植成本，还引发环境污染，甚至造成河阴石榴产量和品质的"双降"。

（一）化肥施用量大

目前，生产上普遍采取增施化肥以获得高产和高收益。荥阳市多数石榴园化肥施用量为尿素 1 000～1 500 kg/hm²、钙镁磷肥 1 500～1 800 kg/hm²、钾肥800～1 500 kg/hm²、高浓度复合肥 1 200～1 500 kg/hm²。在生产中，化肥尤其是氮肥的过量施用不仅造成果园土壤质量和果实品质的逐渐下降，还产生了严重的环境污染问题，化肥产生的污染重金属，以磷为主。磷肥占到全部化肥成分的20%，长久施用，造成土壤内的重金属元素聚集。磷肥和钾肥施用过量，造成土壤微生物数量和活性低的后果，土壤内营养失衡，能够加剧土壤内的 P、K 的耗竭，造成硝酸盐的积累，加剧土壤酸化程度，导致土壤内的 pH 值产生变化，降低土壤饱和度和土壤的肥力。

（二）化肥利用率低

在河阴石榴生产中，化肥当季利用率较低，随着化肥用量的逐年增加，化肥的施用量、使用方法、肥效利用率等方面存在着很多问题。当季氮肥利用率30%～35%，磷肥利用率 10%～15%，化肥当季的平均利用率为 30%，在当前的果树生产中必须要采取必要的措施来提高肥效，减少肥料污染，促进养分的吸收，提高果实的产量和品质。

（三）化肥施用成本高

荥阳市 2019 年普通河阴石榴收购价为 8 000 元 /t，价格呈逐年下降趋势，按22.5 t/hm² 的平均产量计算，即每公顷的石榴果毛收入不足 18 万元。据相关调查显示，每公顷石榴的平均生产成本为 9 万元，其中，肥料成本就达 3 万元，占总成本的 30% 以上，为此也付出了较大的经济成本，果农利润空间较小。同时，石榴若吃起来不甜，并且容易腐烂，不易存放，其原因都是超标施化肥。由于过多施用单一性的几种肥料，造成营养不平衡，养分失调，只增加成本不增加产量，造成了低品质的果实不易销售或价格偏低等，给农民带来了损失。

二、河阴石榴生产农药施用现状

在河阴石榴生产中，病虫草害是导致减产的重要原因。目前，防治石榴病虫草害的措施有化学防治、物理防治、生物防治和农业防治等，其中，化学防治因高效便捷、省时省力，仍是荥阳市当前石榴生产的主要防治手段。但石榴生产过程中农药滥用、乱用现象十分普遍且长期存在，不仅带来了严峻的环境问题，还制约了石榴产业的健康发展。

（一）农药施用量大

当地果农对化学农药的长期单一、大剂量和大面积施用，极易造成害虫产生抗药性，导致防治效果下降甚至失效，继而导致用药剂量逐渐增加，形成"虫害重—用药多"的恶性循环。同时，过量农药在土壤中残留能造成土壤污染，进入水体后扩散造成水体污染，或通过飘失和挥发造成大气污染，严重威胁生态环境安全。当前，由于代森锰锌等杀菌剂的过量使用，已经导致石榴果树锰含量严重超标，不能通过海关检测，大大限制了河阴石榴出口。

（二）农药依赖度高

在荥阳市，目前防治石榴蚜虫、食心虫和地下害虫等主要依赖吡虫啉、毒死蜱、高效氯氰菊酯等化学农药，即石榴害虫防治措施单一化现象严重，由于选择性差，部分农药在杀灭害虫的同时杀灭大量果园有益生物，导致果园生物多样性遭到破坏，自我调节能力降低，病害虫继而再度暴发。有的果农一旦发现某种农药效果好，就长期施用，即使发现该药对病虫的防治效果下降，也不更换品种，而是采取加大剂量和施用次数的方法。有的果农配药时不看说明书，不用专门量具，只用瓶盖等非标准容器凭感觉配制，往往大大超过规定的浓度，或者有意加大药量，抱着"喷一次药不容易，多加点药把虫杀光"的想法，既容易发生药害又浪费药物，还污染环境，同时也使病虫的抗药性增强。

（三）施用技术及药械落后

荥阳市作为传统石榴产区，农民在长期种植石榴过程中虽然总结出一些施药经验和办法，但施药方式不够科学合理。同时，当地个体果农主要采用一家一户的分散式防治手段进行病虫草害防治，且多选用小型手动喷雾器等传统药械，因药械设备简陋、使用可靠性差等，导致药液在喷施过程中常出现滴漏、飘失等情况，其利用率降低。应用生物农药、高效低毒低残留农药替代高毒高风险农药，应用现代植保机械替代"跑、冒、滴、漏"落后机械，这是实现农药减量增效的关键。研发、筛选、推广一批高效、低用量、低风险农药品种，替代使用量大、效果差、病虫抗性强的老旧农药品种，特别是加大生物农药和促进作物增产、抗逆、农药减量使用的植物免疫诱导剂、植物健康产品、喷雾助剂等推广力度。引进、示范、推广高效的自走式、风送式、高地隙喷杆喷雾器等大中型植保机械和先进植保无人机，抓好对靶施药、静电喷雾、循环喷雾、防飘移技术研发，逐步实现精准施药，改变农药施用技术和落后药械，是将来石榴生产的重要内容。

三、河阴石榴化肥农药减施增效技术模式

（一）核心技术

本模式的核心内容主要包括"优良品种＋配方平衡施肥＋绿色防控＋全程机械化"。

1. 优良品种

品种选择在适推地区表现较好的河阴软籽石榴、胭脂红、红如意等品种，特点是优质丰产，抗病性强。

2. 有机肥作为河阴石榴的基础肥料

从荥阳市石榴生产施肥水平来看，河阴石榴生产施用的有机肥亩用量应在4 000～5 000 kg，而生产上亩用量仅为600～800 kg，有机肥施用严重不足，从而增加了化肥的施用量，这也是石榴品质下降的原因之一。有机肥能改良土壤，减少环境污染，能显著提高石榴产量和品质。

3. 测土配方施肥

测土施肥对提高坐果率，保持持续、稳定增产作用很大。测土施肥量的确定，不仅要考虑石榴园的生长需肥量、肥料利用率及石榴生长情况等因素，还要综合分析，酌情增减，根据不同石榴的产量、水平和土壤的供肥能力，确定各种肥料的适宜用量。采用先进的水肥一体化装备，对果树实行精准水肥管理，针对果树土壤情况，制定肥料配方，实现智能化施肥，施用水溶性肥料，通过滴灌将水和肥送到果树根部，节水70%，肥料利用率提高60%以上，节省大量劳动力和原料成本。

4. 绿色防控促进农药减量

绿色防控是减少化学农药用量、提高果品质量安全水平的有效途径。通过因地制宜集成适宜不同区域、不同作物的绿色防控技术模式，重点推广生态调控、理化诱控、生物防治等绿色高效防控技术，组装健康栽培、植物诱集、防虫

阻隔、灯诱、色诱、性诱、食诱、天敌和生物农药等关键技术，推广全程绿色防控，大大减少化学农药使用量。

5. 全程机械化

使用果园专用机械设备拖拉机、挖掘机进行挖穴改土，施肥机施肥，采用除草机、树盘式割草机进行田间锄草，采用自走式风送喷雾机植保，使用机械对果树修剪作业，采摘使用采摘平台，分选水果使用智能分选机分选处理。

（二）生产管理

1. 施肥时期

石榴树施肥分为基肥和追肥，基肥一般用优质有机肥，基肥最好秋施。萌芽前及花后追肥，以复合肥为主。膨大期追肥，促进新梢生长及花芽分化，施适量氮肥，多施磷钾肥，以三元复合肥为主。采前追肥，以速效钾肥为主，可促进果实膨大，提高果实品质，一般在采前15 d施入。采后追肥，主要是对消耗养分较多的品种或树势衰弱的树追肥，可增强树势，增加贮备营养。

2. 合理确定施肥量

有机肥作为无公害石榴的基础肥料。

根据不同石榴的产量、水平和土壤的供肥能力，确定各种肥料的适宜用量。

3. 施肥方法

根据石榴需肥特点以及各种化学肥料的特性科学施肥。幼树采用环状沟施，位置在树冠外缘，盛果期采用放射状沟施。

4. 科学配施微肥

随着石榴产量的不断提高和老石榴园的重复使用，大量的营养元素每年都从土壤中带走，以致部分微量元素缺乏。目前，各地的石榴园由于锌、硼等微量元素的缺乏，石榴的品质和产量已受到影响。

5. 病虫防治

石榴是病虫害相对较轻的树种之一，按照无公害果品生产标准，合理使用农药，预防为主、综合防治病虫害。采用合理的水肥管理等栽培措施，增强树势，提高树体抗逆能力是防治病虫害的基础。结合修剪，剪除病虫枝，休眠期清除枯枝落叶，刮除树干老翘皮，深翻树盘等，杀死病虫残体，减少病虫侵染基数，抑制翌年病虫害的发生。人工防治和生物防治相结合。化学防治要根据病虫的生物学特性和为害特点，使用生物源农药如石硫合剂等。

6. 组织收获

根据果实成熟度确定采收适期。分期采收，采收时轻拿轻放。采收后经严格检验、分级包装、入库冷藏或销售。要严格避免过早采收。采果前要对采收、运输、贮存果品的用具、场所进行清理、清洗、消毒，确保对采摘的果实无污染隐患。

（三）应用效果

1. 减肥减药效果

全面配套实施减肥（测土配方施肥、土壤质量提升、水肥一体化技术）和减药（绿色防控等技术）等技术措施。从示范果园实施效果来看，平均每亩化肥用量与常规相比减少 34 kg 左右（纯养分），平均每亩减少 2 遍杀虫剂的用量和打药使用量减少 50% 左右，每亩可减少成本 550 元，达到减肥、减药、增效的目的，"减药减肥"技术推广工作成效明显。

2. 成本效益分析

亩均生产成本 4 000 元，亩均产量 1 500 kg，亩均收入 12 000 元，亩均纯收入 8 000 元。

3. 促进品质提升

本模式下生产的河阴石榴，平均商品果率 70% 以上，比常规模式高 15%。

（四）适宜区域

河南荥阳石榴产区。

（安冕）

云南省蒙自市石榴化肥农药减施增效技术模式

一、石榴生产化肥施用现状

石榴是云南省蒙自市的优势水果，目前种植面积十余万亩，而且面积还在扩大。作为蒙自市第一大农业支柱产业，石榴产业在促进当地农民增加收入和扩大就业方面发挥着重要作用。当地农民为了获得更高的产量，常常过量施用化肥，不仅增加种植成本，还引发环境污染，甚至造成石榴产量和品质的"双降"。

（一）化肥施用量大

目前，生产上普遍采取增施化肥以获得高产、高收益。蒙自市多数石榴产区化肥施用量为尿素 300～450 kg/hm^2、普钙 750～1 500 kg/hm^2、硫酸钾 300～450 kg/hm^2、高浓度复合肥（15–15–15）750～1 500 kg/hm^2，折合为 N 250.5～432 kg/hm^2、P$_2$O$_5$ 232.5～465 kg/hm^2、K$_2$O 262.5～450 kg/hm^2。在石榴生产中，化肥尤其是氮肥的过量施用不仅造成石榴园土壤质量和石榴品质的逐渐下降，盈余肥料流失引起的水体污染和富营养化等还对生态环境构成巨大威胁。

（二）化肥利用率低

在石榴生产中，化肥当季利用率较低，利用率 27% 左右，分析导致蒙自市石榴化肥利用率低的原因，主要包括：施肥结构不合理，氮、磷、钾比例失调。目前，有些农民仍按传统的经验施肥，存在着严重的盲目性和随机性。施肥量过大度，造成了严重的浪费。施肥方法不科学。有些农民即使追肥，施肥方式也是撒施或浅施，造成化肥的挥发和淋失，降低了化肥利用率。中微量元素没有得到应有的重视。由于土壤中的微量元素长期得不到补充，其含量已不能满足作物的生长需要。有机肥施用量不足，土壤理化性状差，保水保肥力弱。

（三）化肥施用成本高

蒙自市 2018—2019 年石榴收购价为 4 286 元 /t，至此已连续 3 年收购价低于 4 500 元 /t，按 42 t/hm^2 的平均产量计算，即每公顷的石榴毛收入为 180 000 元。据相关调查显示，每公顷石榴的平均生产成本为 82 500 元，其中，肥料成本就达 15 000 多元，占总成本的 18% 左右。

二、石榴生产农药施用现状

近年来，随着石榴种植面积的不断扩大，病虫害日趋严重，造成石榴品质下降，给生产者带来损失。目前，在石榴病虫害防治过程中，对常见病害和地上害虫防治主要是喷洒农药，由于病虫害的日益严重和害虫抗药性的不断增强，用药剂量逐年提高，农药残留也愈来愈严重，严重影响了当地产业的绿色高质量发展。

（一）常见病害及防治方法

1.干腐病

症状　主要为害果实，也侵染花器、果苔、新梢。花瓣受侵部分变褐，花萼受害初期产生黑褐色椭圆形凹陷小病斑，有光泽，病斑逐渐扩大变浅褐色，组织腐烂，后期产生暗色颗粒体。幼果受害，一般在萼筒处发生不规则形，像豆粒大小浅褐色病斑，逐渐向四周扩展直到整个果实腐烂，颜色由浅到深，形成中间黑边缘浅褐界线明显病斑。成果发病后较少脱落，果实腐烂不带湿性，后失水变为僵果，红褐色。

发生规律　以菌丝或分生孢子存在于病果、病果苔、病枝内越冬。可从花蕾、花、果实侵入，有伤口时，发病率高而且快。翌年4月中旬产生新的孢子器，是此病的主要传播病原；主要靠雨水传播，从寄主的伤口或自然裂口侵入。一般年份发病始期在5月中下旬，雨季后进入发病高峰期，在适温范围内主要由6—8月的降水量和田间湿度决定病情的轻重。

防治方法　发病初期用80%代森锰锌600～800倍液，或70%百菌清600～800倍液，或硫悬浮剂200～400倍液，或戊唑醇3 000～4 000倍液喷雾。

2.褐斑病

症状　主要为害叶片和果实，引起前期落果和后期落叶。叶片受害后，初为褐色小斑点，扩展后呈近圆形，边缘黑色至黑褐色，微凸，中间灰黑色斑点，叶背面与正面的症状相同。果实上的病斑近圆形或不规则形，黑色稍凹陷，亦有灰色绒状小粒点，果着色后病斑外缘呈淡黄白色。

发生规律　病菌在带病的落叶上越冬，翌年4月形成分生孢子。5月开始发病，6月下旬至8月为发病高峰，7下旬至9月上旬受害叶片脱落。植株过密病害严重。

防治方法　43%戊唑醇4 000倍液，或10%苯醚甲环唑水分散粒剂50～80 g喷雾。

（二）常见虫害及防治方法

1.榴绒粉蚧

发生规律　1年发生4代，世代重叠，以成虫、若虫、卵越冬。3月上中旬气温稳定在15 ℃以上时，越冬成（若）虫开始出蛰活动。7月上中旬进入为害高峰期。

防治方法　在榴绒粉蚧发生期，用20%的邦蚧速1 000倍液，或40%的速扑杀1 000倍液喷雾防治。

2. 豹纹木蠹蛾

发生规律　1年发生1代，跨年度完成，以老熟幼虫在被害枝干内越冬，4月中旬至6月上中旬化蛹，5月中下旬至7月上旬羽化，6月下旬后田间出现枯梢。

防治方法　在卵孵化期用氯氰菊酯等拟除虫菊酯类农药2 000倍液喷雾。幼虫蛀入树枝后，用棉花蘸取80%的敌敌畏100倍液，堵塞蛀孔或注入虫道内，以泥封闭，毒杀虫道内的幼虫。

3. 麻皮蝽

发生规律　1年发生3代，世代重叠，以成虫越冬，越冬成虫3月上中旬出蛰活动。第1代4月上中旬至6月上中旬发生为害，第2代6月中下旬至8月上旬发生为害，第3代8月中下旬至10月上中旬发生为害。

防治方法　若虫3龄前用5%来福灵2 000～3 000倍液，或2.5%功夫1 500～2 000倍液喷雾防治。

4. 蓟马

发生规律　每年发生8～10代，以成虫和若虫越冬，4—6月、10—11月为害严重，进入雨季虫口密度下降。

防治方法　盛发期用20%灭扫利2 000～3 000倍液，或乐斯本1 000倍液喷雾防治。

5. 橘小实蝇

发生规律　可以全年发生，不需要越冬，成虫将卵产在果实里面，幼虫在果实内部取食。幼虫化蛹时通常从果实中爬出，落入土中化蛹，之后变成成虫。

防治方法　10%吡虫啉2 000倍兑水喷雾，或10%啶虫脒3 000倍液兑水喷雾，或18%高效氯氰菊酯3 000倍液。

6. 棉蚜（俗称腻虫）

发生规律　1年发生22～23代，没有明显的越冬现象，主要在春季造成为害。若冬春干旱，为害严重。成虫和若虫均有群集在幼嫩部分为害的习性。有翅蚜有明显的趋黄性。

防治方法　普遍发生时，用10%吡虫啉1 500倍液喷雾防治。

三、石榴化肥农药减施增效技术模式

（一）核心技术

本模式的核心内容主要包括"优良品种+配方平衡施肥+绿色防控"。

1.优良品种

品种选择为当地特有、表现较好的甜绿籽、甜光颜和厚皮甜沙籽等品种，特点是果实成熟早、上市早、籽粒大、汁多味甜、产量高、可食部分在75%以上，是蒙自当地的名特优品种。

2.配方平衡施肥

肥料以有机肥、农家肥为主，有机肥比重为85%以上。有机肥或农家肥秋季施用，有机肥（商品）每亩施用量为700 kg或者是农家肥每亩施用量为1 750 kg。同时根据石榴生长期的生长情况追施2～3次适量的化肥，一次水溶化肥，每亩用量5 kg。促花肥，以氮肥、磷肥为主；壮果肥，以含钾高的复合肥为主。

3.绿色防控

根据石榴的生长特点，结合石榴上病虫害发生为害特点，开展绿色防控技术措施，通过套袋、黄蓝板诱杀害虫、灯光诱杀、科学用药、生态栽培实现绿色防控。

（二）生产管理技术要点

1.科学施肥

（1）施肥原则　应根据土壤肥力确定施肥量，充分满足石榴不同生长期，不同发育阶段对各种营养元素的需求。多施有机肥，合理施用化肥，营养诊断施肥、配方施肥。

（2）施肥方法　基肥在秋季果实采收后施入，以农家肥、有机肥为主，混施少量化肥，施肥量按每生产1 kg石榴施2 kg优质有机肥计算，施肥部位应在树冠投影范围内，挖沟施，沟深30～45 cm以达到主要根系分布为宜。土壤追肥，一般分促花肥，春梢萌发时追施，以氮肥、磷肥为主；壮果肥，从开花、幼果、果实膨大到果实成熟前都可追施，以含钾高的复合肥为主，并结合灌水。

2.水分管理

根据气象条件及时排水灌水，采用滴灌、喷灌等节水灌溉方法。

3. 花果管理

采取控花控果，果实套袋。

4. 整形修剪

根据树龄、种植密度进行修剪，用拉、撑、顶、吊等方法调整枝条生长角度和方位，达到通风透光，立体结果、省力增效目的。应在冬季重剪，春、夏季轻剪、抹芽。

5. 病虫害防治

积极贯彻"预防为主、综合防治"的植保方针。以农业和物理防治为基础，生物防治为主，化学防治为辅的治理原则，按照病虫害的发生规律和经济阈值，有效的控制病虫为害。

（三）应用效果

1. 减肥减药效果

本模式与周边常规生产模式相比，可减少化肥用量16%，化肥利用率提高4.8%；通过防虫网、黄蓝板诱杀蓟马、橘小实蝇、套袋等绿色防控技术，可减少化学农药防治次数2～3次，减少化学农药用量30%，农药利用率提高20%。虫口为害率控制在5%以下。

2. 成本效益分析

石榴亩均生产成本5 500元，亩均产量2 800 kg，亩均收入12 000元，亩均纯收入6 500元。

3. 促进品质提升

本模式下生产的石榴，平均可溶性固形物为15%以上，比常规模式高1.5%。

（四）适宜区域

蒙自海拔1 600 m以下的石榴种植区域。

（刘艳、王立东）

杨梅化肥农药施用现状及减施增效技术模式

浙江省杨梅化肥农药减施增效技术模式

一、杨梅生产化肥施用现状

杨梅是浙江省的特色优势水果，全省现有杨梅种植面积 133 万亩、产量 62 万 t、产值 46 亿元，分别占全省果树面积、产量和产值的 27%、13% 和 26%。近年来，有着良好生态效益和经济效益的杨梅产业已成为浙江省乃至全国许多山区效益农业和增收致富中不可缺少的重要组成部分。但由于杨梅产量不稳定，存在大小年现象，果农为了获得更高的产量，常常过量施用化肥，不仅增加种植成本，还造成杨梅品质的下降。

（一）化肥施用量大

目前，杨梅生产上普遍采取增施化肥以获得高产和高收益。按照传统施肥估算，亩均施用（15-15-15）复合肥 80～100 kg、硫酸钾 30～40 kg、饼肥 40～60 kg，折纯为氮 12～15 kg、磷 12～15 kg、钾 15.6～20.8 kg。由于杨梅根系与放线菌共生，有固氮能力，所需氮肥不多，按照平衡施肥法，杨梅应以钾肥为主（如草木灰、硫酸钾等），适施氮肥，少施磷肥，适当补充硼、锌、钼、镁等微量元素。在生产过程中，施用氮肥不宜过多，否则不仅降低土壤质量，还易引起枝梢徒长，影响杨梅开花结果，导致杨梅品质下降。

（二）肥料施用成本较高

浙江各杨梅主产区生产管理水平、栽培模式不尽相同，杨梅生产效益也有明显差距。近 5 年，全省杨梅亩均产值 3 200～3 500 元，露地栽培杨梅亩均投入成本在 1 600 元左右，肥料成本在 400～500 元，占生产投入的 1/3，其中，化肥的成本为 8%～10%。

二、杨梅生产农药施用现状

在杨梅生产中，病虫害是导致产量和品质下降的重要原因。由于杨梅经济效益较好，梅农对病虫害的防治十分重视，目前，防治杨梅病虫害的措施有化学防治、物理防治和农业防治，其中，化学防治因高效便捷，仍是浙江省杨梅生产中的主要防治手段。杨梅果实属裸果，采摘后一般直接食用，农药的不科学使用容易引起质量安全隐患，从而制约杨梅产业的健康发展。

杨梅属于小宗作物，登记的农药种类较少，梅农在生产中由于缺少用药指导，大多采用农资店推荐用药，有些农药并没有在杨梅上登记或推荐使用。浙江省农产品质量安全学会发布了《杨梅主要病虫防治用药规范》这一团体标准以后，梅农生产中主要参照这一标准指导安全生产。目前，生产中主要防治对象是白腐病、杨梅枝叶急性凋萎病和落果，防治手段比较单一。

三、杨梅化肥农药减施增效技术模式

（一）核心技术

本模式的核心内容主要包括"优良品种＋平衡施肥＋绿色防控＋避雨栽培"。

1.优良品种

根据立地气候、栽培传统和市场需求，同时关注品种熟期的搭配，早熟的临海早大梅、早佳、早色杨梅，中熟的丁岙梅、荸荠种杨梅，晚熟的东魁杨梅、晚稻杨梅等优良品种，特点是适应性好，丰产稳产，品质较好。

2.平衡施肥

根据杨梅生长和结果的特性来确定施肥时期和用量。正常年份一般施3次肥，除了第1次基肥外，其余2次均施杨梅专用肥。

（1）基肥　以腐熟厩肥、堆肥和饼肥为主，施肥量为2 000 kg/亩，或商品有机肥800 kg；施肥时间为每年10月。

（2）杨梅专用肥　杨梅专用配方肥为有机无机复混肥，其中，氮、磷、钾养分含量分别为7%、3%、15%，含有微量元素硼2%、锌2%、钼0.1%，有机肥20%。壮果肥，一般在硬核期结束、果实迅速膨大时（4月下旬至5月中旬）施入，施肥量为40～60 kg/亩，以满足果实膨大、夏梢抽生和花芽分化所需营养；采后肥，在果实采收后（7月下旬至8月上旬）施入，施肥量为30～40 kg/亩，以弥补树体结果后的营养消耗，恢复树势，利于花芽分化。

除了以上 2 次施肥，每年 3 月中旬也可以追施催芽肥，亩施 10～20 kg，但树势较强的东魁杨梅一般不施。

（3）施肥方式　施肥前先沿树冠滴水线开施肥沟，沟深 20 cm，与土壤拌匀后覆土。一般选择雨前或雨后施肥。

3. 绿色防控技术

遵循"预防为主、综合防治"的方针，应用各种农业、物理、生物及化学防治措施，尽量减少使用人工合成的农药、除草剂和生长调节剂。

（1）农业防治　加强栽培管理，培育健康树体，提高树体抗病虫害能力；采取生草或套种绿肥，可防止水土流失，提高土壤有机质含量。

（2）物理防治　开展杀虫灯、诱虫色板、防虫网等绿色防控技术。每 5～10 亩在树体高度 2/3 处悬挂 1 盏杀虫灯，一般 5 月下旬至 6 月下旬开灯；黄板悬挂于树内 1.5 m 高处，每树 1～2 块。

（3）生物防治　采用果蝇性诱剂诱杀。性诱剂诱集器一般在 5 月下旬至 6 月下旬悬挂于树内离地 1.5 m 高处，每树 1 个。建立平衡的生态环境，丰富的生物种类，复杂的食物链结构，创造不利于病虫发育生长的环境，营造有利于各类自然天敌繁衍的生态环境，达到持续增产和增效的目的。

（4）化学防治　推广使用矿物源和生物源农药，冬季修剪后，采用松脂酸钠或石硫合剂清园，降低病虫基数。《杨梅主要病虫防治用药规范》中推荐在果实硬核期至成熟期喷施对氯苯基乙酸钠盐 8% 可溶性粉剂 2 667～4 000 倍液防治杨梅落果；在杨梅硬核着色期进入成熟期喷施抑霉唑 20% 水乳剂 1 000～1 400 倍液、嘧菌酯 250 g/L 悬浮剂 3 333～5 000 倍液，或咪鲜胺 450 g/L 水乳剂 1 500～2 500 倍液，或吡唑醚菌酯 250 g/L 乳油 1 000～2 000 倍液防治杨梅白腐病。严禁在果实采收前 40 d 喷施任何药剂。

4. 设施避雨栽培

作为浙江省种植业五大技术之一的"果树避雨栽培技术"也在杨梅产地大力推广。

技术要点：在杨梅矮化树冠上搭建棚架，在杨梅采收前 25～40 d 覆防虫网，防虫网规格为 40 目，根据树冠确定网帐大小，单株全树覆盖或若干株连在一起覆盖，采收前 10 d 覆盖避雨膜或防雨布，四角用绳子绑扎固定在木桩上。留一侧可揭盖。

（二）生产管理

1.园地选择

按照适地、适树、适栽原则，园地应选择海拔 600 m 以下，坡度小于 25°，光照充足，年降水量在 1 000 mm 以上，土层深厚，pH 值 4.5～6.5，富含石砾的红壤或黄壤土的基地。10° 以上坡地，需采用梯田登高环山沟或等高鱼鳞坑的方式建园。

2.小苗定植

在秋冬季挖直径 1～1.2 m、深 0.8 m 的定植穴，施足基肥后盖土。翌年春季 2 月至 4 月上旬的无风阴天，选择高度 30～50 cm 的壮苗，去掉接穗上的包扎物，放入定植穴后分次填入表土，浇水 1～2 次。定植完毕后注意土壤保湿，应用柴草或者遮阳网覆盖，高温干旱应及时灌水防旱抗旱。定植密度为每亩 19～30 株，东魁杨梅、晚稻杨梅宜稀植。

3.树形管理

杨梅一般采用自然开心形或自然圆头形方式修剪，生长旺盛、枝条直立性强的品种宜采用主干形或疏散分层形。修剪分为 4—9 月的生长期修剪和 11 月至翌年 3 月的休眠期修剪，通过疏除、短截、拉枝、环割、摘梢等方法调节生长和结构的平衡，减轻大小年结果幅度，提高品质。在春季开花前，或果实采收后通过大枝回缩修剪，控制树体高度在 4 m 以内。

4.花果管理

科学做好花果管理工作，可通过修剪、增施钾肥、拉枝、环割、合理使用多效唑等抑枝促花，对杨梅旺树采取不施氮肥、增施磷钾肥保果，对花枝、花芽过量或者结果过多的树，于 2—3 月疏除花枝，以及密生、纤细、内膛小侧枝，减少花量。对于东魁等大果型品种可人工疏果，每年盛花后 20 d 及谢花后 30～35 d，疏去密生果、劣果、小果和病虫果，5 月下旬果实迅速膨大前再次疏果定果，每枝留 1～2 个。

5.采收贮运

杨梅果实应根据成熟时间先后分批采收，采收时间以清晨或者傍晚适宜，避免在雨天或者降雨初晴采收。杨梅常温贮藏困难，一般生产上采用泡沫箱低温保鲜贮运。首先选择 9 成熟无损伤优质果分级后进入 16° 冷库预冷 1～3 h，然后装入塑料筐内套入保鲜袋，抽真空保鲜，将杨梅筐和定型冰块放入泡沫箱内密封。由于杨梅不耐储运，装好的果实箱应立即装车起运，有条件的果园尽量冷链运输。

（三）注意事项

施用杨梅专用肥时，应参考杨梅树势的强弱。树势强，叶色较黑，应略少施，树势偏弱，可适当增加施肥量，灵活掌握。做到年度之间均衡施肥。不应使用高氮、高磷的复混肥料，以免伤根。

（四）应用效果

杨梅配方专用肥，降低了氮、磷的配比，增加了钾的配比，添加了硼、锌、钼等微量元素养分，符合杨梅的需肥特性，配之合理的施肥方法，不仅促进了根系、叶片生长，增强树的长势，还可以提高果实的品质。使用《杨梅主要病虫防治用药规范》推荐用药，梅农用药更加科学规范，农药使用次数有所减少，尤其是开展杨梅避雨栽培后，农药使用次数与露地栽培相比减少1～2次，杨梅产量、品质都有显著提高，价格上涨明显。

1. 减肥减药效果

使用杨梅专用肥，亩均减少化肥使用次数1～2次，减少化肥用量20%以上；使用《梅主要病虫防治用药规范》推荐用药，减少农药使用1～2次，开展网室避雨栽培后，全年农药平均减少使用2次以上，亩均减少用药0.50 kg。

2. 成本效益分析

减肥模式下亩均投入生产成本1 200元，增产125 kg，增产率达到20.9%，按照2019年全省杨梅亩均产值3 480元估算，亩均增收727元；设施避雨栽培模式下，杨梅优质果率提高20%，平均价格提高50%，按照2019年全省杨梅亩均产值3 480元估算，扣除设施成本和减少喷药成本，亩增6 000元以上。

3. 促进品质提升

施用杨梅专用肥，果实成熟期提早2～3 d，果实可溶性固形物含量平均在13%以上，比正常施肥的杨梅果实可溶性固形物含量提高了1.5%。

杨梅设施避雨栽培模式的应用，避免梅雨期过多雨水对杨梅的影响，杨梅优质果率提高20%以上，单果重增10%，果实成熟期推迟3～4 d，延长了杨梅的上市期，安全性对比露天栽培也有显著提高。

（五）适宜区域

适用于浙江杨梅产区。

（周慧芬）

浙江省青田县杨梅农药减施增效技术模式

一、杨梅种植农药施用现状

杨梅病虫发生复杂，成熟期高温多雨，易于病虫发生，尤其后期果蝇、白腐病等病虫发生严重，极易引起腐烂、落果，影响品质、产量。杨梅果实属裸果，没有外果皮包裹，采摘后一般直接食用，在成熟后期使用化学药剂防治杨梅果蝇、白腐病和落果，如不遵守农药合理使用规范，易造成农药残留而引起的质量安全隐患。杨梅属于小宗作物，登记农药较少，生产中存在乱用、滥用等不科学使用现象。青田县根据浙江省农产品质量安全学会发布的《杨梅主要病虫防治用药规范》标准指导梅农安全生产，促进产业提质增效。

（一）常见病害及防治方法

1. 褐斑病

（1）症状　主要为害叶片，发病初期在叶面上出现针头大小的紫红色小点，以后逐渐扩大呈圆形或不规则形，病斑中央红褐色，边缘褐色或灰褐色，直径4～8 mm。后期病斑中央变成浅红褐色或灰白色，其上密生灰黑色的细小粒点。有些病斑进而相互联结成大斑块，最后干枯脱落。发病严重的树，在10月就开始落叶，到翌年落叶率可达70%～80%，严重影响树势、产量和品质。

（2）发生规律　该病是一种真菌性病害，属半知菌亚门子囊菌纲的一种。病菌以子囊果在落叶或挂在树上的病叶中越冬，翌年4月底到5月初，子囊果内逐渐形成子囊和子囊孢子，5月中旬以后子囊孢子开始成熟，此时如遇雨水，成熟的孢子从子囊果内溢出借风雨传播和蔓延，直至 7—8 月高温干旱时才停止。病菌侵入叶片组织以后潜伏期较长，3～4 个月出现症状。8 月中下旬出现新病斑，9—10 月开始病情加剧，10—11 月开始大量落叶。该病 1 年发生 1 次，无再次侵染。

（3）防治方法　冬季用 3～5 °Bé 石硫合剂清园，减少越冬病原。发病初期用 33.5% 喹啉铜悬浮剂 1 000～2 000 倍液，或 6% 井冈·嘧苷素水剂 200～400 倍液，或 68% 精甲霜·锰锌水分散粒剂 600～800 倍液，或 20% 抑霉唑水乳剂 600～800 倍液，或 450 g/L 咪鲜胺水乳剂 1 350～2 500 倍液防治。

2. 白腐病

（1）症状　果实侵害初期，仅少数内核萎蔫，似果实局部熟印软化状。以后蔓延至半个果或全果，病部软腐，并产生许多霉状物。果味变淡，有时还散发腐烂的气味。

（2）发生规律　病原属真菌半知菌亚门子囊菌核盘菌，主要以青霉菌、绿色木霉菌为主。一般在杨梅开采后的中后期，在果实表面滋生白色霉状物，随着时间的延长，白点面积会逐渐增大，一般 2～3 d 这种带白点的果实落地，被害果不能食用。病菌在腐烂果或土中越冬，靠暴雨冲击将病菌飞溅到树冠近地面的果实上，再经雨水冲击，致使整个树冠被侵染。

（3）防治方法　在杨梅果实硬核着色期用 20% 抑霉唑水乳剂 1 000～1 400 倍液或 250 g/L 嘧菌酯悬浮剂 3 333～5 000 倍液，或 450 g/L 咪鲜胺水乳剂 1 500～2 500 倍液，或 250 g/L 吡唑醚菌酯乳油 1 000～2 000 倍液防治。

3. 凋萎病

（1）症状　该病主要在夏末秋初开始出现，首先树体上冠部枝梢出现零星叶片急性青枯，之后顶部、外围枝条及内膛枝均有不同程度的发生，始现病症多数在幼嫩枝梢中上部位，症状初现时青枯叶片凋而不落，随后渐渐枯死直至 1～2 个月后落叶，从而影响杨梅树势，树干以及根的木质部变褐色。翌年春季发病症状有所减轻，甚至可正常抽梢生长与结果，与正常枝梢无异，但到秋季又出现更为严重的发病症状，发病枝梢增加、树势进一步变弱，病情逐年加重，如此反复 2～4 年后整树枯死，并伴随枝干韧皮部开裂，根系枯死。

（2）发生规律　该病于 9 月至翌年 3—4 月集中暴发，最适合的温度是 25～28 ℃，pH 值 5～10 都能生长良好，菌株之间产孢性能、对光照的反应有较大差异，具有广泛性、暴发性与毁灭性。品种间感病性有明显差异，以东魁居多，其他品种发病较轻。管理措施对杨梅发病有影响，肥料施用过多、修剪严重的树更容易发病。

（3）防治方法　做好植物检疫、农业防治等综合防治工作。对中度以上感病植株，可采用化学防治为主的综合治疗，治疗期间不允许让其结果。对因该病引起枯枝死树严重的植株，要立即挖除，就地烧毁处理，以减少相互传播。

（二）常见虫害及防治方法

1. 卷叶蛾类

（1）发生规律　为害杨梅的卷叶蛾类主要有小黄卷叶蛾、拟小黄卷叶蛾、褐带长卷叶蛾和拟后黄卷叶蛾。以幼虫在初展嫩叶端部或嫩叶边缘吐丝，缀连叶片呈虫苞，潜居缀叶中食害叶肉。当虫苞叶片严重受害后，幼虫因食料不足，再向新梢嫩叶转移，重新卷叶结苞为害。杨梅新梢受害后，枝条抽生伸长困难，生长慢，树势转弱。严重为害时，新梢一片红褐焦枯。1年发生4～5代，大都以3～5龄幼虫（少数以蛹）在卷叶内越冬。翌年春季气温回升至7～10 ℃时开始活动为害。在杨梅上以4月底至5月中旬、7月上旬至8月下旬幼虫为害最重。

（2）防治方法　在孵化盛期至低龄幼虫期用5%甲氨基阿维菌素乳油4 000～6 000倍液，或35%氯虫苯甲酰胺水分散粒剂17 500～25 000倍液防治。

2. 介壳虫类

（1）发生规律　为害杨梅的介壳虫主要以柏牡蛎蚧为主，1年发生2代，以受精的雌成虫在枝条或叶片上越冬。翌年4月中旬开始产第1代卵，4月下旬至5月上旬为产卵盛期。于5月中旬开始孵化，5月下旬至6月上旬为第1代若虫盛发期，7月上旬结束，主要为害春梢。6月下旬雄成虫始见，7月上旬达到高峰期，与雌成虫交尾后，7月中下旬雌成虫开始产第2代卵，7月下旬卵开始孵化，8月上旬为第2代若虫盛发期，主要为害夏梢。雄蛹初见期为10月中旬，4～6 d后雄成虫初见。交配后以受精雌成虫越冬。

（2）防治方法　冬季用20%松脂酸钠可溶性粉剂200～300倍液清园。5月上中旬第1代若虫期，7—8月第2代若虫期65%噻嗪酮可湿性粉剂2 500～3 000倍液防治。

3. 果蝇

（1）发生规律　成虫常见于腐败植物及果实的周围，大量产卵于其中。在杨梅果实硬核着色之前，果蝇发生少。杨梅进入成熟期后，果实变软，果蝇有合适的食物，随之盛发为害，并随着杨梅的采收，果蝇数量下降。杨梅采收后，树上残次果和树下落地果腐烂，有着丰富的食物，又会出现盛发期，而随着残次果及落地果的逐渐消失，虫口又随食物的缺少而下降。杨梅果蝇发生盛期在6月中下旬和7月中下旬两个食物条件极好的时期。田间每果内虫口数由数头到百头以上不等，老熟幼虫从上午8—9时开始逃离果实，钻入土中3～5 cm或枯叶下或在苔藓植物内化蛹，也在树冠内隐蔽的颗和叶片上化蛹。适宜温度为25 ℃左右，当温度高于36 ℃、低于5 ℃时，死亡率增加。在温度25 ℃、相对湿度60%条件下，一个完整的发育周期大约10 d，繁殖速度极快，世代重叠。

（2）防治方法　杨梅果实转色期用60 g/L乙基多杀菌素悬浮剂1 500～2 500倍液防治。

二、杨梅农药减施增效技术模式

本模式的核心内容主要包括"优良品种＋科学施肥＋绿色防控＋矮化栽培＋疏果控产"。

（一）核心技术

1. 优良品种

根据立地气候和市场需求，选择早熟、中熟、晚熟适栽品种，宜选择早佳、丁岙梅、荸荠种、东魁、晚稻梅等优良品种。

2. 科学施肥

遵循"适氮低磷高钾，增施有机肥，追施微肥"的原则，成年树全年三要素比例为氮：磷：钾为1：0.3：4，基肥，每亩施腐熟有机肥2 000 kg或商品有机肥800 kg；壮果肥，每亩施低氮高钾肥，如氮：钾配比5：25的配方肥45 kg左右；采后肥，每亩施中氮高钾肥，如氮：磷：钾配比15：4：20的配方肥30 kg左右。做到"看树势、看立地、看结果"施肥，适当补充叶面肥。

3. 绿色防控

采用频振式杀虫灯、昆虫物理诱粘剂、昆虫诱剂诱杀害虫。人工捕杀尺蠖、蓑蛾类幼虫、卵块和虫茧，采用防虫网及避雨设施防控果蝇、果实腐烂和落果。

4. 矮化栽培

通过整形修剪，培养矮化树冠，一般树高控制在3.5 m以下。遵循去直留斜、去强留弱、控上促下、控外促内的原则。合理调整树冠内枝条分布，改善树冠内膛和下部的光照条件，以增加树体通风透光性，使树体内膛和下部正常结果，实现树冠上、下、内、外立体结果，提高产量和果品品质。

5. 疏果控产

对花枝、花芽量过多的树，春季疏删和短剪部分花枝，直接减少花量。东魁等大果型品种开展人工疏果，一般分 2～3 次进行，第 1 次在盛花后 20 d，疏去密生果、小果、劣果和病虫果，每条结果枝留 4～6 个果；第 2 次在谢花后 30～35 d，果实横径约 1 cm 时，再次疏去小果和劣果，每条结果枝留 2～4 果；第 3 次在 5 月底果实迅速膨大前定果，平均每结果枝留 1～2 果。结果枝占全树总枝数的 40% 左右。

（二）生产管理

根据不同立地条件控制杨梅种植密度，每亩控制在 30 株以内。改善杨梅园及周边生态环境，推行生草栽培，提升杨梅园物种多样性。选用抗病虫品种，做好种苗检疫，培育壮苗，加强栽培管理、清洁果园、平衡施肥等，采取断根控制树势，及时清除病虫枝条，冬季清园。

（三）应用效果

1. 减药效果

模式区农药大幅度减量使用，全年农药防治次数 4 次，较常规区防治 5～6 次减少 1～2 次。模式区强化病虫测报，在病虫发生且达到防治指标时，参照浙江省农产品质量安全学会发布的《杨梅主要病虫防治用药规范》，选用低毒低残留农药防治。模式区减少农药使用量 13.8%。

2. 成本效益分析

亩均生产成本 2 800 元，亩均产量 450 kg，亩均收入 9 500 元，亩均纯收入 6 700 元。

3. 促进品质提升

全面提升果品质量和安全水平，促进杨梅产业绿色高质高效发展，模式区杨梅优质果率达 85%，质量安全定量检测合格率达 100%。

4. 生态与社会效益分析

本模式全年可减少化学农药使用 1～2 次，提高杨梅果实品质，保证果品质量安全，可刺激社会大众的放心消费，促进产业提质增效，从而推动整个杨梅产业的可持续健康发展。

（四）适宜区域

青田县及相似生态区域的杨梅适栽区。

（邹秀琴）

湖南省靖州县杨梅化肥农药减施增效技术模式

一、杨梅化肥施用现状

靖州是湖南省杨梅种植的传统产区，2019 年，全县杨梅种植面积约为 8.9 万亩，年产量 6.5 万 t，年产值达 10 亿元。杨梅作为靖州县的重要农业支柱产业，在促进当地农民增收致富和扩大就业，实现农业增效等方面具有重要的作用。杨梅适应性强，性喜酸性土壤，较耐瘠薄，在比较瘠薄的山地上生长正常且结果良好，而在较肥沃的土地上，树体容易旺长导致生长势过旺、花芽分化少、容易落果、产量和品质下降等。加上杨梅成熟采摘期短，耐贮运性较差，效益不稳定。因此，目前对于杨梅的生产管理，普遍处于一种相对较粗放的管理状态，相较于其他水果而言，杨梅产业在化学肥料的使用上，处于较低层次水平。

目前，靖州县杨梅生产上化学肥料的施用总体上量小、次数少，绝大多数散户目前基本上不施肥或 2～3 年施 1 次肥，"望天收"现象突出；就种植大户来说，无一例外的都是 1 年施 1 次肥，主要肥料为有机肥（桐油枯、菜枯，株施 3～5 kg）＋硫酸钾（1～1.5 kg/ 株），或有机无机复混肥（有机质含量 20% 以上，N：P：K 为 10：4：6 或 12：5：8，株施 2～3 kg），折合为 N 75～135 kg/hm²、P_2O_5 30～54 kg/hm²、K_2O 45～108 kg/hm²。对当地农资公司和农资销售商店化肥销售情况的调查亦表明，梅农购买化肥的情况极少，对靖州县周边县（市）的杨梅种植者调查结果亦是如此。

施肥的时间和方式：基本上在春季萌芽前施肥，土施肥料主要采用树盘开沟施。部分种植大户除了春季土施一次肥料外，在5月还会树冠喷施1～2次叶面肥，主要是0.2%～0.3%的KH_2PO_4。

肥料施用成本占比偏高。据调查，2019年，靖州县杨梅平均单位面积产量约为9.3 t/ hm^2，园地销售价格平均为9 880元/t，每公顷的毛收入为91 880元。生产成本方面，每公顷杨梅的平均生产成本为20 700多元，其中，肥料施用成本为6 150元/ hm^2，占总成本的29.7%。加上杨梅成熟上市期短，损耗大，因此，梅农的实际利润空间不大。

二、杨梅农药施用现状

靖州杨梅具有良好的适应性和抗逆性，加上优良的生态环境，病虫害发生相对较少，当地果农普遍存在沿袭不施农药的百年传统栽培习惯。但由于生态环境的差异和大范围的品种交流，特别是随着杨梅产业的不断发展壮大，也导致了杨梅病虫害的传播和为害。

目前，靖州杨梅产业上较为常见的病虫害主要有杨梅褐斑病、杨梅癌肿病、杨梅枝腐病、杨梅赤衣病、杨梅肉葱病、杨梅果蝇、杨梅卷叶蛾等。虽然这些病虫害目前还没有对产业造成较大的为害，但也存在蔓延扩大的风险，特别是杨梅果蝇和杨梅枝腐病。基于杨梅种植区良好的生态环境、传统种植习惯，也鉴于杨梅果实的浆果特征，为确保杨梅果实的绿色品质，在病虫害的防治上，靖州杨梅产区及周边县域有适度规模的种植大户基本上都是采取一次综合防控措施，即在杨梅采收后的7—8月，结合控梢促花工作，采用甲基硫菌灵、多菌灵、嘧菌酯、咪鲜胺等杀菌剂和吡虫啉、噻嗪酮、毒死蜱以及菊酯类杀虫剂进行一次病虫害综合防治。针对果蝇为害，则采用物理诱杀（诱杀灯）和化学诱杀（糖醋液）方法进行诱杀。因此，在靖州杨梅病虫害的防控上，化学农药的施用量是适度或是偏低的。

（一）杨梅常见病害及防治方法

1.杨梅褐斑病

（1）症状　主要为害叶片，开始在叶面上出现针头大小的紫红色小点，以后逐渐扩大呈圆形或不规则形，病斑中央为红褐色，边缘为褐色或灰褐色，直径4～8 mm。后期病斑中央变成浅红褐色或灰白色，其上密生灰黑色的细小粒点

（病菌的子囊果或分生孢子）。病斑逐渐连结成斑块，最后干枯脱落。特别是黏重土壤上的杨梅树，在 10 月就开始落叶，至翌年 70%～80% 的叶片脱落。但发病轻者到翌年的 4 月才开始落叶。病树一般坐果率很低，即使坐果，也因缺少叶片供应足够的营养而果型较小、含糖量低、品质极差、无商品价值。

（2）发生规律　1 年发生 1 次，无再次侵染。病菌以子囊在落叶或挂在树上的病叶越冬。翌年 4 月下旬至 5 月上旬，子囊果内的子囊孢子开始成熟，下雨后已释放出来的子囊孢子借风传播、蔓延。病菌侵入叶片组织后潜伏期较长，3～4 个月才开始出现症状。一般 7—8 月高温干旱时停止蔓延，8 月下旬出现新病斑，10 月后病情开始加剧，11 月开始大量落叶。发病的因素：一是与 5—6 月雨量有密切相关，雨水较少时，发病较轻；二是在土壤瘠薄、少翻耕和有机肥不足的情况下，树势生长衰弱，容易发病；三是排水良好的沙砾土或光照充足的果园发病较轻，在排水不良的黏重土壤或阳光不足、通透条件差的果园发病较重。山脚处的杨梅树发病比山腰或山顶的杨梅树重得多。

（3）防治方法　4 月中下旬及采后（7 月上旬）各喷 2 次 65% 的代森锰锌可湿性粉剂 600 倍液（或多菌灵、甲基硫菌灵）。为减轻农药对果实的残留，在药剂选择、用量及喷洒时间一定要合理安排，达到果品无公害和病害防治两不误。

2. 杨梅癌肿病

（1）症状　主要发生在 2～3 年生的枝干上，也有发生在多年生的主干、主枝和当年生的新梢上。初期病部产生乳白色的小突起，表面光滑，逐渐增大，形成肿瘤，表面变得粗糙或凹凸不平，木栓质很坚硬，呈褐色至黑褐色。肿瘤近球形，小者如豌豆，大者如核桃，最大直径达 10 cm 左右。一个枝上的肿瘤少者 1～2 个，多的达到 4～5 个以上，一般在枝条节部发生较多。小枝条被害后，出现小圆状的肿瘤，在肿瘤以上的枝条即枯死；树干发病时，常使树势早衰，严重时也可以引起全株死亡；大树发病时，树皮粗糙开裂，凹凸不平，也有隆起的肿瘤。

（2）发生规律　病原菌在树上和果园地面的病瘤内过冬，翌年春季从病瘤内溢出后，主要通过雨水的溅散和自上而下的流动传播或随种苗传播，还通过空气、昆虫（主要是杨梅的枯叶蛾）接穗传播。病菌从伤口侵入植物体内，在 4 月底至 5 月初开始侵入枝梢，在 20～25 ℃的条件下，经过 30～35 d 的潜伏期后开始出现症状。新病瘤从 5 月下旬开始出现，6 月下旬以后增加。病害发生常与环境条件有关。病菌在 4 月中旬、气温在 15 ℃左右时开始膨大，6 月（气温在 25 ℃、梅雨连绵的情况下）膨大最快，7—8 月（高温干旱时）病瘤生长趋缓。幼树很少发生，随着树龄增大，伤口增多，病瘤也逐渐增加。不同杨梅品种发病有差异。

（3）防治方法　3—4 月在肿瘤中的病菌传播出去以前，用利刀刮除病斑并涂以抗菌剂 402 200 倍液的效果好，其愈伤组织形成快，当愈伤组织形成后，病斑自行脱落。

3. 杨梅枝腐病

一般以老树发生较普遍，发病后造成枝干腐烂、枯死，引起树体早衰。

（1）症状　主要为害枝干的皮层，初萌病部呈红褐色，略隆起，组织松软，用手指按时即下陷，后期病部失水、干缩、变黑、下陷，枝上产生许多密集细小的黑色小粒点（病菌子座），上部有很细长的刺毛，状似白絮包裹，枝枯萎。这一特征可以区别杨梅干枯病。

（2）发生规律　病菌是一种弱寄生菌，一般老年树发病较多。天气潮湿时，分生孢子吸水后可以从孔口溢出乳黄色卷须状的分生孢子。

（3）防治方法　刮除病斑，伤口涂以 402 抗菌剂 50～100 倍液。

4. 杨梅腐烂病

（1）症状　主要在杨梅主干分叉处为害，引起树干皮层腐烂和枝枯。据调查，该病在湖南省发生较为普遍，为害严重，发病株率达 20%～50%，病情指数 15～25；发病严重的地区发病株率达 50% 以上，病情指数 30～40，严重地影响了杨梅产业的发展。

（2）发生规律　病菌是一种弱寄生菌，病菌以菌丝体、子囊壳及分生孢子器在树干病组织中越冬，一般借风雨和昆虫从树干伤口或皮孔中侵入。

（3）防治方法　目前，杨梅腐烂病尚未引起梅农足够的重视，大部分没有采取有效的防治措施。

（二）杨梅常见虫害及防治方法

1. 杨梅卷叶蛾

（1）发生规律　该虫 1 年发生 3～4 次，幼虫灰白色，体长 10～15 mm。在 5 月底至 6 月中旬和 7—8 月前后在顶端新梢抽生的幼嫩叶片上叶丝裹成一团，幼虫卷于当中，早、晚食害叶肉。幼虫老熟后，弃"包"而逃或宿"包"结茧化蛹，影响有机物质的制造，使新梢生长缓慢、长势衰弱。

（2）防治方法 5—9月每代蛹羽化率达40%～80%或每百梢叶有新虫苞5个时，立即喷施高效、低毒、低残留的无公害药剂3%甲维盐1 500倍液，或5%阿维菌素1 000倍液，也可喷施90%敌百虫晶体1 200倍液，或2.5%溴氰菊酯1 500倍液，或20%氰戊菊酯乳油4 000倍液。

2.果蝇

（1）发生规律 果蝇1年发生多代，在田间世代重叠，不易划分代数，各虫态同时并存。当气温在10 ℃以上时，可见到果蝇成虫活动；在气温20～25 ℃、空气相对湿度70%～80% 条件下，1个世代历期5～7 d。杨梅果蝇发生盛期在6月中下旬和7月中下旬2个食物条件极好的时期，以6月中下旬的发生为害造成经济损失重。杨梅果实硬籽、着色前，生果不能成为果蝇的食物，食源条件差，果蝇发生少，不造成为害；杨梅进入成熟期后，果实变软，果蝇有合适的食物，出现为害盛期。随着采收，杨梅逐渐减少，果蝇数量随之下降。杨梅采收后，树上残次果和树下落地果腐烂，有着丰富的食物，又会出现盛发期；随着残次果及落果的逐渐消失，虫口又随食物的缺少而下降。

（2）防治方法 一是在杨梅采摘前30 d清除腐烂物、果皮，集中到园外烧毁处理；二是将杨梅成熟前的生理落果和成熟采收期的落地烂果拣净，送到园外一定距离的地方覆盖厚土，或用30%敌百虫乳油500倍液喷雾处理，可避免其生存繁殖后返回园内为害；三是利用果蝇成虫趋化性，用敌百虫、糖、醋、酒、清水按1∶5∶10∶10∶20配制成诱饵，用塑料钵装诱饵液置于杨梅园周围附近6～8钵/亩，诱杀成虫，定期清除诱虫钵内的虫子，每周更换1次诱饵，可收到较好的诱杀效果；四是物理防治，网捕成虫，单株罗帐覆盖。

三、杨梅化肥农药减施增效技术模式

（一）核心技术

靖州杨梅化肥农药减施增效技术模式主要内容包含"优良品种＋科学施肥＋病虫害绿色防控"。

1.优良品种

选择在靖州县栽培表现适应性好的杨梅品种，如硬实杨梅、软实杨梅、荸荠种杨梅、东魁杨梅、木洞杨梅等，这些品种表现适应性好、抗逆性强、果实大、丰产性好、品质优。

2.合理适量施用化肥、增施有机肥

杨梅本身具有固氮特性，一般不需要施大量氮肥，而需要高钾肥，适磷肥。通过增施有机肥、草木灰和火土灰等，有效调控化肥的施用，成年树每年在春季萌芽前一次性施用有机肥 5～10 kg/株，加硫酸钾 1～1.5 kg/株，或有机无机复混肥 2～3 kg/株施（有机质含量 20% 以上）。

3.适时进行叶面追肥

5 月果实成熟前，根据树势强弱和结果量，树冠喷施 1～2 次 0.2%～0.3% 的 KH_2PO_4，补充磷钾营养。

4.病虫害绿色防控

（1）综合防控　防控杨梅果蝇为害主要通过采取农业和物理等综合措施。一是在杨梅采摘前 30 d 清除腐烂物、果皮，集中到园外烧毁处理；二是将杨梅成熟前的生理落果和成熟采收期的落地烂果拣净，送到园外一定距离的地方覆盖厚土，或用 30% 敌百虫乳油 500 倍液喷雾处理，可避免其生存繁殖后返回园内为害；三是利用果蝇成虫趋化性，用敌百虫、糖、醋、酒、清水按 1：5：10：10：20 配制成诱饵，用塑料钵装诱饵液置于杨梅园周围附近 6～8 钵/亩，诱杀成虫。定期清除诱虫钵内的虫子，每周更换 1 次诱饵，可收到较好的诱杀效果；四是物理防治，即在果实着色前，采用独立的单株网棚（罗帐）或连体网棚覆盖，隔离果蝇，或采用捕虫网捕杀成虫，或利用果蝇成虫的趋光性，安装杀虫灯诱杀成虫。

（2）防控其他病虫害　主要在采果后，结合控梢促花工作，采用甲基硫菌灵、多菌灵、嘧菌酯、咪鲜胺等杀菌剂和吡虫啉、噻嗪酮、毒死蜱以及菊酯类杀虫剂进行一次病虫害综合防治。防治效果好，既节本省时，又能有效防止枝叶病害，可操作性强，梅农容易掌握。

（二）应用效果

1.减肥减药效果

由于本模式是根据杨梅的生长与营养特性实施的，一方面，用肥用药量小；另一方面，侧重于有机肥的施用，比周边常规生产模式减少化肥用量 40% 以上，化肥利用率高，减少化学农药防治次数 5 次以上，减少化学农药用量 30% 以上。

2. 成本效益分析

亩均生产成本 1 200～1 500 元（包括用工），亩均产量 750～900 kg，亩均纯收入 7 000～8 000 元。

3. 促进品质提升

本模式下生产的杨梅，不仅产量可提高 100～150 kg/ 亩，而且杨梅果实的优质果率提高 20% 以上，可溶性固形物含量在 13.5% 以上，比常规栽培模式高 1%～2%。

（三）适宜区域

湖南省杨梅适栽区域。

（李先信）

其他特色水果化肥农药施用现状及减施增效技术模式

黑龙江省尚志市树莓农药减施增效技术模式

一、树莓生产农药施用现状

黑龙江省早在100多年前就开始了树莓的栽培，是我国树莓栽培最早的区域，最先由俄侨从远东沿海地区引入到尚志市石头河子、一面坡等乡（镇）栽培。目前，尚志市已成为全国树莓栽培面积最大的县，被称为"红树莓之乡"。近年来，宾县、延寿、海林、佳木斯市、林口县、庆阳农场等地树莓生产也快速发展，全省已形成了以尚志市为中心的树莓产业群，种植面积达到60 000多亩。

随着树莓种植面积的扩大和年限的增加，病虫害日益严重，造成树莓产量和品质的明显降低。常规的病虫为害只能是见病见虫对症打药，对根部虫害只有灌根防治，没有很好的根除办法，造成病虫抗药性提高，打药次数逐年增加趋势，部分产品农药残留超标，部分浆果出口受阻，对当地树莓产业绿色高质量发展产生较大影响。

（一）常见病害及防治方法

树莓上发生的病害最为严重的是灰霉病以及灰斑病。根癌病也是一种潜在危险性较高的病害。

1. 树莓灰霉病

树莓灰霉病是树莓上发生的对产量影响最大的病害，各树莓产区均有发生。其发生的严重程度与气象条件和品种关系密切，一般损失10%～20%，发生严重时可以使树莓绝收。

（1）症状　花和果实发育期中最容易感染此病。由先开放的单花受害很快传播到所有的花蕾和花序上，花蕾和花序被一层灰色的细粉尘状物所覆盖，随后花、花托、花柄和整个花序变成黑色枯萎。果实感染后小浆果破裂流水，变成果浆状腐烂。湿度较小时，病果干缩成灰褐色浆果而不易脱落。

（2）发生规律　病菌以菌核、分生孢子及菌丝体随病残组织在土壤中越冬。菌核越冬后，翌年春天条件适宜时萌发产生新的分生孢子，通过气流传播到花序上造成初次侵染。侵染发病后又能产生大量的分生孢子进行再侵染。

（3）防治方法　于开花前和谢花后喷特立克可湿性粉剂600～800倍液，或灰霉特克可湿性粉剂1 000倍液，或用50%速克灵1 000倍液，或40%施佳乐800倍液。但果期禁止喷药，以免污染果实，造成农药残留。

2. 树莓灰斑病

树莓灰斑病是树莓上发生最普遍的叶斑类病害，在各树莓产区均有发生。

（1）症状　1年生至多年生树莓叶片均可被侵染，新叶发病较重，老叶抗病力较强。发病初期叶片产生淡褐色小斑，后逐渐扩大成圆斑或不规则形病斑，最终发展成为白心褐边的斑点，或形成穿孔，影响叶片的光合作用。

（2）发生规律　病菌以菌丝体和分生孢子在病残体上越冬，成为翌年的初侵染源。该病较适宜在温暖湿润和雾日较多的地区发生。而连年大面积种植感病品种，是该病大发生的重要条件之一。该病于6月中下旬开始发病，8月中旬至9月上旬为发病高峰期。

（3）防治方法　春季使用70%甲基硫菌灵500倍液或福美双600倍液，可以预防该病害的发生。发现病株后可用70%的甲基硫菌灵，或50%多菌灵可湿性粉剂500～800倍液，隔7 d喷1次，喷施2～3次。

3. 树莓根癌病

树莓根癌病是一种毁灭性的细菌病害，一旦发生，严重影响整株树莓生长，甚至造成整株死亡。现阶段树莓产地有逐年加重的趋势，是一种潜在的危险性病害。

（1）症状　根癌发病早期，表现为根部出现小的隆起，表面粗糙的白色或者肉色瘤状物。始发期一般为春末或者夏初，之后根癌颜色慢慢变深、增大，最后变为棕色至黑色。根癌病发生后影响植株根部吸收，造成植株营养不良，发育受阻。

（2）发生规律　5月下旬发生较为严重，进入生长旺季之后随着植株根系抗性增加，根癌病发展减缓。但是该病病原在土壤中逐年累加，发生会呈逐年加重趋势。

（3）防治方法　一般用0.2%硫酸铜、0.2%～0.5%农用链霉素等灌根，每

10～15 d 灌 1 次根，连续 3～4 次。采用 K84 菌悬液浸苗或在定植或发病后灌根防治。

（二）常见虫害及防治方法

树莓上常见的虫害有金龟子类、叶甲类、鳞翅目夜蛾类、灯蛾类、螟蛾类、半翅目蝽类、双翅目蝇类、蜱螨目叶螨类。

1. 金龟子类

金龟子害虫在树莓上为害严重，其幼虫在春季为害根部，造成根系损伤，受害后整株失水萎蔫。成虫喜取食嫩叶、花蕊和果实，树莓成熟季节可见多头金龟子在一个植株上为害，吸取果实汁液，直接影响果实品质。常见金龟子种类为中华弧丽金龟。

（1）发生规律　1 年发生 1 代，以 3 龄幼虫在土中越冬。10 月初开始下迁，翌春 4 月上旬至 5 月上旬爬升至耕层。5—6 月是幼虫啃咬根系为害盛期。新羽化的成虫 6 月中下旬开始出土，6 月下旬至 7 月下旬为成虫盛发期，成虫发生盛期 5～7 d 后产卵，7 月中旬至 8 月中旬为产卵期，卵期 8～15 d。8 月下旬幼虫开始进入 3 龄。

（2）防治方法　在中华弧丽金龟成虫盛发前，选用 0.26% 苦参碱水剂 700～1 000 倍液，或 10% 吡虫啉可湿性粉剂 1 500 倍液，或 40% 乐斯本乳油 1 000 倍液于花前、花后树上喷药防治，间隔 15 d，连续喷药 2～3 次。

2. 红蜘蛛

为害树莓的红蜘蛛最主要的是二点红蜘蛛，它的寄主植物很广，果树、蔬菜、农作物、花卉及多种杂草，各种寄主植物上的红蜘蛛可以相互转移为害。

（1）发生规律　1 年可发生 10 代以上，世代重叠，周年为害。以雌性成虫在浅表土中或老翘皮中越冬，翌年春产卵，孵化后开始活动为害。高温和干燥是诱发红蜘蛛大量增殖的有利条件。红蜘蛛的幼虫和成虫在树莓叶的背面吸食汁液，使叶片局部形成灰白色小点，随后逐步扩展，形成斑驳状花纹，为害严重时，使叶片成锈色干枯，似火烧状，植株生长受抑制，造成严重减产。

（2）防治方法　结合防治其他刺吸性害虫喷洒内吸性杀虫剂。一般选用低残毒、触杀作用强的 1.8% 阿维菌素 4 000 倍液，或 20% 双甲醚乳油 1 000 倍液，或 10% 联苯菊酯 3 000 倍液交替用药，每 7 d 喷 1 次，喷 3～4 次。

3. 蓟马类

属缨翅目蓟马科。分布广泛，全国各地均有分布。在树莓果实成热期为害较为严重。食性杂，喜食豆类、蔬菜、经济作物等。

（1）发生规律　1年发生代数随种类、发生区域不同而变化。成虫活泼，怕阳光，可借助风力扩散。进行两性生殖或孤雌生殖，卵产于叶组织内。初孵幼虫具有群居习性，稍大后即分散。2龄若虫后期常转向地下，在表土中度过3～4龄。温暖和较干旱的环境有利其发生为害，高温高湿则不利，暴风雨后虫口显著下降。

（2）防治方法　结合防治其他害虫，可用低毒药液喷雾防治，每年打药3～4次。

二、树莓农药减施增效技术模式

（一）核心技术

本模式的核心内容主要包括"优良品种＋配方平衡施肥＋绿色防控"。

1. 优良品种

品种选择应先经过当地适应性试验，适合当地气候条件，抗逆性强，且顺应国际市场需求的优良品种。尚志地区主要选择夏果型树莓品种费尔杜德、波尼；秋果型树莓品种波尔卡、秋英、哈瑞特兹和最新秋果型红树莓品种龙园秋丰，该品种特点是丰产、品质好、抗病性强。

2. 配方平衡施肥

肥力不足将最终影响树莓的产量、果实品质、果实成熟期和初生茎的生长发育。施肥的目的是在树莓需肥前补充某些不足的营养元素，消除养分缺乏对果实产量和品质的影响。合理施肥需有对土壤和植物的采样分析基础，综合考虑营养诊断与树相观察，确定合理施肥方案。

（1）氮肥　夏果型品种的施肥量和施肥时期。盛果期树在春季每亩施尿素（含N 46%）13～15 kg，分2次施入。在春季萌芽期施入2/3肥量，结果枝生长和花序出现期施入1/3肥量。沿根际区30 cm开施肥沟，深10 cm，宽15～20 cm，施肥后覆土、灌水。秋果型品种的施肥量和施肥时期。盛果期树每亩施尿素13～15 kg；2/3于春季在初生茎生长10 cm左右施入，1/3在开花前1周施入。撒施后立即灌水。树莓幼树生长期施肥。从栽植到进入盛果期阶段需要

1～3 年，施肥需求不同于盛果期。在栽植当年缓苗成活后，距树干 10～15 cm 处开施肥沟，每株施 20 kg 尿素，开沟时应避免伤害刚生新根的树苗。翌年在春季生长开始时于根系生长范围内每株施 25～35 kg 尿素，同样要避免损伤根系。第 3 年，树莓进入结果期，可根据土壤肥力、生长和结果情况按照上述成年果树施肥标准确定施肥的数量和时间。

（2）磷肥　在根系集中分布区开施肥沟，深 18～20 cm，宽 15～20 cm，距树莓两侧 20～30 cm。使肥料均匀分布在土层内，若能一半肥料在沟底一半在中层，效果更佳（表 4）。

表 4　树莓磷肥施用量（P_2O_5）

土壤含 P 量（mg/kg）	叶片含 P 量（%）	P_2O_5（kg/ 亩）
0～20	<0.16	4.5～6
20～40	0.16～0.18	0～4.5
>40	>0.19	0

注：磷肥的施肥量按商品肥料 P_2O_5 的有效成分计算。

（3）钾肥　施肥时期是 9 月下旬至 10 月上旬，或翌年春季（北方）撤防寒土时（表 5）。

表 5　树莓的钾肥施用量（K_2O）

土壤中含 K 量（mg/kg）	叶片含 K 量（%）	K_2O（kg/ 亩）
<150	<1	4.5
250～350	1～1.25	3～4.5
>350	>2	0

注：钾肥的施肥量按商品肥料 K_2O 的有效成分计算。

（4）有机肥　树莓建园时，挖深 60 cm，宽 50 cm 栽植沟，栽苗时每株施入优质腐熟有机肥 10 kg，加 200 g 钙镁磷肥与表土混合。树莓盛果期后，每 2 年沟施 3 000 kg 优质腐熟有机肥加 50 kg 钙镁磷肥。

3. 病虫害绿色防控

严格遵循"预防为主，综合治理"原则，加强病虫害预测预报和综合防治，强化绿色植保理念，严禁果实采收期间用药，保护树莓浆果质量安全。

（1）物理方法　果园秋冬落叶后彻底清除枯枝、落叶、病果集中烧毁；早春萌芽前及时清理残枝落叶烂果，并于 4 月中下旬和 5 月上旬进行 2 次翻耙表土深 10～15 cm，冻杀幼虫，并喷洒 4%～5% 柴油乳剂和 3～5 °Bé 石硫合剂杀虫灭菌，减少病虫原体达 90% 以上。生长季节及时摘除病果、病蔓、病叶，减少再侵染的概率。

（2）诱杀　一是采用频振式杀虫灯诱杀，一盏灯控制 4 hm² 果园；二是行间悬挂黄蓝板诱杀，每片间隔 2 m；三是行间撒料诱杀，用 40% 乐果乳油或 90% 晶体敌百虫，用药量为饵料的 1%，拌入炒香的豆饼、米糠等饵料，顺垄洒于地面，每亩用 13～20 kg；四是鲜树枝浸药诱杀，用新鲜树枝段浸泡在稀释 50 倍的氧化乐果中，10 h 后取出，于傍晚插入田内，每亩插 25～40 枝。

（3）预测测报，精准施药　均匀布置测报点，采用性诱芯技术，精细调查预报虫害发生情况，及时使用农药，保护利用天敌，发挥其控制害虫的作用。发现初期病原及时剪除销毁，视发病株率合理用药，减少打药次数。

（二）生产管理

1. 园址选择

选择阳光充足、地势平缓、土层深厚、土质疏松、自然肥力高的中性土壤地块。

2. 苗木选择

选择抗逆性强品种和长势健壮、根系发达、无病虫害的优质苗木。

3. 减少病原体

及时去除结果枝和进行当年生枝条的整形，同时注意及时除草、排水、合理密植，降低田间湿度，减少病原菌侵染概率。

4. 增强植株生长势

不偏施氮肥，避免植株徒长，增施有机肥和磷钾肥。促进根系发育，提高植株抗逆能力。

（三）应用效果

1. 减药效果

本模式应用与周边常规生产模式相比，可减少化学农药防治次数 3～5 次。减少化肥用药量 30%～40%，金龟子、红蜘蛛、蓟马为害率控制在 5% 以下。

2. 成本效益分析

该技术模式应用地块主要集中在尚志市亮河镇、石头河子镇、一面坡镇等红树莓主产区，总应用面积 2.2 万亩。折合平均亩产量 720 kg，亩收入 5 472 元，平均亩生产成本（秋果型）2 540 元，亩纯收入 2 932 元，比常规管理模式每亩增效 248 元，提高了 9.2%。

3. 促进品质提升

本模式下生产的树莓，果实硬度和含糖量明显增加，速冻果破损率降低 12.8%，平均亩产量和收购价格分别提高 6.7% 和 8.6%。

（四）适宜区域

黑龙江省尚志市及周边产区。

（孙兰英、吕涛）

福建省武平县百香果化肥减施增效技术模式

一、百香果生产化肥使用现状

百香果是福建省武平县的特色经济作物，在促进农业增效、农民增收中起到较好的作用。百香果"一年一种"模式下，从移栽到果实采收结束约 240 d，生育期短，当地果农为了夺取高产，常常大量施用化肥，造成种植成本增加，还一定程度引起环境污染，甚至出现产量、品质下降。

（一）无机养分占比大

目前生产上普遍通过增施化肥取得高产量、高收益。武平县多数果农化肥施用量硫酸钾复合肥（15-15-15）2 700～3 000 kg/hm²、12% 钙镁磷 375～750 kg/hm²，硫酸镁 225～375 kg/hm²，50% 硫酸钾 150～200 kg/hm²，折合 N 405～450 kg/hm²，P_2O_5 414～468 kg/hm²，K_2O 480～550 kg/hm²。有机肥用量少，一般农家肥施用量 30 000～37 500 kg/hm² 或商品有机肥 3 750～5 625 kg/hm²，折合 N 75～150 kg/hm²，P_2O_5 60～112.5 kg/hm²，K_2O 37.5～187.5 kg/hm²，有机氮只占 15.6%～25%。化肥施

用量大，特别是 P_2O_5 施用多，既不适应百香果对氮磷钾养分的比例要求，也与武平县土壤有效磷较为丰富相矛盾，有机肥施用量少，造成土壤板结、酸化，通气不良，影响根系生长，也引起钙、镁、硼缺乏，造成开花结果不良、果实品质下降，化肥流失还对水体造成污染。

（二）中微量元素不足

百香果是喜钾、喜镁作物，要求氮、磷、钾 3 要素的比例为 1∶0.38∶1.28，此外，还需要钙、镁、硫、锌、硼、铁等中微量元素。产区果农注重氮、磷、钾 3 要素施用，而对钙、镁、硼等中微量元素补充不足。目前，生产上一般在整地施肥时施用一次钙镁磷和硫酸镁，此后基本不再追施钙镁肥，硼肥一般开花结果期叶面喷施 3～4 次，整个产季折合钙 12～20.25 kg/hm²、镁 41.5～69.2 kg/hm²、硼 18～32.6 kg/hm²。钙不足，百香果果皮变软，产生皱缩，不耐贮藏；镁不足，造成下部叶面未老先衰，提前落叶；硼不足影响花芽分化、开花坐果。

（三）化肥利用率低

百香果生产中化肥利用率低，造成百香果化肥利用率低的原因：一是部分果园畦高低于 30 cm，梅雨季节排水不良的果园，畦受水浸泡，造成化肥流失；二是化肥结合有机肥用作基肥进行全层施肥的比率低，仅占化肥总用量的 25% 左右；三是 6 月高温来临之后为了节省人力成本，追肥基本采取畦面撒施，一部分挥发损失，一部分由于台风暴雨流失；四是武平县部分果园土壤 pH 值 5.5 以下，磷、镁被土壤固定，不易被作物吸收。

（四）化肥成本高

根据对 2019 年武平县 32 个从事百香果种植的企业、专业合作社、家庭农场、种植大户调查，百香果产量约 16 t/hm²，价格 11 000 元 /t，产值 176 000 元 /hm²，生产成本约 105 000 元 /hm²，其中，用于购买化肥的支出约 30 810 元 /hm²，占总支出的 29.3% 左右，压缩了百香果种植的利润空间。

二、化肥减量生产技术

优化施肥结构，增施农家肥为主的有机肥。氮磷钾总养分含量分别为每公顷 300 kg、150 kg、450 kg，其中，有机氮占 45% 以上。整地作畦时施入充分腐熟桐饼、菜籽饼、牛羊粪便等堆沤而成的堆肥 37.5 t/hm²，或氮磷钾总含量 5% 的商品有机肥 7.5 t/hm²，同时，配合硫酸钾复合肥 1 000～1 350 kg/hm²，硫酸钾

275～375 kg/hm²，钙镁磷 750 kg/hm²，硫酸镁 750 kg/hm²，硼砂 90 kg/hm²。

1. 栽前准备

选择肥力高、通透性好、pH 值 5.5～6.5、前茬水稻的沙壤土建园，周围最好没有种植烟草、西红柿等茄科植物。老果园 12 月底清除棚面枝蔓及地面落果，移出园外集中处理，畦面每公顷撒施石灰 750～1 125 kg 消毒并调节土壤 pH 值，机械深翻，按照畦宽 1.5～2 m、高 40 cm 以上、沟宽 50～75 cm 作畦，畦面每公顷撒施充分腐熟堆肥 37.5 t，或商品有机肥 7.5 t，配合硫酸钾复合肥（15-15-15）375～525 kg、钙镁磷 750 kg、硫酸镁 750 kg 之后与泥土混合均匀，畦面呈龟背形，覆盖黑色地膜；新建果园还要提前搭建平棚，立柱采用钢管、竹木、水泥柱，要求立柱间距不大于 3 m，立柱入土深度 40～60 cm，棚高 1.8～2 m，棚架四周立柱采用牵引绳固定在地桩上，棚面采用钢绞线拉成（50～70）cm ×（50～70）cm 网格，每隔 12 m 左右留通风带。

2. 苗木移栽

按照株距 1.5～2 m，每畦种植 1 行，每公顷种植 1 800～3 300 株，3 月中下旬根据短期天气预报 7 d 之内气温不会低于 3 ℃即可移栽，选择品种纯正，新萌发芽高度 50～60 cm，茎粗 0.25 cm 以上，根系发达，枝叶健壮的扦插苗或新萌发芽高度 40～50 cm，茎粗 0.2 cm 以上的嫁接苗定植，移栽之后浇透定根水。

3. 肥水管理

苗木移栽成活之后，每隔 5～7 d 浇施氮磷钾比例为 20：10：10 硫酸钾复合肥，浓度从 0.5% 逐步提高到 1.5%，直至主蔓现蕾改为每隔 7～10 d 浇施 1.5% 浓度的氮磷钾比例为 10：10：20 硫酸钾复合肥与 0.2% 硼砂，或雨后每株氮磷钾比例为 10：10：10 硫酸钾复合肥 25～50 g、硼砂 15 g 畦面撒施，每批盛花期之后沟施高钾硫酸钾复合肥每株 75～100 g，间隔 7～10 d 高钾硫酸钾复合肥每株 100 g、50% 硫酸钾 50 g 再施 1 次，现蕾期、花期、幼果期结合病虫喷洒 0.2% 硼砂，或 0.2% 硫酸镁，或 0.2% 硝酸钙溶液。

雨天疏通沟渠，园内不积水，平时土壤维持湿润状态（即手捏成团，松手散开），高温干旱天气沟内留 5 cm 左右浅水层，让下层土壤水分沿土壤毛细管上升到表层根际周围，补充上层土壤因为地面蒸发、叶片蒸腾消耗的水分，并增加园内空气湿度，降低田间温度，减少因为水分散失造成的皱果。

三、应用效果

1. 减肥效果

2018—2019 年连续 2 年在武平县阿林家庭农场、武平县文溪天艺家庭农场、武平县昌奇家庭农场、武平县开新家庭农场实施，化肥用量比周边地区减少 28.5%，化肥利用率显著提高。

2. 成本效益分析

每公顷平均生产成本 110 000 元，产量 17 000 kg，收入 185 000 元，纯收入 75 000 元。

3. 促进品质提升

本模式生产下出的百香果，商品果率 82.5%，比常规模式高出 7.5 个百分点。

（四）适宜区域

闽西北中高海拔百香果 1 年 1 种产区。

（刘冬生）

云南省石屏县火龙果化肥农药减施增效技术模式

一、火龙果生产化肥施用现状

火龙果是云南省石屏县重要经济作物，作为重要农业支柱产业，在促进当地农民增加收入、扩大就业等方面发挥着重要作用。火龙果生长期长、生物量大，当地果农为了获得更高的产量，常常过量施用化肥，不仅增加种植成本，还引发环境污染，甚至造成火龙果产量和品质的"双降"。

（一）化肥施用量大

目前，生产上普遍采取增施化肥以获得高产和高收益。石屏县多数火龙果种植户化肥施用量亩为有机肥 500 kg、复合肥（17–17–17）120 kg、硼铁镁锌肥

4 kg。在火龙果生产中，施肥方式主要采用撒施，造成肥料流失严重，且氮磷钾肥配比不合理，造成火龙果品质下降及对生态环境构成威胁。

（二）化肥利用率低

在火龙果生产中，化肥当季利用率较低，不足 30%，分析导致石屏县火龙果化肥利用率低的原因，主要包括：一是撒施、裸施，把肥料暴晒在太阳下；二是盲目施用，随意性强；三是氮、磷、钾配比不合理。

（三）化肥施用成本高

2019 年，石屏县火龙果收购价为 4 元 /kg，产量为 1 500 kg/ 亩，产值为 6 000 元 / 亩，投入成本 3 200 元 / 亩，其中，肥料 1 100 元 / 亩，人工成本 1 600 元 / 亩，农药 500 元 / 亩，肥料成本占总成本的 15.6%。

二、火龙果生产农药施用现状

在火龙果生产中，病虫草害是导致减产和品质下降的重要原因。目前，防治火龙果病虫草害的措施主要以化学防治为主，物理防治、生物防治和农业防治基本不用。但火龙果生产过程中农药盲用、乱用现象十分普遍且长期存在，不仅带来了严峻的环境问题，还制约了火龙果产业的健康发展。

（一）农药施用量大

当地果农对化学农药的长期单一、大剂量和大面积施用，造成害虫产生抗药性，导致防治效果下降甚至失效，继而导致用药剂量逐渐增加，形成"虫害重—用药多"的恶性循环。同时，过量农药在土壤中残留能造成土壤污染及使用除草剂造成土壤板结、活性降低，进入水体后扩散造成水体污染，或通过飘失和挥发造成大气污染，严重威胁生态环境安全。

（二）农药依赖度高

在石屏县，防治火龙果蚜虫、果实蝇、介壳虫、红蜘蛛、地老虎等害虫主要使用蚍虫、啶虫脒、灭扫利、螺虫乙酯、三唑锡、辛硫磷等化学农药，防治疮痂病、软腐病、炭疽病、溃疡病等病害主要使用甲基硫菌灵可湿性粉、代森锰锌、多菌灵、退菌特等化学农药，除草基本上全部使用除草剂，即火龙果虫草害防治措施单一化现象严重，由于选择性差，部分农药在杀灭害虫的同时杀灭大量有益生物，导致生物多样性遭到破坏，自我调节能力降低，病虫害继而再度暴发，农药用量已逐年增加。

（三）施用技术及防治方式不科学

农户在长期种植火龙果过程中虽然总结出一些种植经验、施药经验和方法，但对病虫草害识别不准，农药的使用主要按农药经销商的配兑进行使用，造成农药使用品种多、量大及成本高；农户主要采用一家一户的分散式防治手段进行病虫草害防治，导致虫害防治效果不明显，且多选用小型手动喷雾器等传统药械，因药械设备简陋、使用可靠性差等，导致药液在喷施过程中常出现滴漏、飘失等情况，其利用率降低，防治效果不优。

三、火龙果化肥农药减施增效技术模式

（一）核心技术

本模式的核心内容主要包括"优良品种＋配方平衡施肥＋绿色防控"。

1. 优良品种

品种选择优质且表现较好的金都一号、软枝大红、红宝龙等品种。

2. 配方平衡施肥

增施有机肥，亩施有机肥 1 000 kg，亩施用高磷、高钾复混肥 108 kg，亩施硼铁镁锌肥 4 kg。5—10 月，每月 1 次复混肥，每次每亩 18 kg，施肥方法为利用水肥一体化设备施用。

3. 绿色防控

通过杀虫灯、黄蓝板隔片使用，诱杀飞虱、实蝇等，地面种草、生草，杜绝使用除草剂，人工除草后用于覆盖果树根部或还田。

（二）生产管理

1. 育苗

选择排水、通气性能好的土壤作苗床，畦面宽 1.2 m，做到畦面平整。选择 1 年生无病斑健壮枝条在 1—2 月进行扦插；株行距为 5 cm×30 cm，生根以后保持土壤湿润，注意抹芽修剪，适当补充腐熟粪水，促进苗木快长。

2. 定植

定植最适宜时期为 2—4 月。采用柱桩式栽培或排式栽培。

（1）柱桩式栽培　一般选用耐湿、耐高温、耐腐蚀、支撑力强的钢筋水泥柱，火龙果定植密度一般可按 2 m×2.5 m 的株行距，用水泥柱设立支撑，每亩共 130 根水泥柱，每柱种植 3 株，亩种植 390 株。

（2）排式栽培　一般选耐湿、耐腐蚀，支撑力强的钢筋水泥柱、四方管、6分管及钢线来建支架，种植垄面宽 1.4 m，在种植垄上种植一行或两行火龙果，种植密度 3 m×0.2 m 或 3 m×（0.4 m×0.5 m），每亩种植 1 100 株。

3. 施肥

火龙果施肥方法以土壤浅施、有机肥表施为主，根处追肥是火龙果需用施肥方式，定植成活后火龙果恢复生长则少量施用液体或复合肥，以促进枝条抽生，每月施 1～2 次。挂果树在开花结果期每月施高磷、高钾复混肥 18 kg，每亩每年施农家肥不少于 1 000 kg。

4. 整形修剪

（1）幼树修剪　将主干固定在水泥柱或枝干上，其余侧枝全部剪去，以保证水分和营养供应主干快速生长，待主干长至支撑圈及四方钢管、6分钢管、钢线以下 5 cm 处短截主干，促发分枝。

（2）成年树修剪　进入盛产期的火龙果树，在产季结束后，应将全部曾经结过果并被果实牵引与地表垂直的、较为荫蔽的、2 年以上挂果老枝及弱枝剪除。柱式种植每柱留枝不超过 30 枝，排式种植每株留枝不超过 6 枝。

5. 花果管理

火龙果定植 1 年后可开花结果，一般每年 5—10 月为开花结果期，由开花到果实成熟需 28～35 d，采取疏花疏果调整，每条挂果枝一般留 1～2 个果为宜，若 2 个果靠得过近则保留 1 个。

6. 病虫害防治

（1）常见病害　茎腐病、疮痂病、炭疽病、茎枯病、溃疡病等。

（2）常见虫害　蚜虫、果实蝇、介壳虫、红蜘蛛、地老虎、金龟子、蜗牛等。

（3）防治措施　防治采用"预防为主、综合防治"的植保方针，防治以农业防治、物理防治和生物防治为主。选用抗病虫品种，开展种苗检疫，加强中耕人工除草、耕翻晒垡、清洁田园；利用灯光、色彩诱杀害虫，释放害虫天敌，机械或人工除草，及时摘除病虫枝和病虫果等；在确保人员、产品和环境安全的前提下按照相关的规定，在安全期配合使用低风险的化学农药。严禁使用高毒高残留农药。

7. 采收

火龙果待果实由绿变红 5～7 d 后即可采收。分期分批随熟随采。采收时由果梗部位剪下，注意轻采轻放轻运，避免机械损伤。

产品采收后按绿色食品标准进行精选，挑出损伤果畸形果后按大（0.4 kg 以上）、中（0.3～0.4 kg）、小（0.1～0.3 kg）三级分选分级。

（三）应用效果

1. 减肥减药效果

本模式与周边常规生产模式相比，可亩减少化肥用量 12 kg，化肥利用率提高 5%；减少化学农药防治次数 5 次，亩减少化学农药用量 1 200 ml 以上。

2. 成本效益分析

亩均生产成本 3 000 元，亩均产量 1 500 kg，亩均收入 6 000 元，亩均纯收入 3 400 元。

3. 促进品质提升

本模式下生产的火龙果，可在 9 成熟及完成成熟后采摘，比原来品种提高 2 成熟采摘。

（四）适宜区域

石屏县及周边火龙果适种区。

（高航）

云南省红河县杧果化肥农药减施增效技术模式

一、杧果种植农药施用现状

云南省红河县属于干热河谷地带，属于杧果的适栽区域，红河沿岸上百年的野生杧果生长良好，一直以来干热河谷地带种植杧果的历史悠久。2015 年起，杧果种植面积逐年增长。由于种植面积增大，病虫害也日趋严重。在病虫害防治上，因常常不能正确的识别各种杧果上的病虫，方法做不到对症下药综合防治而使病虫害控制不住，进而导致杧果产量下降、品质降低。

（一）常见病害及防治方法

1. 白粉病

（1）症状　主要为害花穗、嫩叶和幼果，使其表面覆盖一层白色霉层，严重时树梢和花穗变成褐色死亡，落花、落果、落叶、产量下降。

（2）发生规律　以菌丝体在侵染的较老叶片和枝条组织内越冬，通过气流传播进行侵染。气温低于 12 ℃和高于 33 ℃时，病菌侵染力明显减弱直至病菌死亡。气温 20～30 ℃适于该病的发生和流行传播。病原菌对温度适应性较强，喜阴湿环境，在杧果花期和盛花期，相对温度 80% 以上传播最快，在大雾和降雨多时发生为害严重。在天气较干燥，空气温度偏低时也可以侵染为害造成减产。

（3）防治方法　发病前或发病初期用 25% 粉唑醇可湿性粉剂 1 000 倍液，或50% 福美双可湿性粉剂 1 000 倍液，或 50% 甲基硫菌灵 600～800 倍液进行防治。

2. 炭疽病

（1）症状　主要为害叶片、花序、果实和枝梢，叶片出现许多圆形褐色小点，形成褐色病斑，严重时叶片穿孔、卷曲、干枯脱落。花序感病多在花梗上形成条斑，严重时花序变黑干枯、花蕾脱落、幼果感病，初期出现针状小褐点，后扩大为圆形或正圆形深褐色凹陷的斑块，多个病斑汇合成为不规则的大斑，导致全果逐渐腐烂。在潮湿条件下常出现许多橙红色的分生孢子团，后期变为黑色小颗粒。

（2）发生规律　菌丝体或分生孢子是病害的主要初侵染源，在杧果病叶、枯枝上越冬。条件适宜时形成大量分生孢子，随风雨或昆虫传播，直接侵入细胞表皮或从伤口、皮孔、气孔等直接侵入。

（3）防治方法　发病前和发病初期用 42% 咪鲜胺 1 500 倍液，或 30% 吡唑醚菌酯悬浮剂 1 000 倍液，兑水进行防治。

3. 回枯病

（1）症状　回枯病也叫顶枯病、枝枯病，主要为害杧果的嫩梢，初期出现水渍状褐色病斑，后期变黑，最后病斑扩大到整个嫩梢造成病部枝叶枯死，形成回枯现象，在枝条和茎干上表现为回枯、流胶、树皮开裂，病斑树干开裂处会产生乳白色树脂，后期树脂会变成黄褐色、棕褐色等。幼树感病可致全株幼树枯死。杧果果实感病果蒂处出现褐色小斑点，感病果皮会变褐色腐烂，与杧果的蒂腐病相似。

（2）发生规律　果园病枝叶、病果、带病苗木是回枯病的初侵染源，病菌可通过气流、风、雨水、伤口交叉感染传播扩散，最适温度为20~25℃，高温多雨有利于此病发生，风较大的地区干旱缺水低洼地，高海拔阳光照射时间短，阴湿地区发病较重，杧果建园最好选择背风、向阳、土层深厚、肥沃、水源充足的地区。

（3）防治方法　在发病前和发病初期用2%春雷霉素水剂1 500倍液，或47%春雷王铜可湿性粉剂1 000倍液进行预防和治疗。

4. 细菌性角斑病

（1）症状　杧果细菌性角斑病又称为细菌性黑斑或溃疡病，是造成杧果减产品质降低的危险性病害，主要为害杧果叶片、枝条、花芽、花序和果实。在叶片上，为害产生水渍状小点，逐步扩大成黑褐色，叶脉和果柄受害开裂。在枝条上，病斑成黑褐色溃疡状，病斑扩大绕嫩枝一圈时，可致整个枝梢枯死。在果实上，初期呈水渍状小点，后扩大成黑褐色颗粒状隆起，病斑周围常有黄晕，湿度大时病组织常有胶汁流出。

（2）发生规律　果园病枝叶、病果、带病种苗，果园周围的杂草寄生物是初侵染源，病菌可通过雨水、气流、大风带病苗木、伤口等进行传播。风大的地区、干旱缺水树势弱、背阴低洼、阳光照射时间少的地区易感染细菌性角斑病。

（3）防治方法　在发病前和发病初期用46%氢氧化铜可湿性粉剂1 000~1 500倍液，或2%春雷霉素水剂1 500倍液，或20%松脂酸铜水乳剂1 500倍液，兑水喷施防治。

5. 流胶病

（1）症状　主要感染杧果枝条、树干和果面，感病部位呈条状溃疡，中部下陷，渗出泪痕状带反光性黏液，初无色，后呈褐色，严重时果面或枝条茎干表面有满条状褐绿色至黑褐色胶带，受害幼果发育受阻，终至早落果、成果受害影响外观并缩短果实贮藏期，枝梢受害表皮层破裂最终枯死。

（2）发生规律　病菌在病株和病残体上存活越冬，翌春温湿度适宜，借风雨传播，主要从伤口侵入致病。温暖多湿利于病菌繁殖和传播，风口处、病虫伤口多，树势衰弱的果园发病严重。地势低洼，阳光照射时间短，通透性差的果园也易发病，高温30℃以上有利于流胶病发生传播。

（3）防治方法　在发病前和发病初期用2%春雷霉素水剂1000倍液，或20%松脂酸铜水乳剂1500倍液，或46%氢氧化铜可湿粉剂1000倍液，兑水喷雾防治。

（二）常见虫害及防治方法

1. 蓟马

（1）发生规律　蓟马主要在花期、幼果期、幼嫩枝梢叶生长期为害，导致后期坐果后果面斑点凹陷不平，花斑果面不光滑，嫩梢时为害叶片，叶片褐色斑点多，连片形成灰褐色斑块，严重时叶片扭曲变形干枯，导致幼嫩叶片脱落，长势衰弱。

（2）防治方法　在花前、幼果期、新梢抽发期用70%吡虫啉水分散剂5000倍液，或5%高氯吡虫啉乳油2000倍液，或5%啶虫脒乳油1500倍液进行喷雾防治。

2. 蚜虫

（1）发生规律　蚜虫以成虫若虫聚集于嫩梢、嫩叶背面，在花穗及幼果果柄上，吸取汁液，引起嫩叶卷曲，枯梢落叶、落花、落果，严重时导致新梢枯死。

（2）防治方法　在花前、幼果期、新梢抽发期用5%啶虫脒乳油1500倍液，或70%吡虫啉水分散剂5000倍液进行喷雾防治。

3. 介壳虫

（1）发生规律　介壳虫在整个杧果生长期都可以生长繁殖为害，主要为害杧果的叶片、枝条、茎干和果实。靠吸食树体汁液进行为害繁殖，常躲在树干、叶片、果面、果柄，导致叶片发黄，树干表皮枯死影响光合作用，枝条脱水枯死，树势衰弱。为害果实，使果实粗糙，产生黄色斑点，同时分泌大量的蜜露，使叶片树干果面产生黑色煤烟病，严重影响果实外观及商品性，还能招来大量蚂蚁为害。

（2）防治方法　发现介壳虫为害繁殖初期用39%螺虫噻嗪酮悬浮剂3000倍液，或40%噻嗪酮悬浮剂2000倍液进行防治。

4. 夜蛾

（1）发生规律　在干热河谷地带，四季气温适宜，周年可繁殖为害，主要为害杧果花序嫩梢、叶片和幼果，以蛹在枯枝或树皮裂缝中越冬，幼虫蛀食杧果的嫩梢，花穗引起枯萎死亡，为害果实产生流胶，严重影响杧果的产量和质量。

（2）防治方法　在幼虫期为害初期用10%高效氯氟氰菊酯水乳剂2 000倍液，或5.7%甲氨基阿维菌素苯甲酸盐1 500倍液，或5%阿维菌乳油2 000倍液进行喷雾防治。

5. 大绿象甲虫

（1）发生规律　杧果大绿象甲虫也叫蓝绿象甲，以成虫啃食新梢叶片造成残缺伤口，严重时几天内叶片全部被吃光。也可以为害花，咬断嫩梢和果柄造成落花落果。干热河谷地区，杧果大绿象甲可全年为害繁殖。

（2）防治方法　发现为害初期用10%高效氯氟氰菊酯水乳剂2 000倍液，或1.8%阿维甲氰乳油1 500倍液，或3%高氯甲维盐微乳剂1 500倍液进行喷雾防治。

6. 杧果切叶象甲

（1）发生规律　干热河谷地带周年杧果都可以造成为害，切叶象甲以成虫取食嫩叶的上表皮和叶肉。严重暴发时，杧果嫩叶全部被啃食切断落地。雌成虫在嫩叶上，嫩梢上产卵从叶片基部咬断，切口整齐如刀切割，在嫩梢上切割一圈后产卵造成嫩梢从产卵切割以上枯死，严重影响杧果新枝叶生长，造成杧果结果开花枝减少。

（2）防治方法　在杧果新梢萌发生长期和为害初期用10%高效氯氟氰菊酯水乳剂2 000倍液，或10%虫螨腈悬浮剂2 000倍液，或4.2%高氯甲维盐乳油1 500倍液进行喷雾防治。

7. 果实蝇

（1）发生规律　杧果果实蝇又叫橘小实蝇，具有迁飞性繁殖能力非常强，1年可完成6～8代，其特点是产卵量大，繁殖快，抑化周期短，代数多，专门在接近成熟果皮变软糖分增加的果皮下，通过尾针刺入皮下产卵，一般3～5 d卵即可变成幼虫取食果肉果汁造成腐烂，严重影响杧果的商品性。

（2）防治方法　在杧果达到5～6成成熟时提前喷药防治，可用5%甲维盐乳油2 000倍液，或5%阿维菌素乳油2 000倍液，或35%氯虫苯甲酰胺水分散剂3 000倍液进行喷雾防治。通过多年的实践观察化学方法对果实蝇的防治效果还是不理想。

二、杧果化肥农药减施增效技术模式

（一）核心技术

本模式的核心内容主要包括"优良品种＋配方平衡施肥＋绿色防控＋机械化管理"。

1. 优良品种

选择适宜在红河干热河谷地带种植，表现较好，且产品较受市场客户欢迎的台农、金凤凰、贵妃、鹰嘴、四季芒等品种，特点是口感好、糖度高、香味浓、生长快、产量高。

2. 配方平衡施肥

根据杧果生长特点和各个时期的需肥特点，采用测土配方施肥，施用专用的无机和有机配方肥，其中，无机肥氮、磷、钾养分含量均为15%。总养分 $N+P_2O_5+K_2O \geqslant 45\%$。有机肥有机质 $\geqslant 70\%$，氮磷钾 $\geqslant 5\%$，有效活菌数 $\geqslant 5 \times 10^7/g$，水分 $\leqslant 15\%$，pH 值 5.5～8.5，主要原料为烟末、油菜籽枯、菊花枯、作物秸秆，富含活性腐殖酸、氨基酸，生物钾、有机钾含量高，改善果品品质增加果实糖度。无机肥使用时间为杧果开花坐果期 3 月 1—15 日，杧果采收后 10～15 d，即 6 月 15 日至 7 月 1 日，采用树冠滴水线下开环状沟施肥，每株杧果用量 600～800 g。有机肥使用时间为 11 月 1 日至 12 月 30 日，在树冠滴水线下开深 30 cm，宽 20 cm 的环状沟施入有机肥混拌均匀后盖土。每株施用有机肥 8～10 kg。

3. 绿色防控

通过挂蓝板、黄板诱杀，通过性诱剂诱杀成虫，消除田间虫果，定期采拾"蛀果、烂果、落果"并集中深埋或销毁，以杀灭幼虫。通过田间安装杀虫灯，诱杀各类趋光性害虫，通过套网袋、纸袋保护果子，防止果实蝇产卵为害。

4. 机械化管理

杧果生长期间病虫害防治采用打药机械进行喷药，特点是喷雾均匀药液雾化效果好，打药速度快，省工省药防治效果好。根据红河谷干热河谷地区山地的特点，安装单轨机车进行运输，采收好水果。使用割草机割除果园内杂草，减少除草剂的使用。

（二）生产管理

杞果种植应选择背风向阳，土层深厚肥沃，坡度小的地方，坡地开挖台地，按株行距 3 m×4 m 用挖机打深 80 cm，宽 100 cm 的塘，每株施入有机肥 10～15 kg，过磷配钙 1 kg 混拌土均匀，定植后浇透定根水。病虫害防治坚持"对症下药，预防为主、综合防治"的植保方针，坚持使用低毒、低残绿色环保农药。杞果果实发育饱满，果皮由青绿色变为淡绿色，果皮向阳部位出现黄绿色，果粉增厚，果肉颜色微黄或浅黄色，果核变硬，则果实达到 7 成熟以上则可根据客户要求进行采收。采收时应尽量避免机械损伤，避免果柄流胶污染果皮。采收后应立即进行分级包装处理。

（三）应用效果

1. 减药效果

本模式与周边常规生产模式相比，可减少化学农药使用次数 4 次，减少化学农药用量 30%，农药利用率提高 40%，蚜虫、蓟马、果实蝇为害率控制在 5% 以下。

2. 成本效益分析

亩均生产成本 2 800 元，亩均产量 1 200 kg，亩均收入 8 400 元，亩均纯收入 5 600 元。

3. 促进品质提升

本模式下生产的杞果，平均糖度在 22° 以上优质果品可达 85%，比常规模式高 15%。

（四）适宜区域

红河县干热河谷地区及周边杞果生产区。

（刘春秀）

云南省元江县青枣化肥农药减施增效技术模式

一、青枣生产化肥施用现状

云南省元江县自 1999 年开始引进青枣种植，依托得天独厚的气候条件，20 余年来在政策引导、市场拉动、效益驱动下，全县青枣产业快速发展，青枣产业已成为元江县热坝区果农增收致富的特色水果产业之一，对促进县域经济发展、民族团结进步具有重要作用。目前，全县青枣种植面积达 1.8 万亩。青枣生长快，见效快，当年种植当年就有收成，为了提高单位面积产量，盲目增加化肥施用量，有机肥施用量少、部分田块镁、硼等微量元素缺失，缺乏有效保护耕地和生态环境保护意识，极大制约产业可持续发展。由于科学施肥水平低，肥料利用率不高，土壤板结，通透性差，地力水平下降，严重影响青枣产量和品质的提高，不仅增加种植成本，还引发环境污染，土壤盐渍化、水污染等问题日益突出，保护生态环境任重道远。

（一）化肥施用量大

目前，生产上普遍采取增施化肥以获得高产，增加收益。元江县多数青枣种植区化肥施用量硼砂为 30～45 kg/亩、硫酸镁 40～70 kg/亩、尿素 30～40 kg/亩、高浓度复合肥（15-15-15）150～210 kg/亩，折合为 N 36.3～45.3 kg/亩、P_2O_5 22.5～31.5 kg/亩、K_2O 22.5～31.5 kg/亩。化肥，尤其是氮肥的过量施用不仅造成青枣种植地块土壤质量和青枣品质的逐渐下降，盈余肥料流失引起的水体污染和富营养化等还对生态环境构成巨大威胁。

（二）化肥利用率低

在青枣生产中，化肥当季利用率较低，氮肥利用率不到 26%。分析导致元江县青枣化肥利用率低的原因，主要包括施肥方法不当，施肥采用撒施、浅施方法，造成肥料淋失、挥发；施肥结构不合理，有机肥与化肥没有配合施用，增施氮肥，氮、磷、钾和微量元素比例失调，相互抑制肥料的吸收；施肥时没有准确判断土壤水分的含量，肥料被水分淋失和土壤固定，施肥采用传统施肥、经验施肥，测土配方施肥覆盖率低，产量降低就增大施肥量，存在较为严重的盲目性和随意性。

（三）化肥施用成本高

经过20多年的发展，元江县的青枣产业已具有一定的种植规模，但种植管理粗放，产业化、标准化生产水平不高。按每亩产量 2 160 kg，平均价格 4.2 元 /kg 计算，即每亩的青枣毛收入 9 072 元。调查显示，每亩的青枣平均生产成本为 5 781 元，其中，肥料成本就达 969 元 / 亩，占总成本的 17% 以上，青枣种植户的纯收入不高。

二、青枣生产农药施用现状

随着青枣种植时间延长，种植范围和种植规模逐年扩大，病虫为害不断加重，特别是青枣白粉病、炭疽病、橘小实蝇、桃小食心虫、红蜘蛛、介壳虫等病虫害发生加剧，造成青枣产量和品质下降，严重影响生产者的收益。目前，防治青枣病虫草害的措施有化学防治、物理防治、生物防治和农业防治等，化学防治因高效便捷、省时省力，对常见病害和地上害虫防治采用化学防治，仍是元江县当前的主要防治手段。由于病虫害日益加重，青枣生产过程中农药滥用、乱用现象十分普遍，用药剂量逐步加大，农药残留问题越来越严重，导致青枣品质和档次降低，还造成土壤、水等环境污染，制约了青枣产业的绿色高质量发展。

（一）常见病害及防治方法

1.白粉病

（1）症状　主要为害青枣果实、叶片和幼嫩枝梢。幼果被害时果实上先出现白色菌丝，随后扩展，严重时白色菌丝和白色粉状物布满全部果面。青枣果实受害后，果皮出现麻皮、皱缩，呈褐色或黄褐色，易脱落、腐烂。叶片受害时，在叶片背面出现白色菌丝和白色粉状物，叶片正面出现褪绿色或淡黄褐色的不规则病斑，受害叶片后期呈黄褐色，易脱落。幼嫩枝条受害，整个枝条布满白色菌丝和白色粉状物，嫩叶呈黄褐色皱缩、枯死。

（2）发生规律　病原菌以分生孢子潜藏在落叶、落果、枯枝中越冬，越冬后的病原菌在3月底至4月初，新梢开始抽生，温度在15 ℃左右时便开始萌发、侵染、传播。6—9月为发病盛期，随后，由于气温下降，病情减轻；至12月底，病情基本稳定。白粉病易在园地通风不良，温暖潮湿季节（夜间湿度较大且早晨有早雾）发生。干热河谷地区的近山坡地，昼夜温差大，雾露重时，病害仍然发生严重。

（3）防治方法　在发病初期，特别是在幼果期和果实膨大期，用70%甲基硫菌灵、75%代森锰锌可湿性粉剂800～1 000倍液全株喷施防治，隔5～7 d用药1次，视发病情况喷2～3次。雨后及时喷药。

2.炭疽病

（1）症状　主要为害果实，也可为害叶片。受害幼果表面初期出现褐色小斑，斑点渐扩大近圆形或不规则形。病部黄褐色，有时边缘呈黑色，果肉下陷腐烂，其上常土黄色黏胶状物，为病原分生孢子。

（2）发生规律　该病是一种真菌性病害，7月底到9月初，高温高湿时发生较重，病原菌通过风、雨、昆虫等传播。大多在幼果期感病，在果实膨大期表现出来，快成熟时表现较多。后期果实变成黑褐色，果肉腐烂、干枯。

（3）防治方法　进入幼果期前，用75%代森锰锌可湿性粉剂、23%吡唑·甲硫灵悬浮剂或20%腈菌·福美双可湿性粉剂800～1 000倍液喷雾防治。

（二）常见虫害及防治方法

1.红蜘蛛

（1）发生规律　为害叶片（反面）导致落叶，在青枣叶片的反面，以口器刺破叶面，啃咬叶片汁液为生，初期时叶片正面会呈现零散的针眼般的绿斑驳，被害处叶绿素消失，呈褐色或黄褐色，最终导致大量落叶。为害果实，使果实表面发作粗糙的褐色麻点，对外观、品质都有影响。

（2）防治方法　可用73%克螨特乳油2 000～2 500倍稀释液，或1.8%的阿维菌素乳油，或4.5%高效氯氰菊酯乳油2 000～3 000倍稀释液，用药时有必要使药物喷洒到叶片反面和正面，避免长时间单一性用药，容易使害虫产生抗药性，因而要多种药物混合替换使用。

2.桃小食心虫

（1）发生规律　主要为害果实。果实膨大期初孵幼虫从枣果近顶或中部钻入果子内取食果肉，先在果皮下潜食，后蛀至果核，果内堆积虫粪，果实变烂、变臭，失去食用价值。

（2）防治方法　可用50%辛硫磷300倍液，或40%毒丝本1 000倍液对树冠下的土壤进行地上喷洒，以毒杀羽化出土的成虫，喷洒辛硫磷后，要浅翻土层，以免药物光解。在成虫发作期或卵化盛期，可采用25%灭扫利2 000～3 000倍液，或2.5%来福灵2 000～3 000倍液喷洒树冠。

三、青枣化肥农药减施增效技术模式

（一）核心技术

本模式的核心内容主要包括"优良品种＋配方平衡施肥＋绿色防控"。

1. 优良品种

品种选择在元江地区表现较好、市场竞争力强的高朗1号、天蜜、蜜枣等品种，特点是优质高产，适应性强。但每个果园要种植2%的授粉树，以提高坐果率。

2. 配方平衡施肥

（1）基肥　青枣施基肥的比例较大，占全年施肥量的50%左右。二年生树，在收完果实整枝后15 d内施足基肥。施肥量：腐熟有机肥约20 kg、复合肥（15-15-15）1～2 kg，在树冠周围挖环沟施入覆土，但需离树头一定距离，以后随树龄递增，结果量增加，基肥施用量还要适当增加。

（2）追肥　青枣根系发达，大部分根系分布在浅土层，追肥见效快、效果好。追肥一般分3次进行：第1次在抽梢后（一般是4～5月）施用，以促进新梢生长为主，为使当年栽种的青枣当年挂果，结合灌水，每次每塘可施用复合肥（15-15-15）100 g，复合肥0.1 kg；二年树龄每株施复合肥0.2 kg；以后随树龄增大，追肥量要适当增加。追肥时可直接将肥均匀撒施在树冠范围内，再覆盖一层薄土。第2次追肥在初花后（7～8月）进行，树龄不同，追肥量也不同，总体上施肥量与第一次相当。第3次追肥一般在11月，第一批花结的果开始成熟后施用，以促进中后期果实膨大为目的，施肥量较第一次追肥约增加30%。

（3）根外追肥（叶面肥）　在初花后至落果停止期，每15 d喷0.2%磷酸二氢钾加0.2%尿素1次，连喷3～4次。此外，还要定期喷施硼砂、硫酸镁等微量元素肥料，以防止因缺乏微量元素而引起的叶片发黄等微量元素缺乏症。微量元素肥料，一般每月施用1～2次。在果实采收前10～15 d，还可喷施1次0.2%磷酸二氢钾加0.5%葡萄糖液，以增加果实糖度。

3. 绿色防控

青枣主要病虫害有白粉病、灰霉病、盲椿象、介壳虫、橘小实蝇、桃小食心虫、红蜘蛛等。坚持"预防为主，综合治理"的原则，针对果园发生的主要病虫害，采取以下综合防治措施。

（1）清洁果园　每年采果后，及时清理果园以减少病菌的侵染来源。全园喷施 5 °Bé 石硫合剂 1 次。

（2）农业防治措施　随时摘出病虫果，剪除病虫枝叶，拾落果集中处理以减少虫源，并人工除草，减少害虫栖息地，保持果园清洁。

（3）物理防治　根据害虫生物学特性，采取树干缠草、诱光灯、性诱剂、黄板等方法诱杀害虫。通过挂放黄板、性诱剂挂瓶，诱杀实蝇。每亩挂放黄板20 块。

（4）科学用药　针对主要病虫害进行防治，选用高效低毒低残留的化学农药进行防治，开展病虫害预测预警，早发现、早防治，严格控制安全间隔期、防治次数，注意不同作用机理的农药交替使用和合理混用，避免产生抗药性。在采果前 1 个月禁止使用任何化学农药。

（二）生产管理

1. 科学种植

（1）园地选择　选择光照充足、排灌方便、当阳背风的沙壤土、微酸性土均可种植。

（2）合理密植　青枣生长速度快，种植密度不宜过大，采用 3 m × 4 m 的株行距，每亩种植 55 株左右。

（3）挖塘　种植时间以 3—5 月最适宜，土地深翻，除去杂草，用耙子搂平，按长宽深 0.8 m × 0.8 m × 0.6 m 挖塘。

（4）施足基肥　每塘准备腐熟农家肥 10～30 kg，过磷酸钙 2～3 kg，将底肥散在挖出的塘土上，边拌边回，回满塘土成板瓦状，灌透水待定植。

（5）定植方法　土壤湿度适合时进苗定植。先在塘中心挖长宽 30 cm 的浅穴，将营养袋小心剥除，放入塘内，使根系舒展，摆正，回细土，正常盖土离嫁接口 4～5 cm，踏实，浇足定根水，盖上地膜。

2. 水分管理

青枣需水量较大。初花期需保持土壤湿润，以利于枝梢生长。开花 20 d 至幼果期需水量要相对减少，表层土宜保持一定的干燥度，坑沟保持湿润即可，不宜灌水，以利于花芽分化与坐果。待果实长至手指头大小后，要经常保持土壤湿润，这时期骤干骤湿极易引起大量落果。果园不宜长时间积水，可在果园中间开多条浅水沟排水。

3. 整形修剪

（1）主干整枝　1年生幼树，在主干嫁接口以上30 cm处剪断，以诱发侧枝生长，然后选择粗壮、生长位置良好导向四周的3个侧枝（一级分枝）作主枝，其余过多的分枝全部剪去。

二年生以上的树，在果实收完后（2—3月）进行主干更新（也可采用切接法嫁接其他品种），在主干嫁接口以上20 cm处锯断，待新梢长出后，留位置适当、生长粗壮的一个侧枝或相反方向的2个侧枝作新主干，其余梢芽全部剪去。待主干长至50 cm左右时，再将尾部剪去，以促进一级分枝生长。根据树龄不同，主干可保留3～5条一级分枝。

（2）枝条修剪　分枝过多，分枝位置不合理，不利于采光透风，不便于田间作业，果实品质和产量也受影响。因此需要对枝梢进行合理修剪。枝梢修剪一般在6月开始进行，直至11月全部果实坐果后结束，将交叉枝、过密枝、徒长枝、直立枝、纤细枝、病虫枝、贴近地面枝剪去。至11月，如果结果已相当多，可将枝梢尾部幼果或花穗剪除，以免花果太多，影响果实膨大。

4. 搭架

青枣枝梢长而较脆，枝梢往往因结果过多而折断，需要搭架将结果枝支撑住。棚架高度一般为80～180 cm，根据树龄和主干高度不同而定。为了工作简便和节省成本，二年生以上果树也可利用旧枝梢作部分支架。

（三）应用效果

1. 减肥减药效果

本模式与周边常规生产模式相比，可减少化肥用量12.5%，化肥利用率提高2.4%；可减少化学农药防治次数5次，减少化学农药用量4.2%，农药利用率提高3.7%。

2. 成本效益分析

亩均生产成本5 780元，亩均产量2 160 kg，亩均收入9 070元，亩均纯收入3 290元。

3. 促进品质提升

本模式下生产的青枣，平均含糖分在 13.8% 以上，比常规模式高 0.8 个百分点。

（四）适宜区域

元江县及周边产区。

（董莉）